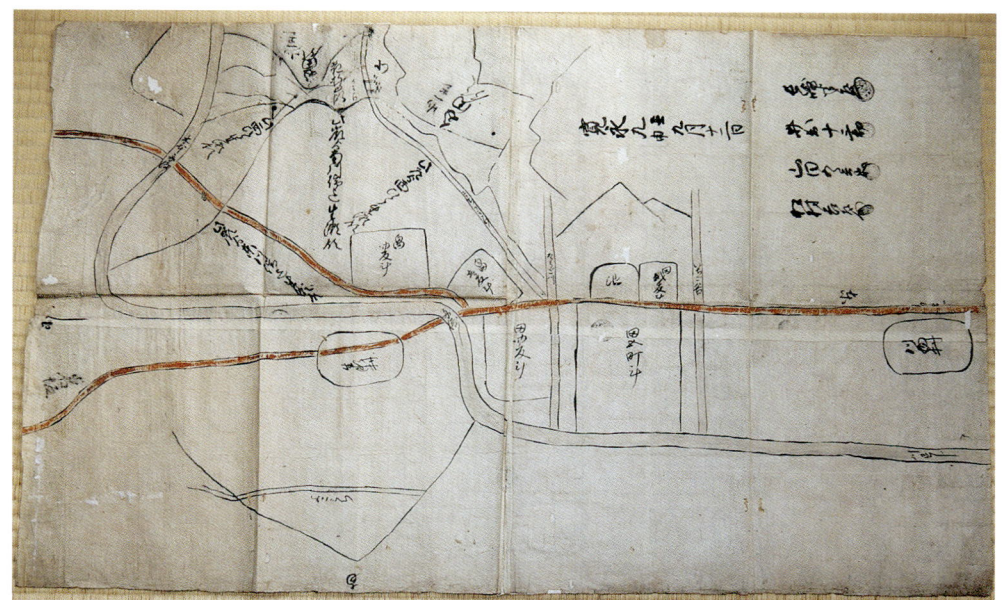

口絵1　寛永9年「〔多田領村々生瀬村山論裁許絵図〕」，浄橋寺文書（兵庫県西宮市）

口絵2　元禄2年「〔勝尾寺粟生村萱野郷立会絵図〕」，箕面市有文書（大阪府）

口絵3　天明7年「〔字本庄裏山論所立会絵図〕」，岸本家文書（大阪府池田市）

口絵 4　明和 3 年「摂津国豊嶋郡柴原村小路村内田村野畑村南刀祢山村北刀祢山村御小物成場絵図」、
　　　　内田村中川家文書（豊中市立岡町図書館架蔵）

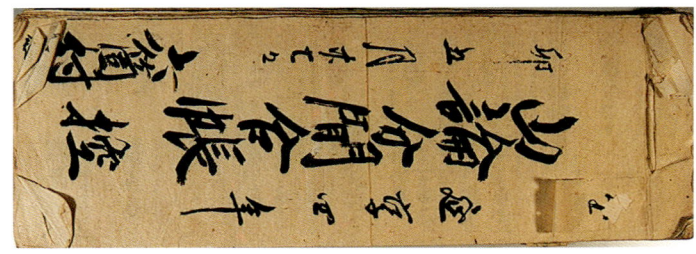

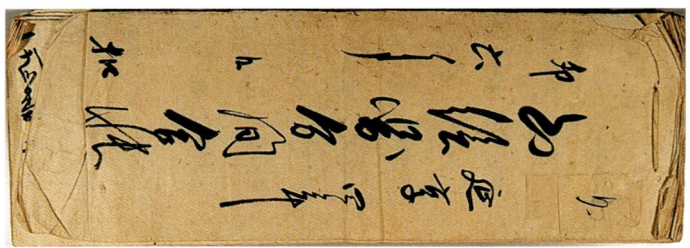

口絵 5　延享 4 年「山論分間合帳　控」(上) および「山絵図分間合帳　扣」(下) 表紙, 箕面市有文書 (大阪府)

口絵 6　小方儀・象限儀・鎌形分度器, 金光教図書館所蔵小野家資料 (岡山県浅口市)

近世日本の地図と測量

―― 村と「廻り検地」

鳴 海 邦 匡

九州大学出版会

はしがき

　本書は，およそ 17 世紀から 19 世紀までの日本を舞台として，測量に基づき作製された地図，特に村を描いた地図について検討したものである。地図と測量に関する研究はこれまでにも多くの蓄積がある。まず，はじめに思い起こされるのは伊能忠敬による日本図の存在であろう。しかし，本書で対象としたのは，伊能忠敬に代表されるような有名な測量家による地図ではなく，村々をフィールドとして名もない多くの人々が測量して作った地図であった。彼らが，いかにして測量を実行して正確な地図を作ったのか，それがいつ頃から可能になったのか，そうした技術はどのようなものであったのか，そもそもそうした作業はどのような人々が担っていたのか，という問いについて検討を試みている。

　本書で検討の対象とした地図は，地方（じかた）で作製された手書きの地図である。特に現在の大阪府と兵庫県にまたがった北摂地域の山麓で作製された山論絵図を中心に議論を進めている。こうした近世の手書きの地図は，これまでの地図研究の中心を占めてきた刊行図に比べ，大量に存在しているものの，あまり研究が進められてこなかった。しかし，様々な場面に直面しながらその解決を目的として作られたこれら公的な地図が，刊行図以上に当時を知る貴重な資料のひとつであることは疑いない。例えば，本書で扱った論所を描く地図は，山の資源利用をめぐる争いの過程で作られたものであり，過去の環境を知る資料としての活用も期待される。環境や景観の保全は緊急的な課題であり，最近では行政的な支援も盛んに行われている。文化財保護法の一部を改正して設けられた「文化的景観」という枠組みもそのひとつであろう。これらの活動を進めていくうえで，対象とする環境の長期的変動の理解は不可欠である。こうした変動を理解するために，これらの資料は貴重なデータを提供する。

　近年，近代以前に作製された絵図や地図，それに類する資料への社会的な関心は高まりをみせている。そうした関心の高まりは，それらを主たるテーマとした博物館展示の企画や自治体史の刊行が盛んに行われていることにもあらわれる。その過程では刊行図を中心とした都市を描く地図のみならず，地域の様々な地図の紹介も進められている。過去に描かれた地図は自分達が住む地域の歴史をわかり易く示してくれるからであり，地域環境教育の素材として活用される場面も増えると思われる。しかし，こうした社会的な関心の高さに反して，それに対応できる研究の蓄積は乏しいと言わざるを得ない。特に本書で主な素材とした地域の地図をみる見方は，従来の研究関心が都市を描く地図に集中してきたこともあって，これまであまり提示されてこなかった。それは，近代以前の地図をめぐる学問的な研究動向が，この方面における現在の社会的な関心の急速な広がりに対応

できていない状況といえる。

　本書では近代以前の地図に注目し，地域の資料から実践された測量と地図の実態を明らかにすることを試みている。近世の村々における地図と測量というテーマは，近代以前の地図を理解していくうえで，通底的な基本となる枠組みのひとつになると理解している。こうした研究に取り組んだのは，大量に存在する近世の地図を統合的に理解するフレームワークが未だ成熟していないと考えたからであった。これまで述べてきたような状況において，まずは博物館展示や自治体史の編纂に現場でたずさわる人々に対し，本書を通じて地域資料としての近代以前の地図を位置付ける新たな枠組みが提供できることを期待するとともに，新しい地図の見方を少しでも示すことができれば幸いである。

　本書のテーマを明らかにしていくうえで，特に注目した資料は測量帳であった。この，地図を作るために測量したデータを書きとめた測量帳は，当時の技術を理解するうえで数少ない有効な資料となるからである。測量帳に記されたデータを分析することによって，地域で実践された測量の具体的な内容やその系譜に迫ることができると考えている。例えば，本書では測量データをもとに実際に地図を復元的に作成し，当時の地図の内容と比較するといった分析も試みている。しかし，これまで筆者が調査を通じて経験してきたのは，ともすれば数字や文字の羅列にしかみえない測量帳が，地域で全く評価されずに見過ごされてきたことが多いという事実であった。測量結果を図化した作業途上の下図についても同様である。本書での分析を通じて，これらの資料の重要性に関する認識がさらに広がり，その散逸を防ぐためにも，新たな資料の発掘や企画の推進につながっていくことを期待している。

　本書は，筆者が2005年3月に九州大学大学院比較社会文化研究科より取得した課程博士の学位請求論文「近世日本における地図測量技術とその伝播」をもとにしている。出版に際しては，内容の一部を修正するとともに，タイトルを「近世日本の地図と測量――村と「廻り検地」――」にあらためた。本書の構成は，序章と終章を含めて全8章で構成されている。序章での研究の整理からはじまり，第1章では研究のキーワードである「廻り検地」の紹介，第2章では主な分析対象となった山論絵図の位置付け，第3章から第5章では具体的な地図の事例を素材とした測量内容の復元と分析，第6章ではそれまでの議論をコンパスの方位角の精度という指標で位置付ける試み，そして終章ではまとめと課題を提示している。

　とはいえ本書での試みは端緒についたばかりである。この研究の主な目的は，近世日本の在地社会における地図測量技術の実態とその普及過程を明らかにすることによって，近世日本の地図史の構築への貢献を目指すものであった。しかし本書で明らかにできたものは，そのなかのごく一部にしかすぎず，その内容もかなり未成熟なものであると自覚している。今後もより多くの近代を含めた事例を集積して，本書で示したストーリーの補強や修正を試みていかなければならない。また，国内のみならず，15世紀以降のヨーロッパや東アジアにおける測量と地図をめぐる動向との比較も残された大きな課題である。地図の近代化プロセスの前史をめぐる議論の大半はヨーロッパ，特に英国を中心に展開している。本書の成果は，従来の西洋中心の研究成果に東アジアからの知見を

新たに加えるものであり，さらには東アジアの近代化を測量という側面から再検証していく可能性を持つものと認識する。

　本書の研究は多くの方々の支援のうえに成立している。調査の過程では資料の所蔵者や所蔵機関の方々のお世話になるとともに，その方々から多くの示唆を頂いている（あとがき参照）。また，筆者が研究をすすめていくうえでも多くの先生方のお世話になっている。なかでも中野等先生（九州大学），小林茂先生（大阪大学），久武哲也先生（甲南大学）から特段のご指導を頂いた。末尾になるが，これらの方々に感謝申し上げたい。

　なお本書の出版には，独立行政法人日本学術振興会平成18年度科学研究費補助金（研究成果公開促進費，課題番号：185153）の助成を受けているとともに，研究の一部をすすめるにあたっては，平成15年度河川整備基金助成金および平成15年度国土地理協会助成金の助成を得た。また，本書の編集に際しては，九州大学出版会編集部の奥野有希氏のご助力を得た。

　最後に，本書を両親と祖父母に捧げるとともに，妻真子と幸運を運んできてくれる息子槙人と娘帆乃佳と刊行を喜びたい。

　2006年8月

鳴 海 邦 匡

目　　次

はしがき …………………………………………………………………………… i

序　章　近世日本の地図と測量をめぐる研究の課題 ………………………… 1
第1節　研究の背景 ……………………………………………………………… 1
第2節　村，地図，測量をめぐる研究について ……………………………… 3
第3節　教本類からみた地図測量技術の検討 ………………………………… 5
第4節　「廻り検地」への注目 ………………………………………………… 6

第1章　農村社会における地図と「廻り検地」 ……………………………… 13
　　　　──地方書と和算書の検討から──
第1節　はじめに ──「廻り検地」への注目── …………………………… 13
第2節　地方書の記述から ──『地方凡例録』にみる「廻り検地」── … 13
第3節　和算書にみる「廻り検地」の系譜 …………………………………… 17
　(1)　『磁石算根元記』にみる「廻り検地」
　(2)　清水流測量術と「廻り検地」
　(3)　18世紀初頭以降の測量術書にみる「廻り検地」
第4節　まとめとして …………………………………………………………… 27

第2章　山論絵図の成立と展開 ………………………………………………… 31
第1節　はじめに ………………………………………………………………… 31
第2節　山論絵図作製の全国的な動向 ………………………………………… 32
第3節　摂津国における裁判機構の変遷 ……………………………………… 38
第4節　山論絵図の定義と分類 ………………………………………………… 40
　(1)　証拠絵図
　(2)　立会絵図
　(3)　論所見分伺書絵図
　(4)　詰絵図

(5) 裁許絵図
　第 5 節　北摂地域の山論絵図とその展開 …………………………………………… 50
　　　(1) 寛文 8 年以前
　　　(2) 寛文 8 年以降
　　　(3) 享保 7 年以降
　第 6 節　小　　結 ……………………………………………………………………… 59

第 3 章　山論絵図と「廻り検地」……………………………………………………… 65
　第 1 節　はじめに ……………………………………………………………………… 65
　第 2 節　山論の経緯 …………………………………………………………………… 66
　第 3 節　地図と測量帳 ………………………………………………………………… 68
　　　(1) 帳簿類の検討
　　　(2) 地図の検討
　第 4 節　地図の復元——測量帳のデータを用いて—— …………………………… 77
　　　(1) 測量された地域
　　　(2) 傾斜への配慮
　　　(3) 資料の矛盾
　第 5 節　測量法と測量道具 …………………………………………………………… 83
　　　(1) 「廻り検地」の特徴
　　　(2) 測量に関わる道具
　第 6 節　小　　結 ……………………………………………………………………… 89

第 4 章　村における「廻り検地」の実践 ……………………………………………… 95
　第 1 節　はじめに ……………………………………………………………………… 95
　第 2 節　山論の経緯 …………………………………………………………………… 95
　第 3 節　対象とする資料の紹介 ……………………………………………………… 97
　　　(1) 日記
　　　(2) 測量帳
　　　(3) 山論絵図
　第 4 節　村での測量過程——日記と測量帳の分析から—— ……………………… 104
　　　(1) 測量作業の実施前
　　　(2) 測量作業の開始以後
　第 5 節　測量された地域の確定 ……………………………………………………… 109
　　　(1) 周囲の測量

(2)　境界の測量
　　(3)　山内の測量
　第6節　測量法の復元……………………………………………………………… 113
　　(1)　図の復元とその比較
　　(2)　測量の方法と技術
　第7節　村における地図と測量の位置…………………………………………… 119
　　(1)　測量における村役人と絵師の役割
　　(2)　測量技術の位置付け ── 天明図の評価を通じて ──
　第8節　小　　結………………………………………………………………… 127

第5章　幕府権力による村の「廻り検地」……………………………………… 131
　　　　── 京都代官による「御小物成場絵図」を事例に ──
　第1節　はじめに………………………………………………………………… 131
　第2節　対象とする地域と資料について……………………………………… 131
　第3節　宝暦期の豊島郡における小物成年貢の増徴………………………… 133
　第4節　明和3年8月「御小物成場絵図」について………………………… 136
　第5節　地図の作製法…………………………………………………………… 141
　第6節　小　　結………………………………………………………………… 145

第6章　コンパスからみる近世日本の地図史…………………………………… 147
　第1節　はじめに………………………………………………………………… 147
　第2節　「小丸」の登場………………………………………………………… 151
　第3節　そして「小方儀」へ…………………………………………………… 156

終　章　まとめと課題…………………………………………………………… 167

英文要約……………………………………………………………………………… 177
あとがき……………………………………………………………………………… 181
索　　引……………………………………………………………………………… 187

図・表一覧

〈図一覧〉

図1-1	『県治要略』より「廻り検地」の測量風景	16
図1-2	『磁石算根元記』より序文	18
図1-3	『磁石算根元記』にみる「廻り検地」の図	20
図1-4	『磁石算根元記』にみる土地面積の計算	21
図1-5	『規矩元法図解　完』にみる「廻り検地」の図	22
図1-6	『秘伝地域図法大全書』にみる「廻り検地」の図	25
図1-7	『分度余術』にみる「廻り検地」の図	26
図2-1	『旧幕（府）裁許絵図目録』に記載された国別の裁許絵図数	33
図2-2	『旧幕（府）裁許絵図目録』にみる論所の内容	34
図2-3	『旧幕（府）裁許絵図目録』にみる裁許絵図件数の経年変化	35
図2-4	北摂地域における山論絵図の分布	39
図2-5	元禄2年「勝尾寺粟生村萱野郷立会絵図」（山論絵図26）	44
図2-6	嘉永2年「木津村長谷村山境争論絵図」（山論絵図56）	45
図2-7	寛文9年「鹿塩村大市庄五ヶ村蔵人村山論争論裁許絵図」および裏書（山論絵図13）	48
図2-8	北摂地域における山論絵図数の経年変化	49
図2-9	慶長17年「宿野山山論済口絵図」および裏書（山論絵図1）	51
図2-10	寛文6年「波豆・桑原・山田・三輪・高次村山林郡境裁許絵図」および裏書（山論絵図9）	54
図2-11	延宝6年「黒川村稲地村山論立会絵図」（山論絵図16）	55
図2-12	享和2年「川面村安場村生瀬村山論立会絵図」および裏書（山論絵図51）	57
図3-1	関係村落の位置	66
図3-2	延享4年「山論分間合帳　控」より1丁表	70
図3-3	延享4年「山絵図分間合帳　扣」より1丁表	71
図3-4	延享4年「〔牧之庄六ヶ村新稲村分間立会絵図〕」	75
図3-5	延享4年「〔牧之庄六ヶ村新稲村分間立会絵図〕」より論所部分	75
図3-6	延享4年「〔牧之庄六ヶ村新稲村分間立会絵図〕」より論所部分トレース図	76
図3-7	作製図	78
図3-8	現地比定図	79
図3-9	『磁石算根元記』より「廻り検地野帳」	85
図3-10	「小丸」の図，『量地指南』後編，巻之二，「器用解」より	86
図3-11	『規矩元法町見弁疑』より「規矩元器」および「小丸」	87
図3-12	『国図枢要　完』より「杖石」	88
図4-1	天明3年「壱番　分検間数覚日記」より3丁裏	98

図4-2　天明3年「立会絵図分検帳」より3丁表 …………………………………… 99
図4-3　天明7年「〔字本庄裏山論所立会絵図〕」 ……………………………… 103
図4-4　天明7年「〔字本庄裏山論所立会絵図〕」よりかぶせ絵図部分（下部） …… 104
図4-5　現地比定図 ……………………………………………………………… 110
図4-6　復元図1（1783（天明3）年8月24・25日測量，堀切川橋より
　　　　七町歩新開の南西における定杭まで） ……………………………… 114
図4-7　復元図2（1784年（天明4）年3月23・24・25日測量，
　　　　訴訟方の主張する前山と裏山境界筋） ……………………………… 115
図4-8　復元図3（1784（天明4）年3月25日，4月1日測量，立縄一番） …… 115
図4-9　宝暦9年「〔畑村本庄山小物成絵図〕」 ………………………………… 120
図4-10　明和3年「摂津国豊嶋郡畑村御小物成場絵図」 ……………………… 122
図4-11　寛政4年「〔本庄山山論和談済口絵図〕」 ……………………………… 123
図4-12　寛政4年「〔本庄山山論和談済口絵図〕」より前山と繋の一部 ……… 124
図4-13　寛政図における繋の復元1 …………………………………………… 125
図4-14　寛政図における繋の復元2 …………………………………………… 126

図5-1　宝暦11年「小物成山林之内摂津国豊嶋郡平尾村西小路村落村桜村半町村
　　　　瀬川村耕地反別帳」のうち表紙（右）および1丁表（左） …………… 132
図5-2　牧之庄六ヶ村における明和3年8月「御小物成場絵図」より紙背表題部分 …… 136
図5-3　牧之庄六ヶ村における明和3年8月「御小物成場絵図」 ……………… 137
図5-4　桜村における明和3年8月「御小物成場絵図」 ………………………… 138
図5-5　牧之庄六ヶ村における明和3年8月「御小物成場絵図」のうち法恩寺松尾山部分 …… 140
図5-6　宝暦11年5月「〔分間絵図〕」 …………………………………………… 142

図6-1　『規矩元法図解　完』より「規矩元器」・「小丸」の図 ……………… 150
図6-2　「貨度轆輪」（くハとろわん）の図，『量地指南』後編，巻之一，「雑品解」より …… 151
図6-3　「大丸」の図，『量地指南』後編，巻之二，「器用解」より …………… 153
図6-4　『分度余術』より「小圓」の図 ………………………………………… 157
図6-5　『算法地方大成』より「小方儀」の図 ………………………………… 158
図6-6　文政4年「詫摩郡田迎手永測量分見繪圖」 …………………………… 160
図6-7　天保11年「窪屋郡下林村窪所分間絵図」（下図） …………………… 162
図6-8　天保11年「窪屋郡下林村窪所分間絵図」（正図） …………………… 163

〈表一覧〉
表2-1　北摂地域における山論絵図一覧 ……………………………………… 36
表2-2　北摂地域における山論絵図の分類 …………………………………… 41
表2-3　山論絵図における山地地形表現の推移 ……………………………… 52
表3-1　関係村落名および領主支配 …………………………………………… 67
表3-2　法恩寺松尾山山論絵図作製に関わる資料 …………………………… 68
表3-3　論所における測量データ ……………………………………………… 72
表4-1　字本庄前山・裏山における測量データ ……………………………… 100
表5-1　明和3年8月「御小物成場絵図」一覧 ………………………………… 135
表6-1　方位磁石盤一覧 ………………………………………………………… 148

序章　近世日本の地図と測量をめぐる研究の課題

第1節　研究の背景

　本書の目的は，近世日本の在地社会における地図測量技術の実態と，その普及過程の一端を明らかにすることである。この目的を明らかにするため，近世の村落を舞台として作製された正確な土地の地図に注目し，それがいつから作られるようになったのか，また，それはどのような技術に基づき，どのような過程を経て作られていたのかを検討した。

　ここで対象とする近世の「ムラ」という地域は，幕藩権力の支配を受ける末端として位置付けられると同時に，生産活動や生活の利益の獲得を求める自治体的な共同体組織の場であるというふたつの側面を有している。近世の村とは，農林漁業といった第1次産業を主たる生産活動として経営されていた地域であり，主に百姓によって構成されている地域であった。そして，その多くは農業を主たる生業と位置付けたものとして存在し，そうした村は，都市と対比した表現として一般的に農村と呼ばれる地域に相当する。本書で議論される地域は，こうした意味において農村と呼ばれる場所に焦点を合わせている。

　では，なぜ本書においてこうした農村の地図，特にその作製技術に注目することになったのかを簡単に説明しておきたい。それは，測量という切り口が，近世農村の地図に限らず，近世地図を総合的に理解するキーワードのひとつになるであろうと考えるからである。近世の地図資料はそれ以前の時代に比べて質量ともに膨大な数が存在しているが，それらを包括的に理解する枠組みは未だ形成されていないのが現状である。どこにでも広く存在し，地方経営に直結して作られた村絵図は，これらの課題を考えていくうえで最適な地図資料群のひとつであると認識する。このような視点で近世地図をみていくためには，地図の近代化のプロセスを視野に含めていく必要があると考えている。本書の最後では，こうした村絵図をめぐる地図測量技術の歴史が，近代以降も含めた日本の地図史を考えるうえで，どのような意義を有していたのかについても触れてみたいと考える。

　本書の多くの部分で対象とする農村の土地を描いた地図は，一般的に村絵図と呼ばれる包括的な範疇に大きく含められ議論される場合が多い。この村絵図という表現は，近世の村落を描いた古地図というぐらいの意味を示しており，一般図としての意味が強調された表現である。こうした一般図としての村絵図について，個々の主題を通してみていくと，多様な内容の村絵図を内包していることがわかる。例えば，耕地絵図，新田絵図，普請絵図，論所絵図などの名前を挙げることができ

るが，このように近世の村という地域を描いた地図は，地方支配をめぐる様々な局面に際して作製されるものであった。この，慣例的に使用されてきた「絵図」という言葉は多義的な表現であるため，基本的に本書では「地図」という呼称に統一したいと考えている。ただし，国絵図や村絵図という言葉のように「○○絵図」と慣用的に表現されている場合にはそのまま採用している場合もある[1]。

　これらの近世農村を描く地図は，村の土地を維持管理するうえで重要な役割を担っていたであろうことは想像に難くない。そして，それは，様々な程度で測量に基づいた地図（以下「測量地図」と表記）を必要とするものであったであろうし，恐らくは近世の後期になるに従ってその重要性がさらに増していったであろうと推測される。こうした観点からみてみると，在地社会において正確な土地の地図が，いつから，そしてどのようにして作られるようになったのかということは重要なテーマになると考えられるが，後述するように，この点についてこれまでほとんど議論されてきたことがなかった。在村における地図測量技術をみていくことが本書の課題となるが，それは，技術という軸を通して近世村落を描く地図を通観する作業になると考えている。

　本書では，議論の対象となった作業を言い表す言葉として「地図測量技術」という表現を使っている。しかし，何も測量技術の使用は地図の作製に限ったものではない。近世の村をみた場合，測量という行為は，土地と関わる様々な活動の局面において必要とされた技術であることは容易に想像される。例えば，河川や溜め池の工事，耕地の開発などといった様々な場面で行使されていた。また，地図を作るという作業は，測量のみで成立しているのではなく，図化するという製図の作業も重要なもののひとつであるし，近世日本の地図の多くはむしろこうした測量作業を伴わないで，見及ぶという行為を土台として描かれたものが主流となっているといえる。こうしたことを念頭に置きつつも，本書では，地図を作るための測量技術に限って議論を進めていくことから，そのような作業内容を限定的に示すためにあえて地図測量技術という言葉を用いて表現することとした。

　この議論の過程で注目しておきたいのは，こうした村絵図は基本的に公用図として存在するものであり，決して私的な図ではないということである。そのため近世農村の地図の作製には必ず政治的なプロセスが作用していることが当然ながら指摘できる。この意味からいうと，近世日本の在地社会を考えた場合，村落を描く地図を誰が作製したのかという問いにもつながっていく。つまり，それはどのような階層に地図測量技術が継承されていたのかという問いである。村絵図の作製主体という点からみてみると，村という地域を支配する為政者側が主体となるものと，それを経営する村役人層らが主体となって作製したものという2種類の地図が大きく分けて存在するということになるであろう。もちろん個々の事例をみてみると，それらが重層的になる場合の多いことの方が実情である。例えば，課税地の把握，開発地の設定，土木工事の立案，境界の確定を目的とした地図の作製は，双方の関与が想定される局面であったといえる。

　この近世の村における支配の末端部と共同体組織という二面性は，本書の課題を考えていくうえでおのずから関わってくる問題である。こうした視角から特に本書では，地方役人や村役人層など，農村の土地の経営管理や支配に直接携わる階層の役割に注目することとなった。彼らの活動を

通じて地域に根ざした技術の実態をみていく必要があると考えており，その議論の過程で技術の伝播や発祥を位置付けていかなければならないといえる。つまり，どのような階層が，そして，どのような段階において地方支配に関わる地図測量技術を受容していったのかを明らかにする必要があると考える。それは地図を作るうえで測量という技術の必要性が，社会における共通の認識として成立する過程でもあった。

以下では，本書の課題に沿って，村，地図，測量というキーワードが交差する領域にしぼって，その研究史を簡単に振り返ってみることとする。

第2節　村，地図，測量をめぐる研究について

本書で課題としたような村落を舞台として作られた測量地図の存在については，日本の地図史において，特に近世を対象とした従来の研究ではほとんど触れられてこなかったし，明確な位置付けも全く与えられてこなかった[2]。しかし村絵図は，近世の地図群のなかでも量的にも大きな存在であることはもちろんであるが，先に触れたように近世における地方の支配や経営などの様々な局面に登場してくる資料であったと評価されることから，こうした議論が行われるべき余地を大きく残しているといえる。それでは，これまでの村絵図をめぐる研究はどのように議論が展開してきたのであろうか。

これまでの村絵図をめぐる研究の動向は，村落の景観復元を中心に議論が展開してきており，本研究のような村絵図そのものを理解するアプローチではなく，どちらかといえば二次的に村絵図を利用する研究が主流であったといえる。例えば，地理学の分野では伝統的に空間構造や土地利用，災害の分析をテーマとした復元研究[3]が進められ，また，歴史学の分野でも木村礎[4]をはじめ，分析対象として地図資料を重視した地域史研究[5]が，中世荘園絵図研究の成果をうけて1980年代以降に盛んに行われてきた。そして，近年ではこうした研究の中心が地理学からむしろ歴史学の分野へ移行しつつあるように思われる。

しかし，いずれにしても村絵図に表現された内容を，それぞれの研究の目的に応じて議論したものが大半となっており，ここで課題としたような村絵図そのものを研究する方向性はほとんど示し得るものではなかった。そのため，こうした研究が，個々の村絵図自体の検証に乏しい結果，景観を復元するための研究の素材として，時代や技術的，政治的な背景，描かれた内容などを無批判に扱い，異なる複数の地図をあたかも同質であるかのように位置付けてしまう傾向が生じやすかったともいえる。例えば，こうした議論とは，対象とする地図の批判的な検証も乏しいまま，異なる時代や主題の地図を並置して議論してしまうようなことである。

一方，村絵図そのものを分析した研究については，上述した内容の研究よりもかなり少ないとはいえ認めることができる。そうした研究のなかでも，木村東一郎[6]による業績はその代表といえるであろう。木村は，村絵図をその作製された主題に応じて，境界設定村絵図，検地村絵図，領地替

の村絵図，水害に関する村絵図，類焼場村絵図に分類して検討する。後述するようにこの分類は，基本的に近世の段階における当時の認識の枠組みに基づくものであった。さらに研究のなかでは，村絵図をめぐる測量技術という本書の課題に関わる話題についても言及している。しかし，測量に関する言及の内容をみてみると，当時の測量術書，いわば教本の類を参照して一般的な概要に触れるにとどまっている。また，境界設定村絵図を作製する絵師の紹介を通しても測量の作業過程を記すが，それらの議論は，基本として地図史の立場から村絵図を非科学的な地図と評価する立場を背景としたものであった。この非科学的であるという指摘の立場は，本書の根幹に関わる内容であり，その是非について最後に改めて検討を試みる必要がある。

そのほか，村絵図自体を対象とした研究としては，近世地方史料をめぐる史料論の立場から触れたもの[7]も若干認められる。とはいえ，現時点においては，村絵図の総合的な研究，もしくは史料論的な研究の試みがほとんど認められないのが現状である。例えば国絵図や都市図，伊能図などといった限られた形式の近世地図の研究が，書誌的な検討も含めて盛んに進められ，また社会的にも前近代の地図への関心が高い現在の状況に比べて，村絵図を対象とした議論が立ち後れている感は否めないといえるであろう。こうした研究の状況は，村絵図の存在が大量であまりにも一般的なものであったがゆえに，研究対象としての関心が向かなかったかのような印象さえ受けてしまう。

こうした研究状況のなかでもう少し対象をしぼってみてみると，村絵図の範疇に含められる地図資料群のうち，最も研究が展開してきたのは論所絵図をめぐる議論であったといえる。論所絵図とは，土地や水域をめぐる争いの解決を目的として作成された地図のことである。それは，法制史の分野における入会権や論所裁判制度の議論[8]にはじまるものであり，争論や入会慣行の分析を通じた歴史学での村落共同体の研究過程で，論所絵図，特に裁許絵図に注目した研究[9]が目立つようになる。もちろんこれらの研究も，主として地図作製そのものというよりは，その背景や制度の解明を目的としたものであって，本書で扱うような技術の問題にせまるものではないが，注目すべき成果は大きい。本書においても，第2章以降で山論絵図を主な素材として検討を進めており，こうした論所絵図の分析を通じて，村と地図と測量の検討を試みている。

ところで村絵図という素材から離れて近世の日本における地図測量の研究史をみた場合，これまでに明らかにされてきた事例は，個人の業績に特化して検討されたものが圧倒的に多い。加えて，それらの議論は，作られた地図の精度を発達史的な観点から検証したものが多いのも大きな特徴である。極端にいうならば，どれだけ早い時期から如何に正確な地図が，ある特異な人物の手によって作られていたのかという文脈で記述される場合が多いといえよう。例えば，北条氏長や遠近道印による江戸図[10]，伊能忠敬による日本図[11]，近藤重蔵や堀田仁助，間宮林蔵らによる蝦夷地図[12]，石黒信由による加賀藩の国郡図[13]，岡崎三蔵による徳島藩の国郡図[14]などがその好例であり，それらの大半が広範な地域を描く地図であったと同時に，権力者側の主導する状況の下で作られたものと位置付けられる[15]。つまり，これまでの近世日本の地図史研究は，主に幕藩権力のレベルでの大規模なプロジェクトのみを対象としていた。それは，本書の課題とするような技術の地方への伝播過程を本質的に議論するものではなかったし，そうした枠組みを用意するものではなかった。こ

れらの研究の多くが，個人の業績や特殊な政治的状況など単発的な事象として扱われる傾向が強いため，地域に広く享受される一般的な技術体系を構築するのに至るものではなかったといえる。これに対して本書で課題とした村絵図は，基本的に狭い範囲の地域を対象に描く地図，つまり比較的に大縮尺の地図であるとともに，村落における一般的な社会・経済的な活動をめぐって作られたものであった。ただし，上に挙げた例のうち石黒の事例については，土地支配や在村実学のテーマからの再評価が最近になって試みられつつあり，本書の枠組みに近いアプローチも採用されているが，この件については後述することにしたい。

第3節　教本類からみた地図測量技術の検討

　近世日本の地図測量技術をめぐるそのほかの研究としては，上述したような個々の地図の事例を取り上げて検証したもの以外に，主に当時のテキスト，つまり教本の類を対象としたものも認められる。その研究のスタイルは，測量の方法や由来を紹介したうえで，それぞれの系統関係やその起源を分析したものが基本となる。そこでの議論は，数学史における和算の研究を補足するものとして取り上げられた研究が伝統的なものであり，当然ながら地図そのものへの言及は乏しい[16]。また，地理学の分野でも，教本類から近世の測量法の分析を試み，地図作製技術の発展をみる研究もあるものの，これらも多くの場合は，技術の継承者として測量術家の系譜を明らかにすることを軸に議論が展開している[17]。

　さて，こうした教本類に記されていた測量地図の作製技術をみていくと，それは，平板のうえで見通して縮図を描く「量盤術」（見盤術ともいう）と，磁石盤などで方位角を測って位置付ける「盤針術」というふたつの測量法を基本的なものとしていたことがわかる。それらの測量法は，前者が今日でいうところの平板測量の一種であり，後者がトラバース測量の一種であるといえる。近世日本におけるこれらの測量法の歴史については，おおよそ次のように理解されている。まず，17世紀初期の段階で中国流の測量法として量盤術が輸入され，次いで17世紀のなかごろには西洋流（紅毛流）の測量法として盤針術が日本に登場してきたのであるという[18]。しかし，これらの起源に関しては，現段階においてはっきりと確定できていないというのが現状である。このうち本書は，近世日本社会，特に在地社会における盤針術の受容過程に注目して議論を進めるものであるが，その導入の経緯については，現時点では不明な点が多いことから基本的に検証することができなかった。後述するようにこうした盤針術は，1680年代になってようやくテキストで紹介され，1720年ころから数多く掲載されるようになっていく。広く刊行された資料にそうした傾向をより強く認めることができるが，そこでの扱いは量盤術に準じたものであったことを指摘することができる。

　これに対して，本書の課題を通じてテキストの内容を振り返ってみると，次に示すふたつの問題がみえてくる。まずひとつめは，近世日本の地図史において盤針術による測量技術をどのように評

価するのかということである。そして，ふたつめは，教本類という資料の性格からくる問題である。つまり，こうした資料は，基本的には概説書として記されたものであり，個々の事例に即して記されたものではない。そのため，テキストの分析を通じて検証を試みても，量盤術と盤針術に代表されるような近世の地図測量技術が，具体的に地域で如何にして実践されていたのかということを判断することが難しいということになる。

例えば，和算家として著名な関孝和が，基本的には地方役人であり，その意味で甲斐国における甲府藩の貞享検地に勘定方の一吏僚として参加していた事実[19]からみても，彼の著述の分析を通じて単に技術の系譜や由来ということを検討するのみならず，個々の地域で土地行政や経営と測量，そして地図といったテーマを具体的かつ統合的に検討し直す必要があるといえよう。極端にいえば，土地への働きかけを実践する地域という場においては，和算家や測量術家，天文家といった立場や系譜の区別は重要な意味を持たないということである。多くの場合，そうして働きかけられた実践の地域は農村であったということになる。それでは，本書で課題としたような村絵図の地図史を具体的にみていく場合，何を素材として，そしてどのような枠組みをもって歴史を通観していく必要があるのであろうか。

ここでは，この課題を解くに際しての手掛かりとして，まず，「地方書」と呼ばれる書物から参照し始めることにした。地方書とは，実際に地方の支配に携わった地方役人や村役人層らが，村落をめぐる政治的任務全般について書き留めたテキストの一種で，近世における地方支配の規範を知る有効な基本的資料だからである。それは，主に農政一般に関わる内容であった。地方巧者と称された彼らが記す数々の地方書のなかでも，18世紀の後期に高崎藩（上野国）の郡奉行であった大石久敬の執筆した『地方凡例録』[20]は，近世において最も充実した体系的な地方書として評価されており，まずはこの『地方凡例録』の記述内容からみていくこととする。

第4節 「廻り検地」への注目

この『地方凡例録』を読んでみると，地域支配の様々な場面に応じて，数種類の地図が登場してくることを確認できる。例えば領主の交代や検地の実施の際に提出する報告書としての地図，宿場での火災状況を描く実況検分的な地図などといったものが挙げられており，先にみた木村による村絵図の分類がこれら当時の分類に基づくもので，その範疇を出ていないことに気付く。

こうして多様に示された地図の作製について，測量という点からみてみると，実践された技術がいずれも「廻り検地」というひとつの言葉で常に表現されていることに気付かされる。つまり，教本類の記述で主流を占めていたはずの平板測量の一種である量盤術には触れられていないのである。この「廻り検地」という測量法は後述するように盤針術の一種であるが，『地方凡例録』にみる「廻り検地」という表現の多さと，それとは逆に量盤術の記述がみられないということは，地方支配の現場における盤針術の汎用性の高さを示していると想定される。このことは，近世村落と地

図と測量を理解するうえで,「廻り検地」という検地技術が重要なキーワードになるであろうということを示唆していると考えたい。後述するが,「廻り検地」は1687（貞享4）年に出版された『磁石算根元記』[21]にはじめて記述されたとして,数学史を中心とした分野で既に紹介されている[22]。しかし,この「廻り検地」という検地技術に焦点を合わせた研究はこれまでほとんどなかったというのが実情であり,以下で取り上げることとした研究のなかでいくらか議論されている程度である。ちなみに,本書では,この測量法について表記する際,それが当時の技術用語であることから「廻り検地」とカギカッコ付で表現することとしている。

この「廻り検地」については,アメリカの歴史学者フィリップ・C. ブラウンによる土地行政と測量との関係からの技術史的な言及[23]が,まとまった研究としてほぼ唯一のものであり,その内容との比較を通じて本書の課題を示していくこととしたい。まず,ブラウンは,近世日本における土地測量の技術の全般について,「十字縄」（十字法）the crossed rope technique と「廻り検地」the circumferential survey というふたつの方法があると指摘したうえで,広く採用された前者に比べ,後者の「廻り検地」は,利用が推奨されなかったと評価する。確かに近世日本で実施された検地をみると,土地の丈量法の主流は前者の十字法であった。十字法は,対象となる土地の四隅を確定してその中心を交点とする縦横の長さから面積を求めるという,「廻り検地」とは全く異なる測量法である。しかし,十字法の採用は伝統的形式を重んじた政治的な判断に基づく慣例であったとともに,必要性の程度に応じたものであったことも注意したい。また,ブラウンによる指摘の多くの部分が,主に当時の測量テキストからの分析の上に成立するものであり,在地社会の実態を説明するものではないことも留意する必要がある。はたして「廻り検地」は,『地方凡例録』に記述されるように,近世の地方における土地測量技術の主流となっていたのであろうか。この点,やはり個々の事例を探りながら村落における地図測量の具体的な実施状況を検討する課題が残されていると考えたい。

さらにブラウンは,近世日本の土地測量技術が,当時のヨーロッパ,特に英国と比べて,測量器具や計算法,測量データの検査制度,数学の教育体制,測量家の専門性などの諸条件においていずれも劣り,正確な測量を行えなかったと評価したうえで,その理由をヨーロッパから日本への技術移転の失敗と説明する。果たしてこれらの評価は正しいのであろうか。本書ではこうした世界的な地図史の動向との関係という視点については,終章で若干の検討を試みている。また,ブラウンは「廻り検地」の歴史についても記述しており,そのルーツは不明としながらも,方位角を測るコンパスは,航海術に由来して16世紀末から17世紀はじめに導入され,その後17世紀末から18世紀はじめにこの技術が伝播したと指摘する。この点についても本書の第6章および終章で可能な範囲で確認することとしたい。

ブラウンは,主に加賀藩の事例を対象として割地といった近世の土地制度史の研究を行っており[24],ブラウンの描いた日本測量史はこれに依る部分が大きいと考えられる。この加賀藩の検地制度をめぐる議論は,本書の課題,つまり近世日本の地方における地図測量技術の伝播を検討するうえで示唆が得られるものであった。それは,これらの研究が「廻り検地」に代表されるような土地

測量の作業を地方役人層が担っていたこと，そしてさらにはそうした技術の普及が測量地図の製作に結びついていくということを部分的にであれ既に指摘しているからである。つまり，ここでの研究には，土地行政と地図，和算や測量技術といった項目を統合的に考えていこうとする地図史の枠組みの方向性が認められるからである。ちなみにこうした研究の例は，加賀藩のほかに琉球についても認められる[25]が，検証すべき資料の不足のために現時点での議論は加賀藩におけるものほど進展していない。

　それでは加賀藩の事例にひきつけてもう少し議論をつづけてみることとしたい。加賀藩においては，「惣高廻り検地」と称した検地が近世前期の段階から実施されており，ほぼ基本的な村高がこれで設定されていたという。この検地は，一筆毎の丈量ではなく，村の総面積から除地分を引き，一括して村高を積算するというものであった[26]。これを検証した田上繁は，1707（宝永4）年の地方書である『耕稼春秋』を主な素材に，この検地を「廻り検地」の一種である測量と位置付けたうえで，その登場が天正期（16世紀末）にまで遡れると推測する。しかし，この見解は，従来の近世日本における盤針術の受容過程の理解と大きく隔たるものであり，慎重な検証を要する。この「御検地」とされる「惣高廻り検地」に対し「内検地」という検地があった。それは，「惣高廻り検地」の事前や検地結果に変更があった場合，十村などの地方役人層が実質的に担う検地のことをいい，その作業は「廻り検地」により実施されていたとした。また，村内で割地などの耕地経営を行う際，基礎データを得るために村で耕地の測量を実施しており，これも内検地と称した場合があったという。それは，御検地が総面積の検地のみを基本的な単位として実施されてきたという特殊な事情があったからである。結論から述べると，先にみた田上氏による「廻り検地」の認識は，語彙としての「惣高廻り検地」の表現そのものから推測したものであり，やはり以下で挙げたような近世後期に石黒信由に代表される地方役人や村役人層らによる縄張人が担当した内検地にみる「廻り検地」という測量法とは区別して考えるべきであろう。

　さて，18世紀後期，この内検地の測量作業に従事した人物の一人が石黒信由であり，これ以降，内検地による地図の正確さが向上していくこととなった[27]。地図史に関わる石黒についての研究は，測量家としての人物に焦点をあてたものとして，伊能忠敬に次いで多く蓄積されているといえるが，その内容は，数学者や広域図の地図作製者としての側面から彼の卓越さを評価したものであった。しかし，近年の石黒をめぐる研究は，様々な地域レベルにおいて知識や技術の伝播を支える人的交流に基づくネットワークが存在していたこと[28]，また，これに関連してくるが，そうした過程を経て在村実学とでもいうべき実践的な学問が在地社会に蓄積されていたということ[29]を明らかにすることを目指したものが主流となってきており，本書の課題と共有すべき点が多いことは先に触れた通りである。

　しかし，ここでの指摘は，当地における地図測量技術の蓄積が，この石黒を中心とするネットワークに特化し，全国的にみても希な現象として評価する立場であることは留意すべきであろう。それは，在地社会における土地測量技術の広がりが，石黒という特筆した存在に依拠するのではなく，歴史に名を残さない人々，より具体的には全国の地方役人や村役人などの階層によって支えら

れたものと考えられるからである。本書の議論をすすめるにあたっては，このようなネットワークが，近世日本の村々へ地図測量技術を伝播させたものとして全国的に無数に存在していたということを仮定しておきたい。それは，あたかも百姓出身の医者を通じて種痘による治療が全国の村々に導入され，天然痘の恐怖が著しく減少した現象に類似している[30]。このことは，在村の蘭方医による種痘の導入過程といった，新しい技術や知識が村落共同体に受容されていく経緯が，本書でみる地図測量技術の普及過程と共通の構造を持つものであるということを示唆している。

　近年では，欧米での地図史研究において，こうした歴史的な文脈という意味から「測量」というキーワードも用いて地図を理解するという試みが行われるようになってきた。それは1980年代以降に盛んに登場するようになる。それらは，J. B. ハーリーの研究[31]に代表されるような，地図と権力，そして国家との関係を明らかにしていく過程で触れられるものであり，地図という現象を通じて権力構造を批判的に検証する手法は，GIS（地理情報システム）をめぐる議論とともに現在の地図史研究の大きな潮流のひとつになっているといえる[32]。例えば，帝国と地図[33]，近代の国民国家と地図[34]の関係性は，刺激的な課題として注目される研究テーマである。そのほかにも，18世紀後半以降のアメリカのグリッド・システム，つまり都市プランと方形測量の歴史[35]など，歴史的に地図と測量の関係をみるうえで興味深いテーマも多いといえるが，多くの議論が帰結する「可視化」という側面のみならず，地図の実用的な意味からさらなる議論が必要とされるといえるであろう。いずれにしても，この種の研究の重要性に反して，日本の地図史研究ではこうしたテーマがこれまであまり議論されてこなかったのが実情である。本書でもこうした問題に直接答える段階にはまだ至っていないが，その視点を共有しなければならないと考える。

注
1) 金田章裕「絵図・地図と歴史学」（『岩波講座　日本通史　別巻3』岩波書店，1995）307-326頁。
2) ①高木菊三郎『日本地図測量小史』古今書院，1931，170＋15頁。②三上義夫『科学史研究撰書Ⅰ　日本測量術史之研究』恒星社厚生閣，1947，211頁。③高木菊三郎『日本に於ける地図測量の発達に関する研究』風間書房，1966，175頁。④織田武雄「第二部　日本の地図とその発達」（織田武雄『地図の歴史』講談社，1973）211-289頁。⑤Kazutaka Unno, 'Cartography in Japan' (J. B. Harley and David Woodward eds., *The History of Cartography Volume Two, Book Two : Cartography in the Traditional East and Southeast Asian Societies*, The University of Chicago Press, 1992) pp. 346-477. ⑥木全敬蔵「総論　三重県地図史」（三重県編『三重県史・別篇・絵図・地図』三重県，1994）241-275頁。⑦海野一隆「日本の部」（海野一隆『地図の文化史―世界と日本―』八坂書房，1996）83-175頁。⑧秋岡武次郎『日本地図史』河出書房，1997（1955初版），342頁。⑨海野一隆『地図に見る日本―倭国・ジパング・大日本―』大修館書店，1999，197＋29頁。
3) ①藤田佳久・北野信彦「静岡県竜山村における歴史的山地災害とその発生環境」『歴史地理学』114，1981，1-12頁。②五十嵐勉「近世山村における耕地開発と村落構造―越後国頸城郡下平丸村―」『人文地理』35(5)，1983，51-69頁。③上原秀明「近世における八ヶ岳南麓農村の空間構造」『人文地理』37(6)，1985，1-28頁。④千葉徳爾「山地利用と村絵図の性質」（千葉徳爾『愛知大学綜合郷土研究所研究叢書Ⅱ　近世の山間村落』名著出版，1986）141-199頁。⑤岩崎公弥「メソスケール地域の地誌的資料としての近世村絵図の利用」『歴史地理学』172，1995，39-54頁。
4) 木村礎編著『村落景観の史的研究』八木書店，1988，599頁。
5) ①吉田優「村絵図からみた近世村落の史的復元―茨城県猿島郡五霞村の場合―」『駿台史学』56，1982，81-109頁。②吉田伸之「野と村」（吉田伸之・渡辺尚志編『近世房総地域史研究』東京大学出版会，1993）13-58頁。③水本邦彦『絵図と景観の近世』校倉書房，2002，360頁。

6) ①木村東一郎『近世村絵図研究』小宮山書店，1960，256頁。②木村東一郎『日本史研究叢書2 江戸時代の地図に関する研究』隣人社，1967，193頁。③木村東一郎『村図の歴史地理学』日本学術通信社，1978，181頁。
7) 白井哲哉「近世村絵図の史料的研究―残存地方絵図史料とその問題点―」『明治大学刑事博物館年報』19，1988，29-39頁。
8) ①中田薫『村及び入会の研究』岩波書店，1949，331+5頁。②小早川欣吾『増補近世民事訴訟制度の研究』名著普及会，1988（初版1957），768+25頁。
9) ①杉本史子「絵図に表された近世―その一裁判と絵図―」『神戸大学史学年報』7，1992，1-24頁（のち杉本史子『領域支配の展開と近世』山川出版社，1999，124-150頁に一部改変のうえ所収）。②山本英二「論所裁許と数量的考察」『徳川林政史研究所研究紀要』27，1993，159-191頁。③山本英二「幕藩制後期論所裁許と政治主義―寛政二年上武国境争論を事例に―」『徳川林政史研究所研究紀要』28，1994，63-80頁。④大国正美「近世境界争論における絵図と絵師―地域社会の慣行秩序の展開にみる権力と民衆―」（朝尾直弘教授退官記念会編『日本社会の史的構造 近世・近代』思文閣出版，1995）53-76頁。⑤船木明夫「十七世紀後半における入会地の存在形態と村落構造」『関東近世史研究』47，1999，3-30頁。⑥杉本史子「「裁許」と近世社会―口頭・文字・絵図―」（黒田日出男，メアリ・エリザベス・ベリ，杉本史子編『地図と絵図の政治文化史』東京大学出版会，2001）185-230頁。⑦宮原一郎「近世前期の争論絵図と裁許―関東地域における山論・野論を中心に―」『徳川林政史研究所研究紀要』37，2003，31-60頁。
10) ①矢守一彦「石黒信由以前のカルトグラフィー」（高樹文庫研究会編『トヨタ財団助成研究報告書 石黒信由遺品等高樹文庫資料の総合的研究―江戸時代末期の郷紳の学問と技術の文化的社会的意義―』高樹文庫研究会，1983）57-62頁。②飯田龍一・俵元昭『江戸図の歴史』築地書館，1988，184頁。③深井甚三『図翁 遠近道印 元禄の絵地図作者』桂書房，1990，322頁。④海野一隆「北条氏長考案の測量器具」（海野一隆『東洋地理学史研究 日本篇』清文堂出版株式会社，2005）326-334頁。
11) 基本的な著作は，以下の2点である。①大谷亮吉編著『伊能忠敬』岩波書店，1917，766頁。②保柳睦美編著『伊能忠敬の科学的業績 訂正版』古今書院，1980（1974初版），510頁。また，ほかに参照した文献は次の通りである。③保柳睦美「伊能忠敬と伝記類と業績の評価―明治100年にちなんで―」『地学雑誌』76(1)，1967，1-21頁。④保柳睦美「伊能図の意義と特色――伊能忠敬150年祭記念講演（1968年5月25日，東京地学協会総会講演）」『地学雑誌』77(4)，1968，1-30頁。⑤中村拓「欧米人に知られたる江戸時代の実測日本図」『地学雑誌』78(1)，1-18頁。⑥羽田野正隆「伊能図の評価に関する諸問題」『地学雑誌』78(6)，1969，13-24頁。⑦藤田覚「伊能忠敬と大地測量の技術者たち」（永原慶二・山口啓二代表編著『講座・日本技術の社会史 別巻1 人物篇近世』日本評論社，1986）181-214頁。⑧東京地学協会編集『伊能図に学ぶ』朝倉書店，1998，266頁。
12) ①船越昭生『北方図の歴史』講談社，1976，238-269頁。②海野一隆『地図の文化史―世界と日本―』八坂書房，162-170頁。③秋月俊幸『日本北辺の探検と地図の歴史』北海道大学図書刊行会，1999，215-376頁。
13) ①富山県教育委員会編『高樹文庫資料目録―歴史資料緊急調査報告書―』富山県教育委員会，1977，513頁。②矢守一彦「「御次御用金沢十九枚御絵図」とその作製過程について」『人文地理』31(1)，1979，77-88頁。③高樹文庫研究会編『トヨタ財団助成研究報告書 石黒信由遺品等高樹文庫資料の総合的研究―江戸時代末期の郷紳の学問と技術の文化的社会的意義―』高樹文庫研究会，1983，128+17頁。④富山県編集『富山県史 通史編IV 近世下』富山県，1983，667-671頁。⑤高樹文庫研究会編『トヨタ財団助成研究報告書 石黒信由遺品等高樹文庫資料の総合的研究―江戸時代末期の郷紳の学問と技術の文化的社会的意義―第二輯』高樹文庫研究会，1984，182頁。⑥神前進一「石黒信由の測量術」『測量』419，1986，41-44頁。⑦船越昭生「第七章 十九世紀初頭地方測量家の地図作成―石黒信由の場合を中心に―」（船越昭生『鎖国日本にきた「康熙図」の地理学的研究』法政大学出版局，1986）304-316頁。
14) ①羽山久男「徳島藩の分間村絵図・郡図について」（徳島地理学会論文集刊行委員会編『徳島地理学会論文集1993』徳島地理学会，1993）33-46頁。②羽山久男「徳島藩の分間郡図について」『史窓』26，1996，2-25頁。
15) ほかの事例をあげると次の通りである。①山田叔子「姫路市熊谷家文書「國圖要録 全」―寛文四年上野国絵図作製覚帳―」『双文』7，1990，47-96頁。②小林茂・佐伯弘次・磯望・下山正一「福岡藩の元禄期絵図の作製方法と精度」（小林茂・磯望・佐伯弘次・高倉洋彰編『福岡平野の古環境と遺跡立地―環境としての遺跡との共存のために―』九州大学出版会，1998）259-274頁。③横山伊徳「一九世紀日本近海測量について」（黒田日出男，メアリ・エリザベス・ベリ，杉本史子編『地図と絵図の政治文化史』東京大学出版会，2001）269-344頁。

16) ①林鶴一『和算研究集録　下巻』鳳文館，1985（初版1937），430-456・469-527頁。②日本学士院日本科学史刊行会編『明治前　日本数学史　新訂版　第五巻』財団法人野間科学医学研究資料館，1979（初版1960），466-504頁。③加藤平左ヱ門『和算ノ研究　雑論II』日本学術振興会，1955，1-184頁。④松崎利雄『江戸時代の測量術』総合科学出版，1979，324+vi頁。

17) ①海老澤有道「測量術の発展と南蛮学統」（海老澤有道『南蛮学統の研究―近代日本文化の系譜―増補版』創文社，1978）171-217頁。②矢守一彦「江戸前期測量術史割記」『日本学報』3，1984，1-35頁。③川村博忠『近世絵図と測量術』古今書院，1992，306頁。④木全敬蔵「江戸初期の紅毛流測量術」『地図』36(4)，1998，15-23頁。

18) 前掲注17) ④。

19) ①神崎彰利『検地――縄と竿の支配』教育社，1983，1・167・190-193頁。②佐藤賢一「科学史入門：関孝和を巡る人々」『科学史研究』42，2003，49-54頁。③佐藤賢一『近世日本数学史―関孝和の実像を求めて―』東京大学出版会，2005，423+6頁。

20) ①大石慎三郎校訂『地方凡例録　上巻』東京堂出版，1995，345頁。②大石慎三郎校訂『地方凡例録　下巻』東京堂出版，1995，334+26頁。

21) 保坂与市右衛門尉因宗『磁石算根元記』1687（貞享4）年，東北大学附属図書館所蔵（狩野文庫）。

22) 前掲注16) ④246-250頁。前掲注17) ④20頁。

23) ①Philip C. Brown, 'Never the Twain Shall Meet : European Land Survey Techniques in Tokugawa Japan', *Chinese Science* 9 (1989), pp. 53-79. ②Philip C. Brown, 'The Mismeasure of Land : Land Surveying in the Tokugawa Period' *MONUMENTA NIPPONICA* 42 : 2 (Summer 1987), pp. 115-155. ③Philip C. Brown, 'A Case of "Failed" Technology Transfer—Land Survey Technology in Early Modern Japan—', *Senri ethnological Studies* 46 (March 1998), pp. 83-97.

24) ①Philip C. Brown, 'Practical Constraints on Early Tokugawa Land Taxation : Annual Versus Fixed Assessments in Kaga Domain', *THE JOURNAL OF JAPANESE STUDIES* 14 : 2 (1988), pp. 369-401. ②Philip C. Brown, 'State, Cultivator, Land : Determination of Land Tenures in Early Modern Japan Reconsidered', *The Journal of Asian Studies* 56 : 2 (1997), pp. 421-444. ③フィリップ・C. ブラウン「割地制度―外から見た面白さ，中から見た複雑さ―」『史料館研究紀要』30，1999，161-227頁。

25) ①田里修「原石と元文検地」『流大史学』13，1983，1-11頁。②安里進『グスク・共同体・村』榕樹書林，1998，164-214頁。③安里進「近世琉球の地図作製と戦前作製の琉球諸島地形図」（清水靖夫・浅井辰郎・小林茂・安里進著『大正・昭和　琉球諸島地形図集成　解題』柏書房，1999）35-47頁。④伊從勉「「首里古地図」の製作精度―琉球における測量術の発達と首里絵図―」（足利健亮先生追悼論文集編纂委員会編『地図と歴史空間：足利健亮先生追悼論文集』大明堂，2000）403-416頁。

26) ①若林喜三郎『加賀藩農政史の研究　下巻』吉川弘文館，1972，457-480頁。②田上繁「前田領における検地の性格について」『史学雑誌』102⑽，1993，50-76頁。③田上繁「地租改正における土地測量の技術的前提―『耕稼春秋』の測量図を中心にして―」『商経論論叢』32(1)，1996，177-198頁。④木越隆三「縄張人石黒信由の惣高廻り検地」『富山史壇』137，2002，1-20頁。⑤野積正吉「氷見の村絵図と内検地」（氷見市史編さん委員会編『氷見市史8　資料編六　絵図・地図』氷見市，2004）301-310頁。

27) 前掲注13) ②，④，⑤182頁，⑥。前掲注26) ⑤。

28) ①竹松幸香「石黒信由の文化的相互交流」『富山史壇』129，1999，1-17頁。②野積正吉「石黒信由の測量器具と文政五年金沢町測量」『富山史壇』134，2001，1-25頁。③佐藤賢一「シンポジウム：加賀と近江―地域と人脈から見る近世科学史―2002年度年会報告」『科学史研究』41，2002，163-166頁。④渡辺誠「石黒信由考案の磁石盤の特徴とバーニア目盛について」『富山史壇』140，2003，1-19頁。⑤中村士「江戸後期幕府天文方と地方天文学者の交流―加越地方の事例から―」『東洋研究』147，2003，43-68頁。

29) 楠瀬勝「公開講演　江戸時代後期における在村の学問と技術―石黒信由以下四代と高樹文庫資料―」（地方史研究協議会編『情報と物流の日本史―地域間交流の視点から―』雄山閣出版社，1998）213-237頁。

30) ①田﨑哲郎『在村の蘭学』名著出版，1985，300頁。②田﨑哲郎『地方知識人の形成』名著出版，1990，372頁。

31) ①J. B. Harley, 'The Re-mapping of England, 1750-1800' *IMAGO MUNDI* 17 (1965), pp. 56-67. ②M. J. Blakemore and J. B. Harley, 'Concepts in the History of Cartography A Review and Perspective' *CARTOGRAPHICA* 17 : 4 (1980), pp. 1-120. ③J. B. Harley, 'Silence and Secrecy : the Hidden Agenda of

Cartography in Early Modern Europe' *IMAGO MUNDI* 40 (1988), pp. 57-76. ④ J. B. ハーリー「地図と知識，そして権力」（D. コスグローブ，S. ダニエル共編，千田稔・内田忠賢監訳『風景の図像学』地人書房，2001）395-411 頁。⑤ Paul Laxton ed., *The New Nature of Maps : Essays in the History of Cartography*, The Johns Hopkins University Press, 2001, 331 p.

32) ① Robert A. Rundstrom, 'Mapping, Postmodernism, Indigenous People and The Changing Direction of North American Cartography', *CARTOGRAPHICA* 28 (1991), pp. 1-12. ② Denis Wood, *The Power of Map*, ROUTLEDGE, 1992, 248 p. ③ 若林幹夫『地図の想像力』講談社，1995，261 頁。④ マーク・モンモニア著，渡辺潤訳『地図は嘘つきである』昌文社，1995，196＋6 頁。⑤ ジェレミー・ブラック著，関口篤訳『地図の政治学』青土社，2001，242＋12 頁。⑥ Nicholas Blomlry, 'Law, Property, and the Geography of Violence : The Frontier, the Survey, and the Grid' *Annals of the Association of American Geographers* 93：1 (2003), pp. 121-141.

33) ① Matthew H. Edney, 'The Patronage of Science and the Creation of Imperial Space : The British Mapping of India, 1799-1843', *CARTOGRAPHICA* 44 (1993), pp. 61-67. ② Matthew H. Edney, *Mapping an empire : the geographical construction of British India, 1765-1843*, The University of Chicago Press, 1997, 458 p.

34) ① ベネディクト・アンダーソン著，白石さや・白石隆訳『増補　想像の共同体』NTT 出版，1997，284-293 頁。② トンチャイ・ウィニッチャクン著，石井米雄訳『地図がつくったタイ：国民国家誕生の歴史』明石書店，2003，414 頁。

35) ① L. M. Sebert, 'The Land Surveys of Ontario 1750-1980', *CARTOGRAPHICA* 17：3 (1980), pp. 65-106. ② David E. Nye, 'Technology, Nature, and American Origin Stories' *ENVIRONMENTAL HISTORY* 8：1 (2003), pp. 14-17.

第1章　農村社会における地図と「廻り検地」
　　　　　　　　　　──地方書と和算書の検討から──

第1節　はじめに──「廻り検地」への注目──

　前章の議論から，村落における中心的な地図測量技術として「廻り検地」の名が登場してきた。ここでは，この「廻り検地」について，個々の事例を検討する前に，まずは，一般的な書物に記された内容から，「廻り検地」の概要をみることにしたい。以下では，はじめに地方書の記述を中心に「廻り検地」の概要について述べ，次いで和算書，特に測量術書を取り上げ，その位置付けを試みることとした。

　「廻り検地」のことが地方書に取り上げられるようになるのは，1700年代，それも主としてなかごろ以降のことである。加賀藩の検地法を記した土屋又三郎による1707（宝永4）年の『耕稼春秋』[1]はそのなかでも早い例となるが，先述したように，その測量法は盤針術に相当するものではなく，むしろ「惣高廻り検地」に類する技術であったといえる。実質的な意味で盤針術に相当する「廻り検地」のことを記した地方書を挙げてみると，いずれも18世紀中期以降に成立したものであった。例えば，それらは，常陸国の地方巧者として知られる眞壁用秀による1759（宝暦9）年の『地理細論集』[2]，武陽隠士泰路による1763（宝暦13）年の『地方落穂集』[3]，高崎藩士の大石久敬による1794（寛政6）年ころの『地方凡例録』[4]となっている。

　これらのうちで「廻り検地」のことを最も詳しく，しかも項目を立てて紹介した地方書は，先にみた『地方凡例録』のみとなっており，これに次いで『地方落穂集』が比較的詳細に記されている。以下では，『地方凡例録』の記述を参考にして，「廻り検地」の概要をみていくこととする。

第2節　地方書の記述から──『地方凡例録』にみる「廻り検地」──

　「廻り検地」について『地方凡例録』では，耕地などの地押，論所の検証，新開地の調査，林地の調査に関連する技術として紹介されている。同書において，まず，「廻り検地」のことを取り上げたのは，主に検地技術一般を解説した「巻之二上」においてである。そこでは，いわゆる十字法を中心とするオーソドックスな検地法を解説した「一，検地之事」の項目に続いて，「一，地押之事　附　廻検地の事」[5]という項目で，「廻り検地」のことを紹介している。それは，前半部に「廻

り検地」の目的，後半部がその作業内容という構成で執筆されているが，まずは前半の目的の記述について，長文ではあるが，その部分を抜き出してみることとした。

　地押といふハ田畑上中下の位付、高石盛も前々より在来通りにて差置、縄竿を入れ反別を改るを地押とも地詰とも云、其仕方ハ検地に替ることなし、尤も一村の地押ハ格別、一耕地二耕地位少々の地押ハ本検地に及バず廻検地にて済ことなり、廻検地と云ハ、其地所を分間いたし、絵図を引出し歩詰にて改ることなり、何れにても反別を改め出せば、在来の石盛にて高を付出し、同高にいたす、尤も隠田等ある由、訴人あるか、何ぞ子細ありて村方より願出、或ハ地所紛ハしき筋等にて捨置がたき場処、又ハ拠なき訳あらバ、一村の地押をなすといへども、上より地押等容易に申付る筋にてハなし、又論所地改め等にて地所相分らず、隠れたる田畑ある筋ハ一村にても、又ハ論所耕地限りにても地押いたし、隠れたる反別地所等を改め出せバ、其場処ハ其品により改め出し致すといへども、高を増し出目高等にハいたさず、然れども論所も其訳により、一村地押等に成り、格別地広にて、論所の外にも不埒の地所あるときハ、其品に依て吟味を遂げ、過怠増高等を申付ることもあり、論所の地改めハ、本検地にハ致さず、廻り検地絵図歩詰にて奉行所へ差出し、何れにも地押ハ廻り検地にすべきことなり、

　これによれば、「廻り検地」は，まず耕地の地押を第一の目的としていたことが示されている。地押もしくは地詰とは，田畑の等級や石高を従来のままにして，新たに検地を実施し，反別を丈量し直すことをいい，面積が増加した場合は，増高とされることもあったという。この地押の際には，村内のすべての耕地が対象であった場合は本検地を実施しなければならないのに対して，「一耕地二耕地位少々の地押ハ本検地に及バず廻検地にて済ことなり」とあるように，数耕地のみの地押であった場合は本検地の必要はなく「廻り検地」で済ますことができたと表現されている。ここでいう本検地とは，制度的な点から基本的な土地丈量を意味した表現であり，技術的には先述した十字法により測量が行われていた。これに対して「廻り検地」という言葉は，制度的な意味ではなく，測量法そのものを意味した表現として使用されていると考えられる。このような対比した表現は，本検地に比して「廻り検地」が，形式的にも技術的にも簡便な測量法と位置付けられていたことによるものであり，測量の精度が劣っている意味で付随的に表現されているのではないと考えられる点は注意したい。

　耕地の地押という状況に次いで，「廻り検地」が実施される場面として取り上げられたのが，「論所地改め」，つまり係争地の検証においてである[6]。上記の引用中に記される論所は，耕地を巡る争いを意味しているが，「論所の地改めハ，本検地にハ致さず，廻り検地絵図歩詰にて奉行所へ差出し，何れにも地押ハ廻り検地にすべきことなり」と記されているように，その検証の際には，本検地，つまり十字法ではなく「廻り検地」により測量を実施し，出来た地図を幾何学的に分割して面積を求め，それを奉行所へ提出すると記されていた。こうした論所を対象に行われる「廻り検地」は，特に耕地の争いに限られたものではなく，山野といったほかの論所の場面でも実施されて

いた。例えば，争論が発生して現地へ役人が派遣された際，論所の地図を作らなければならない場合は，「廻り検地」によって論所の「分間絵図」，つまり測量地図を作製する場合もあったという[7]。

本書では，「廻り検地」を実施した事例をみていくうえで，主として論所絵図を対象に議論を進めることにしている。それは，このように「廻り検地」という技術を行使する対象として，論所という場所を選択していたことが確認されるからである。また，対象に含まれているということのみならず，争論をめぐって作成された資料が，係争後における権利の保障を目的として，長期にわたって近代以降も保持されてきた場合が多いと考えられるのも大きな理由である。その結果，対象となる事例が多く残されている可能性が高いと判断されるため，第2章以降では特に山論絵図に注目して議論を進めている。

この「廻り検地」を実施する目的を記述した部分に続いて，具体的な測量の方法が記されており，以下ではその文章を挙げた。この作業の説明は，後に『磁石算根元記』の記述を例に示しながら行うことにしたいが，「廻り検地」における作業の基本は，対象となる土地の総回りを測量して，得られたデータから地図を作り，その図を元に面積を求めるというものであった（図1-1）。つまり，これらの作業は，行われる順に従って，測量と作図，そして求積という3つに大きく区分することができることがわかる。

一　廻り検地といふハ，検地いたすべき田畑一耕地限りにても，又論所ならバ其論所計りにても，惣廻りを絵図に写し，反別を改るを云，先総廻りの曲り目々々に間盤を建て，先の曲りめに梵天竹（長竹の先に紙の采配を付て目当とするもの也）を建て，手前の曲りめより間盤にて方角を見込ミ，午の何分とか，未の何分とか，十二支の当る処を野帳に記し，其盤より先の梵天竹まで間数を打ちて，帳面に番付を致し，肝要の処へは杭を打て番付をなし，順々に見廻る，又其場処の内にある田畑・屋敷・空地・小山等の形を記すにハ，最寄の番より其田，其畑，或ハ屋敷にても，小山にても，其場処の方角へ，何の何分と見込で間数を打ち，帳面に記し，其処に盤を移し，其田畑等の形ちを分間いたし，残らず済たる上へ，野帳を以て見盤にて絵図を引出せバ，総廻りの形ち，并に田畑・山原等，夫々の形ハ絵図面に顕るゝなり，勿論間数の儀ハ十間を四分とか六分とか，其場処の広狭に応じ，絵図の大さの大概を積り，分通りを極め，右の引出たる絵図の縮寸にて畝歩を積り，何反何畝と記すことなり，右分間の仕方歩詰の仕様等色々ありといへども，爰には其大概を記すのミ，尚後巻に至り図解を以て委く説くべし，

さて『地方凡例録』において，「廻り検地」のことは，先の項目に続いて「巻之二下」の「一新田切添之事　附分間之事　鍬下年季之事　地代金之事」[8]という項目でも取り上げられている。そのうち関係する内容について，以下のように抜き出してみた。（以下の引用文のうち「……」は省略した部分）

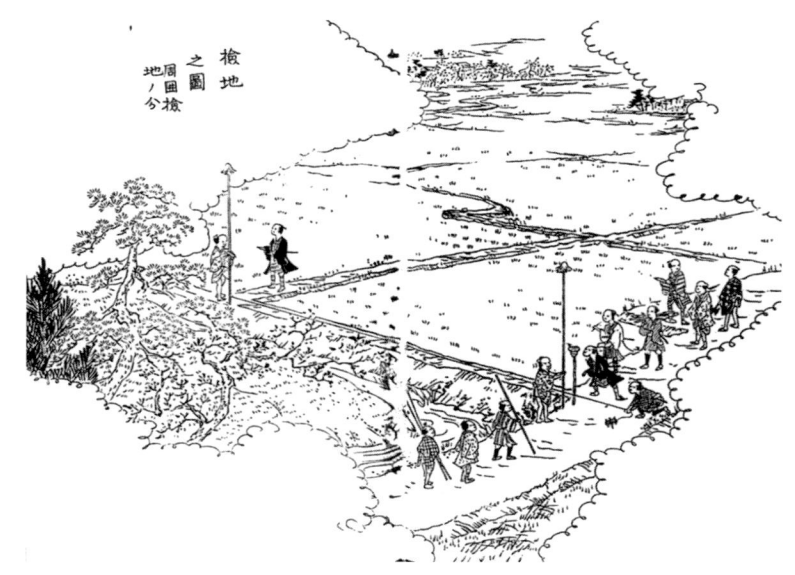

図1-1　『県治要略』より「廻り検地」の測量風景
出典）安藤博編『徳川幕府県治要略』柏書房，1981，208-209頁より

一　……新開を願出るときハ、古田畑の障り并に隣村差障の有無等を篤と糺し、障なけれバ新開を申付るなり、此時に於てハ先づ大縄反別とて、其場処の総廻りを分間し、障るべき地所・用水路・堤敷・路敷等ハ除きて分間絵図歩詰を以て、総反別何程と取極め、偖此地ハ早速田畑に開発成り易きか、……

一　古田畑の地続を切開たるを切添と云、……

但し分間と云ハ、検盤とて磁石を立て、十二支を割付、夫を以て方角を振り、間数を引き百間を四寸とか、六寸とか、或ハ壱尺とか、場処の広狭に応じて極め、絵図に仕立てることなり、分間にて反別を改るを廻り検地と云ひ、又右絵図の形に随ひ、四角三角、或ハ中角を取り、幾切にも致して、寸尺を当て、何間に何間と坪詰に致して反別を改るを、歩詰と云、……

このように新田開発という状況も，この「廻り検地」により測量を実施することが設定されていたことがわかる。それは，新開の願いを受けて代官などが，開発予定地が既存の耕地や隣村に支障を及ぼさないか見分したうえで開発を許可した場合，「総廻りを分間し」と記されているように，その土地に対して「廻り検地」が実施されることになったという。先に引用した文章では，方位角を測る器具として「間盤」が挙げられていたが，ここでは，「検盤」や「磁石」という器具名が挙げられている。また，この時に「廻り検地」を行う目的は，開発の対象となる土地の周囲を測量して「分間絵図」を作り，作製した地図を参考にして開発に差し障りのある場所，用水路，堤敷，路敷

などを省いたうえで，開発地の総面積を求めるというものであった。この作業のことは，「大縄反別」，もしくは単に「大縄」とも表現されていたという[9]。

また，「廻り検地」は，『地方凡例録』「巻之二下」のなかの「一　森林之事　附　林木改方并林帳仕立方之事　木見立并根伐仕方之事　山林竹木仕立方之事　林木を盗伐したる者処置之事」[10]という項目のなかでも挙げられている。それは，「林の改方」，つまり林地の調査の際，対象となる土地の地図を作製するうえで「廻り検地」を実施するというものであった。関連する文章を抜き出すと，「林の改方は，先づ分間を以て廻り検地をなして反別を改め絵図を仕立，木数の改方は小縄を目通り（目通りとハ其木の地面より六尺上りたる処をいふ）に廻して結び切，……」と記されるように，林地の調査は，生育する樹木の粗密さを明らかにするため，該当する土地の測量地図を作って面積を求めることからはじめられるものであった[11]。

このように『地方凡例録』に代表される地方書の記述をみていくと，「廻り検地」は，まず土地を丈量する検地技術であり，地方支配の根幹に関わる技術であったと位置付けられていることがわかる。そして，それは，主として早急に土地を丈量する必要が生じてくるような場面において行使される技術であった。例えばそれは，地押であり，新田開発であり，論所の検証であり，林地の調査という場面であった。こうした場面において，土地の正確な地図を作り，その地図から面積を机上で計算して求めることが必要とされたのであった。それは，「廻り検地」に先立つという意味で従来の検地技術であったと位置付けられる十字法が，様々な形状の土地区画を十字に交差する二本の間縄で見当をつけて面積を求める方法であり，正確な土地の地図を作るための技法ではなかったからである。まさに「廻り検地」は，さしせまった状況において手早く地図を作る技術であったといえる。

第3節　和算書にみる「廻り検地」の系譜

(1)　『磁石算根元記』にみる「廻り検地」

これまでの地方書の記述の検討から，近世における地図作製技術として「廻り検地」という測量法の重要性が明らかになってきた。この「廻り検地」という検地技術は，1687（貞享4）年に出版された『磁石算根元記』[12]で刊本としてすでに紹介されていたということは前章で触れた通りである。この『磁石算根元記』は和算書に分類される書籍であり，以下ではこうした和算書，特に測量術書を対象として「廻り検地」の記述について検証していくことにしたい。そこで，まずはこの『磁石算根元記』の記述内容からみていくこととした。

『磁石算根元記』の出版は，「廻り検地」という盤針術が近世日本の地域社会に伝播していく過程において重要な出来事であったといえる。それは，この段階に至ってはじめて「廻り検地」の作業内容の詳細が，出版されたという意味で公に示されることとなったと考えられるからである。しかし，この『磁石算根元記』の作者については，下野国都賀郡に在住していたという保坂与市右衛門

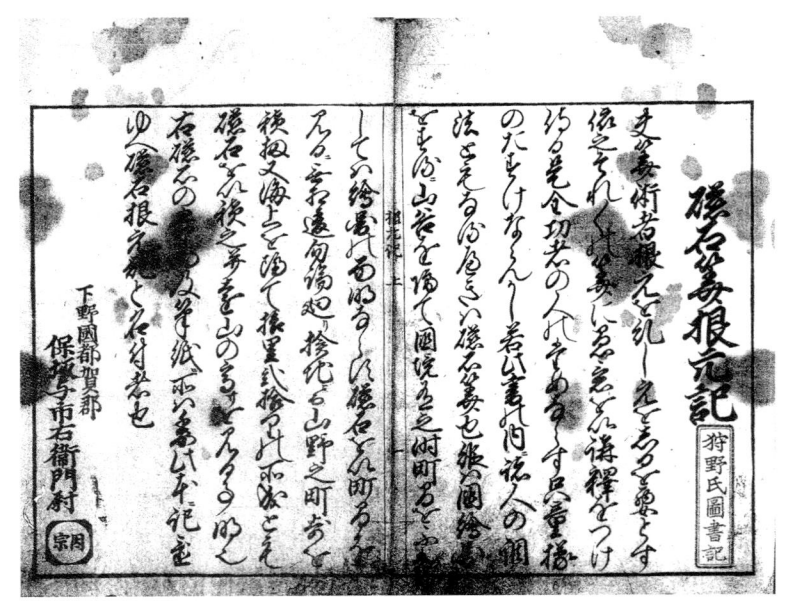

図1-2 『磁石算根元記』より序文，東北大学附属図書館所蔵（狩野文庫）

尉因宗が執筆したということが同書の前書に記されている以外，筆者の来歴など基本的な情報については残念ながら全くわからないというのが現状である。

この『磁石算根元記』の記載内容は，上巻の24項目，中巻の19項目，下巻の11項目で計3巻の54項目で構成されている。本書の特徴を為す測量の解説は下巻に記されており，そのほかは一般的な算術書に類した内容となっている。日本の数学を記す書物である和算書には，算術以外にも，土木工事，暦法，商売のたしなみといった実用的な内容も多く記載するものであるが，そうした和算書のなかには，特に測量技術を詳しく解説したような測量術書とでも表現すべき書物も存在する。ここでみる『磁石算根元記』は両者の中間に位置付けられるタイプの技術書であったといえる。下巻のうち，第4項目までがオーソドックスな検地，いわゆる十字法による求積法について，5項目から7項目が磁石盤を用いた測量法について，8項目が勾配による高さの求め方について，9項目から11項目が磁石盤についての説明となっている。そのうち「廻り検地」に関しては，下巻の第5項目に「廻り検地の仕様同町反を積ル事」として記されているほか，序文にも関連する記述を認めることができる。

ここでは，まず，はじめに序文の内容についてからみてみよう（図1-2）。

夫算術は根元を糺し，元をしるを要とす，依之それぞれの算に急意を以講釈をつけ侍る，是全功者の人のためならす只童様のたすけならんかし，若此書の内ニ諸人の調法ともなるへきハ磁石算也，縦ハ国絵図をするニ山谷を隔て国境有之時，町間を不知してハ絵図の面明ならす，磁石を以

町間を見るニ無相違、勿論廻り検地ニ而山野之町歩を積、扨又海上を隔て拾里弐拾里の所成とも磁石を以積之、并遠山の高サを見る事明也、右磁石の畏成及筆紙ニ所ハ委此本ニ記置ゆへ、磁石根元記と名付者也（読点は筆者）

　序文において，磁石盤をもって「町見」，つまり測量を行う方法は，「磁石算」であると紹介されている。この「磁石算」は，国絵図のような地形的に山谷などの隔たった地域を含んだ地図を作るのに不可欠な技術と評価される。また，山野の面積を求めるための「廻り検地」もそのひとつであると位置付けている。序文やタイトルでこのように記されるように，本書の特色は，「磁石算」，つまりコンパスを用いた測量術，土地面積の計算法を紹介することであったと評価できる。この「磁石算」については，平坦でない地域の地図作りや求積を行ううえで有利な測量法であると紹介しており，「磁石を以町見を見る」測量法として，「廻り検地」のほか，国絵図の作製もその対象であったと指摘していることは興味深い。
　では，続いて「廻り検地」の作業を記した下巻の第5項を基本的に参照しながら，その作業内容をみていくこととする。その記載される内容を読んでみると，基本的には前節で挙げた『地方凡例録』の記述と共通していることがわかる。

㊄廻り検地の仕様同町反を積ル事
　廻り検地の仕様、先見はしめに一の杭を打磁石をすへ、二の杭の所ニ竿を立、磁石の程先の見当と二の杭の竿と此三つを見通し、何の何分何十間と野帳ニ付、又二ノ杭之所へ磁石をすへ三ノ杭へ見通、何の何分何十間と野帳ニ付、四ノ杭五ノ杭段々ニ見て一杭迄廻り切、其後野帳を以検地の場所大小ニ応シテ絵図紙を継立、大方壱寸百間の積リを以絵図紙ニ碁はんの目のことく白毛を引、東西南北を付、板磁石を以東西南北の白毛ニ合野帳を以写之、但壱寸百間ニハ不可限壱寸五拾間ニ成共三拾間ニ成共、其場所大小ニ随て可極、扨又絵図の面ニ而町歩を積事、此すへニ記置絵図のことく絵図の面ニ歩割の毛を引、大かねニ而竪間横間を積一縄切ニ町反を付也、併歩割毛引之仕様此絵図の通と斗心得へからす、幾品も可有之記置絵図の面ニ而能々可考（読点は筆者）

　まずは測量の作業内容からみていきたい。それは，対象となる地域や土地の周囲において，屈曲する隣接地点毎に方位角と距離を順次測りながらデータを「野帳」に書き留めて，測量を開始した地点まで回り進むというものであったことがわかる。ちなみに，この「野帳」とは測量帳のことを意味している。具体的な作業内容を示してみると，例えば，隣接する測量地点であるA－B間について，A点からB点の目標である「竿」を見通すことによって方位角を計測し，それと同時にA－B間の距離を測るといった作業を，以後に続く目標についても連続して行うというものとなっている。その際，方位角を測るために「磁石」と記した道具を使用しており，「磁石算」との名称にも示されているように，この道具の使用が「廻り検地」という測量法を特徴付けるものであった。
　同書には記されていないが，「廻り検地」に関わるテクニックのひとつとして，「繋」という技法

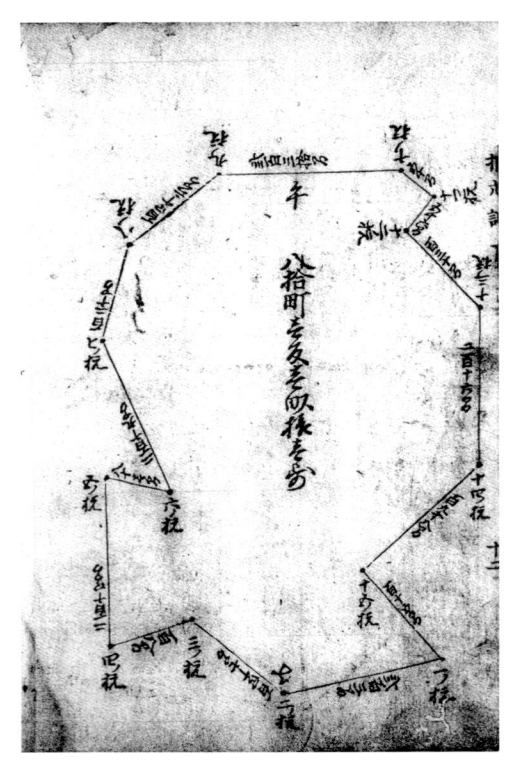

図 1-3 『磁石算根元記』にみる「廻り検地」の図，
東北大学附属図書館所蔵（狩野文庫）

があることもここで触れておきたい[13]。これは，図化したい対象の地域が大きい，周囲の形状が複雑などの理由で測量の誤差が生じやすい場合，または，測量を行う外周上に障害物があって直接ライン上を計測できないなどの時には，目標の目当てを外周上以外に設置してそれを測るというものであった。その作業は，各測量地点を外側や内側から相対的に位置付け直すという意味を持つものであり，地図の正確さを向上させる効果もあったし，測量地点の杭が紛失した場合でもその位置の再現を容易にするものでもあった。こうした繋のうち，測量の対象となる土地区画の内側にあるものを内繋，外側にあるものを外繋と称していた。これについては，第3章において具体的な事例を示しながら紹介している。

さて現地における測量の作業が終了すると次に野帳に記したデータをもとに，地図を作製していくこととなる。この時，実際に地図を描き出す前に，先ず測量した地域の規模に応じて縮尺値を設定し，その大きさに応じて紙を継いで「絵図紙」を作製したという。この地図用紙には，「白毛」と記されているように，東西南北の方格線，もしくは東西か南北のいずれかに方位線が引かれていた。そして「板磁石」と称する分度器[14]を方位線に合わせながら，野帳のデータをもとにして測量地点毎の向きを方向づけていき，縮尺値に応じた長さで測量地点を位置付けていきながら，図1

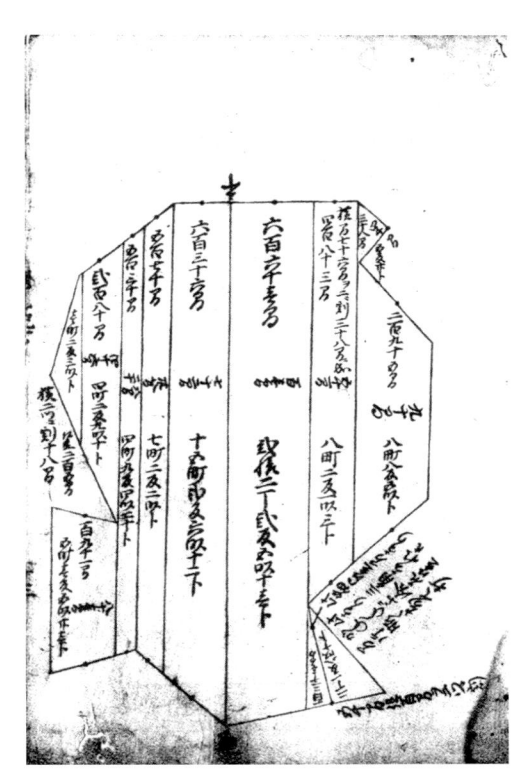

図1-4 『磁石算根元記』にみる土地面積の計算，東北大学附属図書館所蔵（狩野文庫）

-3のような地図を作製していくこととなった。

　そして最後に，こうして完成した土地の外周を象った地図から面積を計算し求めるということになる。それは，図1-4のように描かれた地図の土地を四角形や三角形などのように幾何学的に分割したうえで，「大カネ」などの定規を用いて個々の図形の大きさを測って面積を求め，その総計より対象とした土地区画の面積を求めるというものであった。この求積の方法は「歩割」などと称していたが，この当時から数多くの方法が存在していたという。ちなみに図1-3，1-4にみる『磁石算根元記』の例では，測量した土地区画の面積が合計80町1反1畝11歩という結果になっている。

(2) 清水流測量術と「廻り検地」

　前項で『磁石算根元記』を対象としてみてきた「廻り検地」については，ほかの測量術書でも記述を確認することができる。以下ではそれらについてみていきたい。

　まず『磁石算根元記』の記された17世紀後期と同じ時期からみてみると，刊本の類では確認することができないものの，稿本として書き残された測量術書のなかに「廻り検地」の記述を確認す

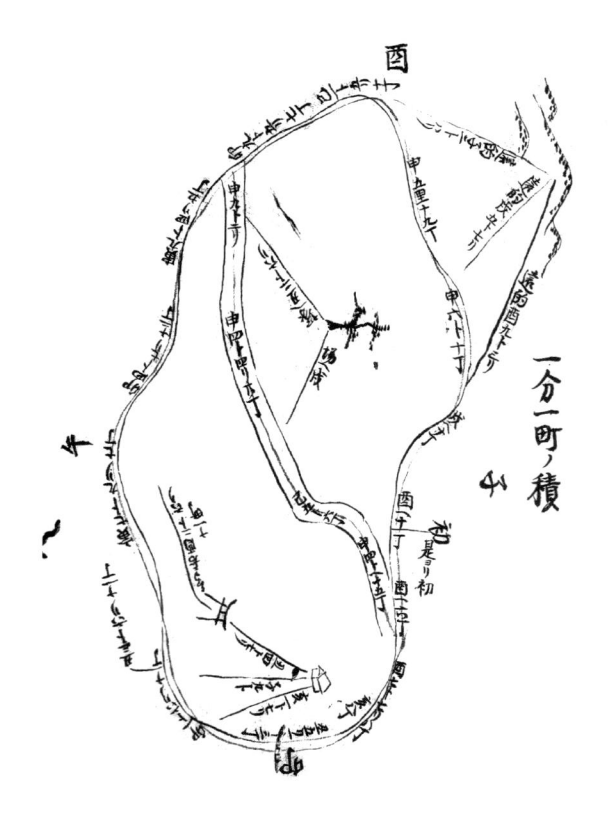

図1-5 『規矩元法図解 完』にみる「廻り検地」の図，
九州大学附属図書館所蔵

ることができる。そこで注目される点は，『磁石算根元記』でも記されていたように，国絵図の作製技術と「廻り検地」という技術が同じ測量法に含められて述べられていたということであろう。そうした本の主要なものとしては，清水貞徳（1645-1717）が大成したとされる測量術に関わる本を挙げることができる。清水流の測量術は，規矩術や元器術などとも呼ばれているが，この「規矩元器」とは，ようするに磁石盤を用いて方位角を計測する測量器具の一種であった[15]。つまり，盤針術を基本とする測量法と評価されるものであったことがわかる。清水流の測量術を記した代表的な稿本である『規矩元法』の『国図枢要』，『国図要録』，『規矩元法図解（国図要法）』などは，元禄のころにおける国絵図の作製方法を体系的に記したものとされている[16]が，そのなかに「廻り検地」に関わる記述を認めることができる。こうしたことから，ここに記されている「廻り検地」の性格は，幕藩権力のレベルでの測量技術として解説されたものであると評価することができるであろう。例えば，『規矩元法図解 完』[17]のうち「邦図」の項目では，実際に「廻検地」という表現を用いながら次のように記述する（図1-5）。

第1章　農村社会における地図と「廻り検地」

一、邦図　　外境ヲ廻テ図シ内ノ歩ヲ極廻検地也、一国一郡ハ言ニ不及譬
　　　　　　日本ノ図又ハ世界図ト云共不及ト云事ナシ

　一、図ノ廻ニ記ス如ク、第一始ル場ヨリ二ヘ移ル事形ノ曲直ヲ以之曲アラバ、竿ヲ立サセ元器ニテ見入磁石ヲ振、何ノ何分何厘ト野帳ニ記、二ヘ移リ乙分其町ニ打セ、何町ト分附ノ下ニ記サスル事、野帳又ハ図ヲ可考少々曲リ出入ハ帳ニ其形ヲ覚附ベシ、帳附可心得事之図風景ト云

　一、前ニ云如ク、名山名木勿論宮寺ノ類悉ク見入テ分ヲ可附、遠方ノ名山ハ遠的ト云テ見入テ分斗可附、三ヶ所程ニテ見入置トキハ紙ニ写ストキ其遠サ自然ト顕ル事如図

　一、見通ノ竿迄ノ遠サ度々墨ニテハ廻リ遠キ故、一本ノ業カ又ハ見盤大成ノ業タルベシ、前ニ云如ク摩附棹ハ三本モ四本モ入ナリ

ここに記された「廻り検地」の作業内容は，対象として国や郡レベルのみでなく日本や世界も挙げている点はいささか話のスケールが大きいといえるが，図1-5に示されているように，そこで提示された「廻り検地」は，比較的広い範囲を図化するものであったことがわかる．しかし，「歩ヲ極」という表現にもみられるように，先の『磁石算根元記』に記されていた地図を作り面積を求めるという内容と基本的には共通するものであったことを確認できる．

　さて，次に挙げるのは『国図枢要』のうち，「野分間」の項目についてである[18]．ここに記された測量法は，周囲測量であったことは指摘できるが，これまでみてきた「廻り検地」とは測量の仕方が異なっており，磁石盤でなく見盤，つまり平板を用いた方法となっていることが確認される．

　一、野分間　附用捨心中知分間
　　小池ノ図也或ハ古城或ハ原野ヲ図スル時ニ用ユ見盤ノ面ニ紙ヲ張リ、曲リニ随テ廻リ間縄ヲ引テ盤面ニ方角ニ叶ヘテ筋ヲ引、分間ニ約シ記ス時ハ即其形アラハル、也、見込見通ニ目返ニ仮杭ヲ立ヘシ、
　　又盤ニ十字ヲ中ニ掛引シテ磁石ヲ上ニ置、盤ヲ南北正ク居ヘテ夫ヨリ曲リ次第盤ヲ移シ、方角ニ随テ分間ニ図ヲ作ル如此ハ方角トモニ図面ニアラハル、ナリ

ここに記された測量の作業は，「見盤」と称する平板上で方位を見通して盤面に直接地図を描くというもので，測量データを書き留めた野帳をもとに地図を描くというこれまでみてきた方法とは全く異なっている．近世の測量術は，おおよそ量盤術と盤針術のふたつに区分されると先に指摘したが，これは量盤術を活用した「廻り検地」であったといえる．その実施にあたっては磁石盤も使用されていることが確認されるが，それは『磁石算根元記』のようにそれ自体で方位角を計測するというのではなく，見盤を正しく方位に合わせて設置することを目的とし，方位角は見盤という平板上で目標を見通して方位線を描き込んでいたというのである．このようにみてみると「廻り検地」と表現される測量法は，盤針術に由来があるもののほかに，量盤術を活用したものも存在していた

ことを指摘することができる。このことは、「廻り検地」という名称のルーツを考えるとともに、先にみた加賀藩における近世前期の「惣高廻り検地」を位置付けるうえでも参考となる視点を含むと考えられるが、その検討については今後の課題としたい。

ところで、この「廻り検地」において磁石盤ではなく見盤を用いたという理由は、同書における「規矩元器」の項目に示された内容から推測することができる。そのなかでは、「塵之論」、つまり「規矩元器」の欠点として「規矩元器ハ見盤ノ業ト違ヒ方角ヲ振リテ書記ス事ナレハ大マカナル業也、国図ハ手廻シ早クスル事専ナル故其塵ヲ捨テ大概ヲ取ル働ナリ」と説明している。これによれば、「規矩元器」という磁石盤を使った方位の測量は、量盤術に比べて正確さに欠けると指摘している。つまり、盤針術よりも量盤術の方を正統な測量法と位置付けていたことが判明する。しかし、一方で「規矩元器」による測量は、大要ではあるが、手早く地図を作るための測量法であると評価していたことは注目される指摘であり、むしろ国絵図の作製は、「規矩元器」を使って方位角を測量することが推奨されていたというのである[19]。

(3) 18世紀初頭以降の測量術書にみる「廻り検地」

18世紀のはじめ、特に享保期の段階になると、1720(享保5)年に漢訳洋書のうちで科学技術書などの輸入禁止が緩和された政策にも現れてくるように、実学的な学問への需要が強く高まる当時の社会情勢を背景として、それ以前に比べて数多くの測量術書が登場してくるようになっていく。それらの書籍のなかには、「廻り検地」を紹介したものも認めることができ、そこには『磁石算根元記』に記された作業内容や実施目的と基本的に同じことが記されていた。しかし、こうした「廻り検地」のことを取り上げた18世紀初頭の測量術書は、いずれもが稿本の類であり、一般向けに出版された書籍ではなかった。そのため、広く出版された書籍と比べて、資料を手に入れることができる人物はかなり限られていたであろうと判断される。

一方、この時期、最もよく知られていた測量術書は、村井昌弘による『量地指南』[20]であった。この『量地指南』の前編は1733(享保18)年に出版されていたが、そこに記載される内容は盤針術ではなく量盤術の解説を中心とした測量術書となっており、ここにおいて「廻り検地」のことを取り上げることはなかった。このような一般に刊行された測量術書のなかで、「廻り検地」のことを充実した内容として扱うようになるのは19世紀に入るのを待たなければならないようである。例えば、奥村増𣖾による1836(天保7)年出版の『量地孤度算法』[21]、秋田十七郎義一編による1837(天保8)年出版の『算法地方大成』[22]、福田理軒による1856(安政3)年出版の『測量集成』[23]、五十嵐篤好大人による1856(安政3)年出版の『地方新器測量法』[24]はいずれも刊行された測量術書であるが、そこにおいては「廻り検地」のことを詳細に、しかも比較的狭い範囲の土地の地図を製作する技術として紹介している。刊行された測量術書についてみてみると、この段階に至ってようやく「廻り検地」の記述が多くの人の目に触れるようになったことがわかる[25]。

さて、ここでは、話の時期を少し戻して「廻り検地」のことをみていくこととしたい。先述したように、はじめて「廻り検地」のことが測量術書においてまとまって取り上げられるようになって

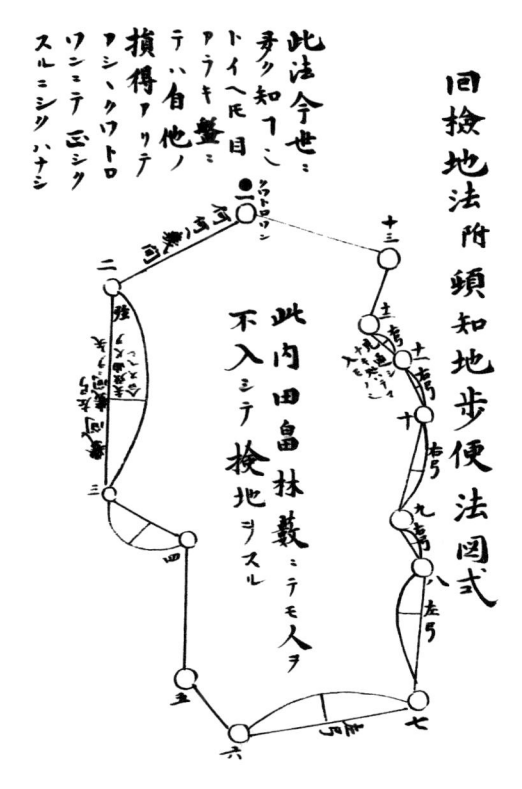

図 1−6 『秘伝地域図法大全書』にみる「廻り検地」の図，
九州大学附属図書館所蔵

きたのは 18 世紀初期のことであった。そこで，この時期の測量術書に注目し，「廻り検地」がそのなかでどのように記述されていたのかをみることとした。この享保期前後の時期は，『磁石算根元記』の出版から 30 年ほど経っていたことになるが，当時，「廻り検地」や『磁石算根元記』はどのように認識されていたのであろうか。以下で取り上げた測量術書は，『町見便蒙抄』，『秘伝地域図法大全書』，『分度余術』の 3 点である。これらの測量術書は，いずれも盤針術，つまり磁石盤の使用を重視した技術書であったと評価することができる。

まず，加賀藩士である有沢武貞が，1711（宝永 8）年に著した『町見便蒙抄』[26]からみてみることとする。巻頭の部分に示された凡例には，「予印本磁石算根元記ト云書ヲ熟覧ス，町見ノ事漸ク有之，此内要トスヘキ者書之」と書かれており，有沢武貞が『磁石算根元記』に記されていた測量法を高く評価していたことがわかる。このことは，武貞の父有沢永貞による序文に，測量の必要とされる社会情勢を前にして「近来磁石算の用起る歟」と記し，近年の「磁石算」の隆盛を説いたことにも示されていることであった[27]。この磁石算という表現は，『磁石算根元記』と共通したものであり，当時，こうした表現が定着していたことを示している。「廻り検地」については，五段の

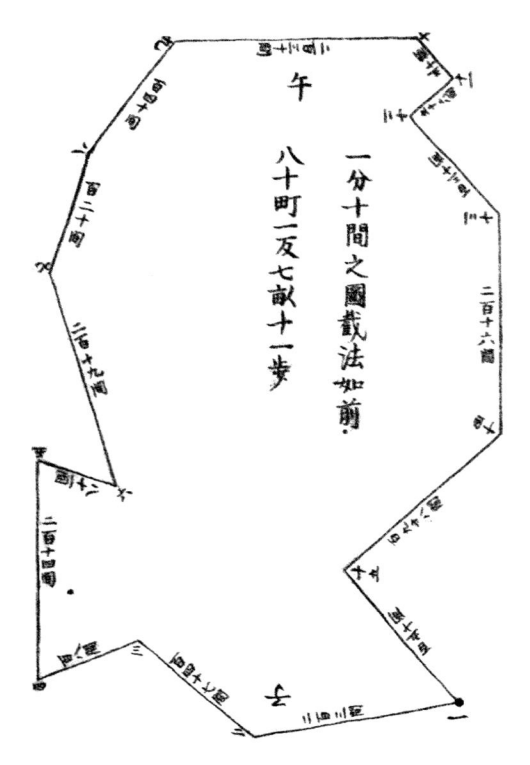

図1-7 『分度余術』にみる「廻り検地」の図，
九州大学附属図書館所蔵

一条目にあたる「池之廻或ハ屋敷廻絵図仕様之事　附野帳付様之事」で，その測量や製図の方法を図と測量帳の内容を例示しながら紹介しており，それによれば，有沢武貞は「知方」と称した方位磁石盤を使用していたことがわかる。

次に書家としても著名な細井広沢（知慎）が，1717（享保2）年に記した『秘伝地域図法大全書』[28]をみていきたい。同書における乾巻の下では，「廻り検地法　附頓地歩ヲ知ル便法図式」と題して「廻り検地」の技法を紹介している（図1-6参照）。そこには，「此ノ法今世ニ多ク知事也トイヘトモ，目アラキ盤ニテハ自他ノ損得アリ」と記されている。つまり，近年（18世紀初期）は「廻り検地」の流派が数多く存在しているということ，さらにその多くがコンパスの精度の悪さに起因して不正確な測量であったというのである。これに対して細井広沢は，測量の内容を正確にするために，「玄黄儀」（クワトロワンに同じ）と称する方位角を計測する測量器具の使用を推奨したり，誤差の生じやすい弧線部分には「弦矢」をはめ込むことで正しい面積を得ようと試みていた。また，そのなかで求積作業を算者の担う場合があったことについても触れており，「廻り検地」の実施をめぐって作業が分業化されている様子を示している。

最後に北条氏長の子氏如の弟子である松宮俊仍が，1728（享保13）年に記した『分度余術』[29]に

ついてみていきたい。その「中之上」の巻のなかでは，「周廻括田法」と称して「廻り検地」について紹介している。そして，この項目中の「用羅経度分法」では，『磁石算根元記』で例示された図や測量データと全く同じものを掲載しているのは注目される（図1-7参照）。ただし，作業の内容など実質的なことについては，ほとんど触れられていない。後述するが，同書で紹介された方位磁石盤をみると，その精度の値は『磁石算根元記』のものと異なっていることがわかる。これは，測量に使用する器具の系統が双方の測量術書で相違していたことを示すものである。つまり，この結果から考えてみると『分度余術』における『磁石算根元記』の引用は，単に例示のために借用したものであったということが示唆される。とはいえこの一致は間違いなく『磁石算根元記』を参照していたことを示すものであり，『磁石算根元記』の影響をみていくうえで興味深い事実である。

第4節　まとめとして

　これまでの簡単なまとめとして，これらの測量術書に記された内容から「廻り検地」をみてみると，まず，すでに18世紀前期の時点で「廻り検地」が広く実践されている段階にあったという指摘は重要であるといえるだろう。こうした「磁石算」と呼ばれるコンパスに基づく測量法の隆盛は，一方で道具の精度の優劣が，完成した図の正確さを左右するとの評価も生じさせていた点は興味深い。それは，後に考察するが，これ以降の測量術書に記された「廻り検地」は，基本的な作業内容には変化が認められないものの，時期を経るに従って使用される方位磁石盤の精度が向上していくことが確認されるからである。つまり，読み取れる方位角の目盛の値が細かくなっていくのである。一方で，測量される距離の単位は大差がないことも指摘され，これは，距離の単位に合わせて測量地点を設定していたからと考えられる。このことから距離の精度は，距離の単位を細かくするのではなく，間縄など使用する道具自体の精度が低下することを防ぐことでその向上を図っていたと考えられる。例えば，間縄が伸びるのを防ぐ処理を施したり，定期的に間縄の長さを検査したりといった対処がなされていた。測量される方位角の変遷については，第6章であらためて考えてみたい。

　「廻り検地」は，その名が示す通り，検地技術のひとつとして位置付けられているが，それは手早く簡便に実施できる測量法と認識されていた。このことは，コンパスにより方位角を測量して距離の値とともに数値データを逐次集積していき，それを元にして現地以外でも作図することができたことも大きな要因であったと考えられる。さらに，先述のように国や郡レベルといった広い地域の地図を作る測量法として，「廻り検地」を位置付けていた点も注目される記述である。これも，測量作業の簡便さを理由に選択していたことが示されていた。こうした国絵図の作製と「廻り検地」の関わりを示す記述は，18世紀以降に書かれた測量術書にも多く認められるものである。例えば，それは，18世紀の測量術書である細井広沢の『秘伝地域図法大全書』[30]，19世紀の測量術書である秋田十七郎義一編の『算法地方大成』[31]や福田理軒の『測量集成』[32]などにそうした記述を

共通して確認することができる。

　このように近世の測量術書を通じて「廻り検地」をみた場合，近世後期になるに従って弱まっていく傾向にあるけれども，17世紀後期の，登場してきた当初は幕藩権力レベルでの測量技術として位置付けられていたものが多いことがわかってきた。そしてそれは18世紀のはじめには隆盛する段階にあったという。本書の課題に従ってみた場合，その技術の村落社会への普及過程を明らかにすることが残された問題のひとつとなり，地域社会の測量技術として何が必要であると選択され受容されていったのかを明らかにすることも重要であろう。支配者側の技術として17世紀後期に登場してきた「廻り検地」に代表される盤針術のすべてが，地方支配において必要とされたとは考えられないからである。この点において，測量術書に記された「廻り検地」の対象が，近世後期になるに従って狭い土地区画の地図化へと移行していく傾向を示していることは注目される。それと同時に「廻り検地」がどのような階層に受容されていったのかも重要なテーマである。こうした課題を明らかにするためには，測量術書のみならず，現地に残された資料を丹念に調査し，受容された「廻り検地」を行使して作製された地図を探し出して検証する必要がある。第3章以降の検討はこの問いを実践したものである。

　さて，本書で設定した目的に沿って，これまで簡単に研究史を振り返ってきた。その過程でみえてきた課題を生じさせる背景は，まさに事例研究の乏しさにあったといえる。こうした事例研究の少なさの要因については，村絵図を作製する途上の資料が現在まで残される場合が限られていることなど，様々な理由を考えることができよう。これに対し本書では，先述したように，まず比較的資料がよく残されているという理由から，山論絵図を主な対象として選ぶこととしたが，さらに次に記したような理由からも山論絵図が当課題を検討するうえで有効な資料となると考えている。それは，境界をめぐる争いの際，問題となる境界の位置を設定しようと試みた事例が，比較的古い時期から確認されていることである。もちろん，その背景には，近世初期以来，境界争論をめぐる裁判制度が確立していったという過程とも関係すると考えられるが，境界を位置付けるために，複数のランドマークを設定して，それぞれの距離を測るということは「廻り検地」が導入される以前から行われていた方法であった。その過程で，境界上における複数のポイントの相対的な位置関係を明らかにするため，ポイント間の方位角を計測することが求められるようになったとみなされる。つまり，盤針術による測量を導入する素地があったといえる。

　最後にこうした先導的な事例をひとつ挙げておきたい。17世紀のなかごろ，伊予国の吉田藩と宇和島藩の村々の間で境界争いが発生していた[33]。この争いは，幕府評定所の裁定を受け裁許絵図が下されることになったが，裁判の過程で両藩は，論所の目黒山を測量したうえで山形の模型，つまり立体の地図を作製し，それを幕府へ提出している。その時に実施された測量をみてみると，それは距離と方位に加えて勾配を測る盤針術として行われたものであった。まさに，「廻り検地」が境界を位置付ける測量技術として実践されていたことを示している。その際，方位角の計測は干支の一支を10等分した単位，つまり一目盛が3°の単位で計測されていたことが判明している。この位置付けについては第6章で行っているが，それはかなり先駆的な事例であったと評価されるも

のであった。こうした事例は，ほかに乏しいということも事実であるが，山論と測量が深く関わる事象であることを想起させるものであり興味深い。

これらのことから，以下では「廻り検地」を行使すべき主題のひとつであった論所のなかでもとりわけ山論に注目し，測量との関係について考えていくことにしたい。

注
1) ①土屋又三郎『耕稼春秋』1707（宝永4）年（滝本誠一編『日本経済叢書　第十四巻』日本経済叢書刊行会，1915）264-266頁。②『日本農書全集　第四巻』農山漁村文化協会，1980，389頁。③田上繁「地租改正における土地測量の技術的前提―『耕稼春秋』の測量図を中心にして―」『商経論叢』32(1)，1996，177-198頁。
2) 眞壁用秀『地理細論集』1759（宝暦9）年（瀧本誠一編『日本経済叢書　第十四巻』日本経済叢書刊行会，1915）1-238頁。
3) 武陽隠士泰路『地方落穂集』1763（宝暦13）年（瀧本誠一編『日本経済叢書　第九巻』日本経済叢書刊行会，1915）1-334頁。
4) ①大石久敬著大倉儀校正『地方凡例録』1794（寛政6）年ころ，校正1866（慶応2）年（瀧本誠一編『日本経済叢書　第三十一巻』日本経済叢書刊行会，1916）1-682頁。②大石慎三郎校訂『地方凡例録　上巻』東京堂出版，1995，345頁。③大石慎三郎校訂『地方凡例録　下巻』東京堂出版，1995，334＋26頁。
5) 前掲注4)②85-86頁。
6) ほかに前掲注3)のうち巻十一の「論所御用に付心得様之事」，247-248頁。
7) ①「信州小絲郡長瀬村と飯沼村へ検地申入之事」（大蔵省編纂『日本財政経済史料　第二巻』財政経済学会，1922）1154-1179頁。②「巻十六　論所見分并地改之部」（布施弥平治編『百箇条調書　第三巻』新生社，1966）1111-1113頁。
8) 前掲注4)②104-106頁。
9) ①「掛り御代官新田場所見分之事」（大蔵省編纂『日本財政経済史料　第六巻』財政経済学会，1922）1069-1070頁。②安藤博編『徳川幕府県治要略』柏書房，1981，137-138頁。前掲注2)のうち「検地根元并新田願吟味次第之事」，174頁。前掲注3)のうち「掛御代官新田場所見分之事」，136頁。
10) 前掲注4)②126頁。
11) ほかに前掲注3)のうち「御林切出し山場所絵図面之事」，212-213頁。
12) 保坂与市右衛門尉因宗『磁石算根元記』1687（貞享4）年，東北大学附属図書館所蔵（狩野文庫）。
13) 『量地弧度算法』附録では，「仮に図の如く地形を改て分間廻り検地の間数量り方見盤見通の仕かた野帳の記方絵図の引方歩詰の仕方絵図の縮等左に之を示す，図の如く樹木其外所々より標なるべき物を繋に取るべし是ハ絵図を引時異差を試す為也其物場内ニあるを内繋と云ひ場外ニあるを外繋と云ふ」と繋について記している。①奥村増地『量地弧度算法』のうち「附録」，1836（天保7）年，九州大学附属図書館所蔵。
14) そのほかにも，『秘伝地域図法大全書』の「紙盤」や「琵琶撥」，『算法地方大成』や『量地弧度算法』附録の「分度規」，『地方新器測量法』の「地割紙」といった表現が確認される。①細井広沢（知慎）『秘伝地域図法大全書』1717（享保2）年，九州大学附属図書館所蔵。②秋田十七郎義一編『算法地方大成』のうち「量地之部」，1837（天保8）年，九州大学附属図書館所蔵。③五十嵐篤好大人『地方新器測量法』のうち「村里領形之図ヲ造ル法」，1856（安政3）年，九州大学附属図書館所蔵。前掲注13)。
15) 矢守一彦「江戸前期測量術史劄記」『日本学報』3，1984，4頁。
16) 川村博忠『近世絵図と測量術』古今書院，1992，165-191頁。
17) 『規矩元法図解　完』年次不詳，九州大学附属図書館所蔵。
18) 『国図枢要　完』1797（寛政9）年9月写，九州大学附属図書館所蔵。
19) 高木菊三郎は，著書のなかで延宝ころの国絵図作製法を記した測量術書の一部を示している。それは，1678（延宝6）年の『町見書』（内閣文庫所蔵）であるが，そこにも「仮令一国一郡の絵図を作る時は，先ず分内の惣廻りの境目を振矩を以て検地し，山川の続，方角以下を糺して，図に写し，次に惣圍より内を，右同断に検地せしめ，山野，田畑，村里の様体を記す事」と記されている。この本の由来は明らかでないが，奥附に記された「佐州山方役丸田金右衛門より恩借写之」や「矩」の表現など鉱山技術の関連を示すようで興味深いが，不明な点も多く今後の課題としたい。高木菊三郎『日本に於ける地図測量の発達に関する研究』風間書

房，1966，40-41頁。
20) 大矢真一解説『江戸科学古典叢書9 量地指南』恒和出版，1978，416＋21頁。
21) 前掲注13)。
22) 前掲注14)。②。
23) 福田理軒『測量集成』初編巻之三のうち「分間 第九章，第十章」(大矢真一解説『江戸科学古典叢書37 測量集成』恒和出版，1982) 60-66頁。
24) 前掲注14) ③。
25) また，ほかにも稿本であるが，先に加賀藩の内検地の事例で触れた石黒信由は，1802（享和2）年の『測遠要術』，1812（文化9）年の『検地算法記 全』，1828（文政11）年の『測量法実用』などのなかで「廻り検地」を詳細に解説している。主としてそこで示された内容も，国絵図などの広域の地図作製を目的としたものというよりは，むしろ村落レベルの比較的狭い範囲の土地の地図を作製する技術として紹介されるものであった。ちなみに，この石黒家では，蔵書目録の内容から，実際に『磁石算根元記』を所蔵していたことが判明している。①石黒信由『検地算法記 全』写，1812（文化9）年，京都大学文学部所蔵。②富山県教育委員会編『高樹文庫資料目録—昭和52・53年度 歴史資料緊急調査報告書—』富山県教育委員会，1979，162頁。前掲注15)，124-140頁。
26) 有沢武貞『町見便蒙抄』1711（宝永8）年，東北大学附属図書館所蔵。
27) ①林鶴一『和算研究集録 下巻』鳳文書館，1985（初版1937），491頁。前掲注15)，20-31頁。
28) 前掲注14) ①。
29) 松宮俊仍『分度余術』1728（享保13）年，九州大学附属図書館所蔵。
30) 次のように記されている。「此ノ法今世ニ多ク知事也トイヘトモ。目アラキ盤ニテハ自他ノ損得アリテアシヽ。クワドロワンニテ。正シクスルニシクハナシ。法ノト場ニクワドロワンテヲ立。子午ヲ正シ。二ノ場ヲ見込。帳ニ記シ。二ノ場へ移ル。二目返シニ不及。左弓右弓弦矢ヲ記スニ。皆国図ノ法同シクシテ。精密ニス。図ノ紙ニ。白格ノ坪ノ割リヲシテ紙盤琵琶撥ニテ写ストキ。図上ニ坪数明白也。コンハンスヲ以割レバ分明ニ知ル。又算者ニ委テ開平法ヲ用ユルも明也。又略ニハ自在ノ曲尺磁石盤。帋盤計ノニテモ同シ」。前掲注14) ①のうち乾巻下「廻リ検地法 附頓知地歩便法図式」。
31) 次のように記されている。「国郡或ハ村里の縮図を画くときハ，先屈曲ごとに杭を打，前述の如く杭より杭に至る方位を求め，其間数を量りて縮図を画くべし，但屈曲多き地ハ，別に繋目的を求め，前条のごとく縮図を訂正すべし」。前掲注14) ②。
32) 次のように記されている。「此法は国郡村里あるいは山林池沼等の屈曲廣狭を巨細ニ模写する術ありて是を廻り検地といふ」。前掲注23)，60-64頁。
33) ①木全敬蔵「愛媛県松野町に伝わる17世紀作成の地形模型について」『地図』31(1)，1993，27-33頁。②内田九州男「目黒山形模型とその技術」『西南四国歴史文化論叢よど』3，2002，1-11頁。③内田九州男「目黒山形模型と関連資料について」(内田九州男『伊予の近世史を考える』創風社出版，2002) 121-154頁。

第2章　山論絵図の成立と展開

第1節　はじめに

　本書では，近世の地方支配をめぐる地図測量技術の実態を知るうえで，主として山論絵図を対象に議論を進めている。それは，前章での地方書の検討で触れたように，近世における論所の検証が，測量された地図の作製を要求する事象であったからである。山論は，中世以来，特に17世紀の後期以降数多く発生している。こうした山論の多くは，山野の資源利用をめぐる争論に端を発したものであった。その際，争論の過程では様々な地図を作製し，それらの地図を用いて山論の解決が図られる場合もあった。本章で対象とした近世における山論絵図とは，このような山野の境界やその地の利用をめぐり，複数の村々などで争われた裁判の際に作製された地図を指している。この山論絵図は，これからみていくように論所裁判における訴訟過程において，有力な証拠資料として位置付けられていた。

　本書で設定した課題に取り組む前に，本章では，対象となる山論絵図がどのような資料であるのか明らかにすることから検討をはじめることとし，そうした検証の過程で，測量の問題についても考えてみたい。こうした地図資料を素材とする研究は，まず，対象とした資料に対して批判的な検証を試みる必要がある。それは資料批判の一環とする作業であるが，地図が作られた時代の制度や社会，技術をできるだけ明らかにし，対象とする地図を位置付けなければならない。さて，これまで提示されてきた近代以前の地図に関する分類をみてみると，それは，時代，地域やその範囲，作成の主体，主題・目的やその機能，作製技術や方法，表現様式や形態などを基準に整理されてきたことがわかる[1]。

　以下の議論を進めていくにあたり，ここでは近世の山論絵図を位置付けるため，古代・中世荘園絵図の分類のあり方を参考とした[2]。1960年代以降に展開した荘園絵図の分類は，荘園の歴史的評価に即した歴史学的な分類と，図の表現内容に基づく地理学的な分類に大別することができる。これらの分類のなかでも，特に地図の作製契機に従って荘園絵図を位置付けた枠組みに注目し，それを参考にしている[3]。この分類は，鎌倉幕府の裁判制度の整備に伴い，地図資料が証拠資料のなかでも重要な役割を果たすようになっていった歴史的な状況に応じたもので[4]，これは近世の論所絵図を理解するうえでも有効な枠組みになると考えている。大国正美は，上記の視点から公図性の有無と公儀の関与の程度を指標にして，境界論絵図を，①訴状や返答書に添付される絵図，②立会

絵図，③論所見分絵図，④裁許絵図の4つに分類している[5]。本章で行った山論絵図の分類の多くはこの考えに依っている。

第2節　山論絵図作製の全国的な動向

　自力によって解決することを否定された近世の山野論や境論[6]は，公事出入筋として公儀の対処する論所として位置付けられ，訴訟システムが近世初期以来，制度化されていった[7]。そのことは山論の発生する現象を，資源利用を巡る争論としての経済的側面ばかりでなく，訴訟制度として確立されていく過程と位置付ける必要もあることを意味している。これは水系をめぐる争いである水論についてもほぼ同様であった。

　その結果，論所裁判（「地方ニ付候公事訴訟」）は，様々な領主支配の関係に基づいて裁判を管轄する機関が設定されていくとともに，幾つかの段階的な裁判の手続きが定められていった。地図との関わりでみてみると，訴状の提出から裁許に至るまでの各段階には，論所を描いた地図の作製，その提出や手交が制度として設定されていたのが特徴といえ，本章ではこの点に注目している。幕府領に関わる，もしくは大名領間における国郡村境論は評定所一座（寺社・勘定・江戸町奉行）や老中が管轄するものであった。争論当事者の支配関係に従って，訴状の提出先を寺社奉行や勘定奉行などと選択し，それによって提訴後の公事裁許の担当を設定することになっていく。

　ここでは，まず『旧幕（府）裁許絵図目録』[8]という資料を参考にしながら検討してみたい。それは，この資料が，最も網羅的に全国各地の裁許絵図の事例を挙げたものと判断され，裁許絵図の概要やその動向を知るうえで相応しいものと考えるからである。この資料は，明治に入って，江戸幕府評定所から明治政府に移管された資料群のうち，裁許絵図について整理を試み，それらを目録化したものである。なお，この資料については，山本英二[9]によって書誌学的な検討も含め，詳細な考察が既に行われておりそれを参考にした。

　資料整理の作業は，下巻の末尾に記された1876（明治9）年10月付のあとがきである跋文（「跋官庫図書新所整頓目録」）によると，この年に5ヶ月間の期間をかけて，ほかの膨大にあった文書資料の整理や修復作業とともに，当時，司法省の役人であった御用掛の木村正辞と同省中録の菊池駿助が担当したと記されている。その作業内容は，跋文に「國郡山川都市村邑。裁断其界之圖書數百帖。亦皆整頓如群箱収諸五櫃以撰書目三冊。」と記されている通り，無数の裁許絵図を整理して5つの櫃（第一番長持から第五番長持まで）に収納し，上中下と3冊の目録を作成するものであった。目録に抽出した情報は，裁許絵図の作成された国名，訴訟方の郡村名（相手方の名はごく少数），論所地の内容，作製された時期となっており，ほぼ作製年順に列記されている。また，裁許絵図の存在を欠く国に関しては「闕」と別記している。ただし，現在では，この目録を残すのみで，長持に収められていたであろう裁許絵図群については，1923（大正12）年の関東大震災に際して焼失し，1枚も残されていないという。しかし，これら目録のデータを活用して，近世日本にお

第2章　山論絵図の成立と展開

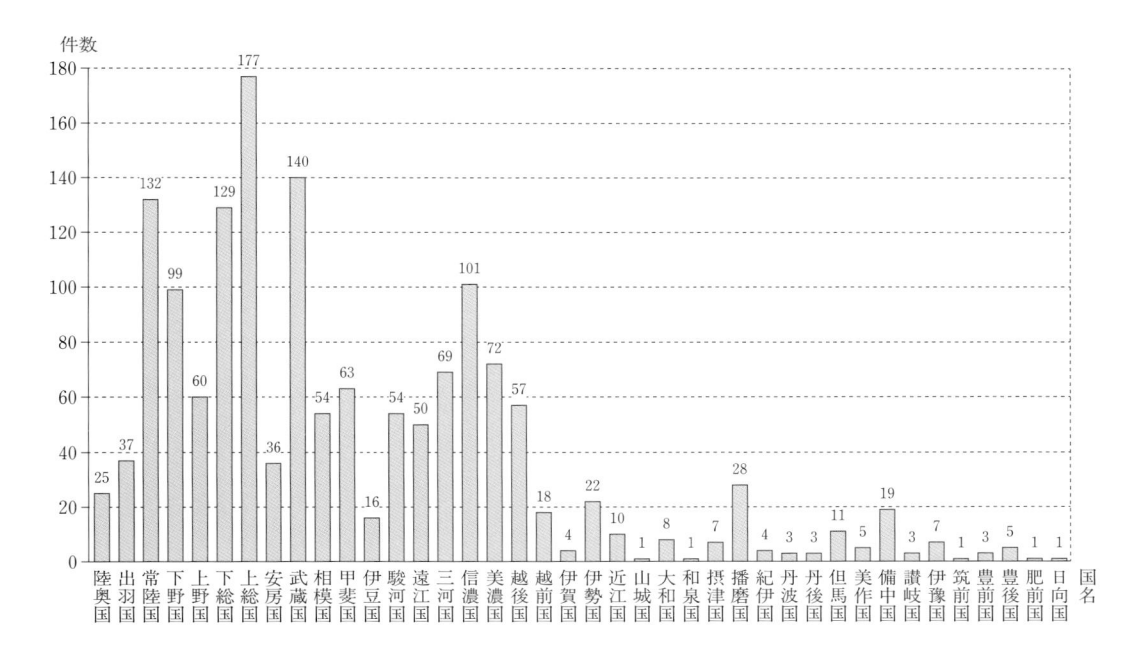

図2-1　『旧幕（府）裁許絵図目録』に記載された国別の裁許絵図数
注）ただし、「闕」と記し事例を欠く国は省いた。

ける論所裁許のおおよその傾向を知ることができるといえる。

　目録には、近世を通じて江戸幕府評定所により裁定された「裁許絵図」の事例が、1,540件も列記されている。そこには、山城国からはじまって、大和国、和泉国、摂津国などと国毎に裁許絵図が記され、その総国数は、43ヶ国に及ぶ。それらの傾向をみると、関東八州や信濃・美濃・甲斐国などのように、関東近国である、幕府領を含む、支配関係が錯綜するといった条件を有した国である場合は、数多くの事例を認めることができる。これに対して、畿内、北陸、山陰、山陽、南海、西海道といった西日本を中心とした地域では、裁許絵図の事例がない、もしくは少ない国が集中しており、図2-1にみられるように、それは東高西低の傾向を示すものであった。ちなみに、本章の扱う摂津国も事例の少ない地域に含まれるが、こうした国々は、江戸から離れた地域である、国持クラスの外様大名の領国である、遠国奉行により管轄される地域であるなど、幾つかの共通した特徴を認めることができる。

　次は論所の内容についてみてみたい。争論の内容は、複数の要因が絡み合ったものであるが、表題に従って分類してみると大まかには次のように分けることができる。最も件数が多いのは「山」に関わる争論である。争論の内容を「山論」とした事例は、443事例と最も多く、それは図2-2に示す通り全体の3割近くにも達する。そして、これらに、資源利用のあり方の類似する「野」や「樹木」の争論を加えると、それらは全体の半数を超える結果となった。つまり、本章で扱ったような山論は、近世の論所絵図のうち、最も一般的な作製に至る要因として位置付けられるもので

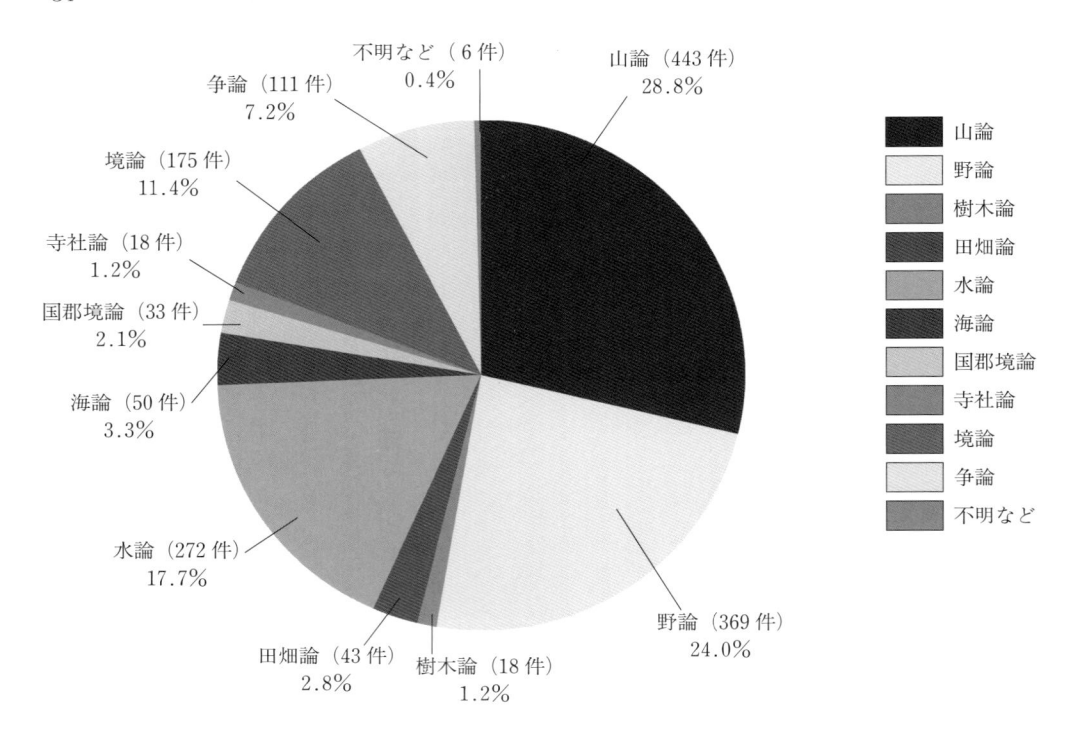

図 2 – 2　『旧幕（府）裁許絵図目録』にみる論所の内容

あった。これに次いで多いのは，水資源をめぐる争いの「水論」であり，全体の 2 割弱となっている。そして，名称に「境」という語を含む争論の事例数が 1 割程度とこれに続き，意外にも評定所一座および老中が対処すべき，と規定された国郡境の争いは，全部で 33 事例と 1 割にも満たない結果となった。

次に裁許絵図の経年的な増減の変化についてみてみたい。図 2 – 3 は，この目録に掲載された裁許絵図について，1630（寛永 7）年から 3 年毎に事例数を集計し，それらの経年変化を示したグラフである。裁許絵図の事例は，1633（寛永 10）年から 1864（元治元）年までのおよそ 230 年の間に確認されるが，最も事例数の多いのは 1684（貞享元）年からの 3 年間となっている。寛文期に入って事例数の急増した裁許絵図は，このころをピークに享保期以降，減少していく傾向を示しており，それ以後は若干増加したものの，再び徐々に減少していく。裁許絵図の作製された年紀をみた場合，このように 17 世紀後期から 18 世紀はじめまでに集中していたことが明らかとなり，1680 年代をピークとして実に 1660 年代から 1700 年代までの間で全体の 7 割近くもの裁許絵図が作成されていたことがわかった。

さて，最後に本章で対象とした摂津国について，この目録の内容から幕府裁許絵図の特徴を概観していきたい。この摂津国は，大和・摂津・河内・山城・和泉国の五畿内と近江・丹波・播磨国による上方八ヶ国に含まれた地域であるが，この上方八ヶ国の裁許絵図を数えてみると全部で 58 事

第 2 章　山論絵図の成立と展開

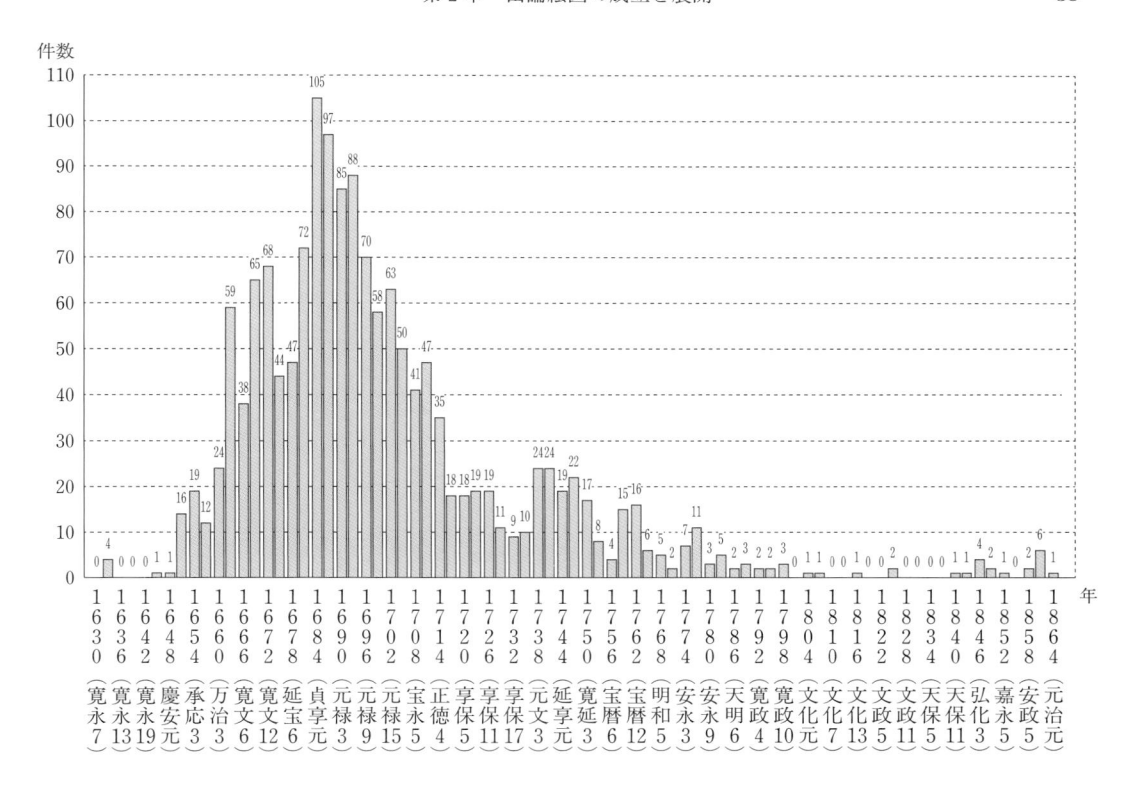

図 2－3　『旧幕（府）裁許絵図目録』にみる裁許絵図件数の経年変化

例となっていた。そこで，その内訳をみてみると，播磨国が 28 事例，近江国が 10 事例，大和国が 8 事例，摂津国が 7 事例，丹波国が 3 事例，山城・和泉国がともに 1 事例となっている。河内国については，目録の巻頭に「闕」と記され事例を確認することができない。これらの事例数は，関東八州や信濃・美濃・三河・甲斐国などに比べて相対的に少ないものであった。また，作成された年代についてみてみると，1652（慶安 5）年から 1848（嘉永元）年までの約 200 年間にわたっていることがわかる。そのうち 7 割以上の 43 事例が元禄期までに作製されており，特にそれは，寛文期（16 事例）と元禄期（13 事例）に集中するものであった。この裁許絵図が作成された時期の偏りは，先にみた全国的な動向に共通している。次に裁許絵図の題目から内容をみてみると，山論が 21 事例，山境論が 7 事例となっており，ほかに野や草山，入会山をめぐる争論も含めてみると山野に関係する幕府裁許絵図が 40 事例と最も多くを占めることとなる。一方，川境や浦境など水域を対象とした裁許絵図の事例は 4 事例と少なく，特に用水論とした裁許絵図は播磨国の 1 事例しか確認されない。また，題目に「境論」と表記する裁許絵図は 22 事例を確認できるが，そのうち国境が 1 事例，郡境が 4 事例と少なく，村境は 5 事例となっている。このように全国的な動向と畿内を比べてみた場合，事例数については少ないものの，基本的な傾向は共通するものであったことがわかる。

表 2-1　北摂地域における山論絵図一覧

番号	表題	作成年	境	支配	争論要因
1	宿野山山論済口絵図	慶長17 (1612)		同旗	草木
2	多田領村々生瀬村山論裁許絵図	寛永9 (1632)	郡	幕＊尼崎藩＊三田藩	山境（柴木）
3	長谷村垂水村山論絵図	寛永15 (1638)		同幕	
4	井林山山論裁許絵図	承応2 (1653)		同幕カ	相論（柴草・用木）
5	蔵人村鹿塩村船坂村山論裁許絵図	承応2	郡	幕＊尼崎藩＊旗	山論：柴木（5月）
6	ないら野宮廻松林争論裁許絵図	万治2 (1659)		飯野藩・旗相給＊岡部藩＊仙	争論：松・田畑
7	上下原村内馬場村山境改証文絵図	万治3 (1660)		高槻藩	
8	波豆村内々絵図	寛文3 (1663)	郡	麻田藩＊三田藩	野論：新開
9	波豆・桑原・山田・三輪・高次村山林郡境裁許絵図	寛文6 (1666)	郡	麻田藩＊三田藩	野論：新開
10	寺畑村栄根村立会絵図	寛文7 (1667)		幕＊仙	柴草・境界
11	垂水・長谷村山論裁許絵図	寛文9 (1669)		幕＊飯野藩	境論：新開・松木
12	民田村・能勢郡片山村・平通村山論絵図	寛文9	郡	幕内（1村高槻藩預）	炭焼
13	鹿塩村大市庄五ヶ村蔵人村山境争論絵図	寛文9		旗（3氏）＊尼崎藩	境論：新開・松木
14	中村黒川村山論和談立会絵図	寛文13 (1673)		幕＊旗	山論：木柴・木（去冬）
15	中山寺村米谷村山論立会絵図	延宝5 (1677) 頃		幕＊飯野・小泉藩相給	松・木柴・柴・草
16	黒川村稲地村山論立会絵図	延宝6 (1678)		幕内	山論：柴木
17	勝尾寺境内絵図	延宝6 (1678) 頃	郡	寺＊幕	
18	勝尾寺高山村立会絵図	延宝7 (1679)		寺＊藩	山論：柴・草
19	国崎村田尻村出野村相絵図	延宝7		幕＊旗	
20	波豆村香下村争論絵図	延宝8 (1680)	郡	麻田藩＊三田藩	
21	波豆村桑原村山田村争論裁許絵図	天和2 (1682)	郡	麻田藩＊三田藩	領境
22	小林村生瀬村小松尾山山論裁許絵図	天和3 (1683)		幕内	山論
23	大里村・宿野村・山辺村立会絵図	天和3頃		幕＊飯野藩＊岡部藩	
24	細郷六ヶ村横山村下止々呂美村山論裁許絵図	元禄元 (1688)	(郡)	幕＊岡田藩＊忍藩＊岡部藩	山論：柴草
25	当山絵図（勝尾寺領傍示絵図）	元禄2 (1689) 頃カ	(郡)	（寺）＊幕＊高槻藩	（柴・草）
[25]	勝尾寺参詣道図	元禄2 (1689) 頃カ	(郡)	（寺）＊幕＊高槻藩	（柴・草）
26	勝尾寺粟生村萱野郷立会絵図	元禄2 (1689)	郡	寺＊幕＊高槻藩	山論：柴・草
27	小戸・西多田・矢問村山論絵図	元禄2頃			
28	国崎村吉川村相絵図	元禄7 (1694)	郡	幕＊忍藩（幕）	新開・木・柴
29	摂丹国境山論裁許絵図	元禄12 (1699)	国	幕（高槻藩預地）＊三田藩＊篠山藩	国境就異論
30	寺畑・栄根・満願寺・切畑・小戸村山論裁許絵図	元禄12		幕＊忍藩	山論：柴・草
31	吉野村・東加舎村国境山論裁許絵図	元禄15 (1702)	国	旗内（1村他旗預）	国境山論：柴草
32	波豆村木器村争論裁許絵図	宝永7 (1710)		麻田藩	新開（田）
33	南原村・北田原村山論裁許絵図	享保6 (1721)		幕（高槻藩預）	新林（於山）
34	甲山出入絵図	享保10 (1725)		尼崎藩＊旗（3氏・1村幕相給）	新田（於立合山）
35	小戸村・火打村山論裁許絵図	享保12 (1727)		忍藩	山論
36	中山寺・中山寺村と米谷・中筋村山論絵図	享保17 (1732)		寺＊忍藩・飯野・小泉藩相給＊旗	
37	船坂村社家郷山論絵図	寛保元 (1741)	郡	幕＊尼崎藩＊旗	山論：柴・薪・松木・炭焼き
38	南広野村・宿野村国境山論絵図	寛保2 (1742)	国	幕＊園部藩領	国境山論：諸木
39	牧之庄六ヶ村新稲村分間立会絵図	延享4 (1747)		旗＊岡部藩＊忍藩＊飯野藩＊旗相給	山論：草・薪・松木
40	牧之庄六ヶ村新稲村法恩寺松尾山山論裁許絵図	寛延2 (1748)		旗＊岡部藩＊忍藩＊飯野藩＊旗相給	山論：草・薪・松木
41	社家郷・芦屋庄山論裁許絵図	寛延2 (1750)		幕＊旗＊尼崎藩・小泉・尼崎藩相給＊幕＊尼崎藩相給	山論（領境）
42	上止々呂美・下止々呂美村相絵図	宝暦2 (1752)		幕＊岡田藩	柴草
43	西長尾山争論合絵図	宝暦13 (1763)		幕＊忍藩＊社	松木
44	月峯古跡山論立会絵図	明和頃 (1764-72)		寺＊幕＊岡部藩	柴草
45	奥山山論立会絵図	明和6-8 (1769-71)		幕＊岡部藩＊飯野藩	草・柴・木根
46	高山村上止々呂美村鹿絵図	天明4 (1784)	郡	幕高槻藩	
47	字本庄裏山論所立会絵図	天明7 (1787)		麻田藩＊幕＊旗	山論：松木
48	本庄山山論和談済口絵図	寛政4 (1792)		麻田藩＊幕＊旗	山論：松木
49	川尻・吉川・上止々呂美村奥八ッ谷山論分検絵図	寛政5 (1793) 頃	郡	幕	新田開発
50	花折峰出入下絵図	寛政7 (1795)		幕＊忍藩＊篠山藩	山論：柴・小松
51	川面村安場村生瀬村山論立会絵図	享和2 (1802)	郡	幕＊忍藩＊篠山藩	山論：柴・小松（9月）
52	地黄村・倉垣村用水井中山境出入ニ付立会絵図	文化元 (1804)		幕＊旗	生立木
53	上原村・下原村・内馬場村山論和談改絵図	文化12 (1815)		（替地）	
54	文化13年春以来争論（堂床山山論）ニ付山姿絵図	文化頃 (1804-18)	郡	幕＊飯野藩	柴・草・炭
55	高山村川尻村上止々呂美村立会絵図	天保6・7 (1835・36)	郡	幕＊高槻藩	山論：松木・柴・草
56	木津村長谷村山境争論絵図	嘉永2 (1849)		幕（1村高槻藩預）	争論
57	名塩村船坂村境協定絵図	安政6 (1859)		幕＊尼崎藩	

注）項目は，「境」が山野論が国・郡境のいずれかに位置する事例について，「支配」が争論に関わった村々の領主の支配関係を表したものである。「公儀」は，裁判に関わった機関や人物として，裁許担当者，検使，仲介者などが判明する範囲で記したもので，矢印は担当の移行を示す。また，表題に記した図のタイトルの多くは仮題であるが，煩雑になるため，この章では特に区別せずに表記した。[25]の図は上記の図に含まれると判断したためカッコ付きとした。

第 2 章　山論絵図の成立と展開

番号	公　　　　　　　　儀	サイズ (cm)	出　　　　　　　　典
1	片桐且元/検使 2 名	142.8 * 84.6	山内区有（能勢町）文書
2	松浦河内守/検使 4 名（惣御普請奉行 1・代官 2 他）＋裁許書	55.5 * 90.5	浄橋寺（西宮市）文書
3	大坂城代/検使 2 名	（不明）	長谷区有（能勢町）文書（能勢町史編纂委員会所蔵資料より）
4	大坂町奉行・京都郡代（国郡奉行）/検使 1 名（代官）	115.5 * 158.5	浄橋寺（西宮市）文書
5	大坂町奉行・京都郡代（国郡奉行）/検使	75.0 * 128.0	船坂部落有（西宮市）文書（山口町徳風会所蔵）
6	勘定・大坂町・町・寺社奉行・京都所司代・老中	106.5 * 97.0	吉田家（箕面市）文書
7	（大神宮御師伊勢松本太夫）	文献中確認	『猪名川町史　4 巻』、320〜323 頁
8	大坂町奉行	110.5 * 130.0	波豆自治会（宝塚）文書
9	（大坂町奉行→）寺社・勘定・町奉行・老中	120.0 * 151.5	波豆自治会（宝塚）文書
10	京都町奉行	文献中確認	『川西市史　5 巻』、562 頁
11	京都町奉行・京都所司代/検使 3 名（代官 1・小姓組番士 1 等）	（不明）	長谷区有（能勢町）文書（能勢町史編纂委員会所蔵資料より）
12	（京都町奉行）/代官	（不明）	中森家（能勢町）文書（能勢町史編纂委員会所蔵資料より）
13	京都町奉行・京都所司代/検使 3 名（代官 1 等）	124.0 * 174.5	西宮市郷土資料館所蔵
14	奉行（京都町奉行）（村々間）	95.5 * 115.5	谷家（川西市）文書
15	京都町奉行/高槻藩検地奉行＋裁許書	214.5 * 278.0 未見	『宝塚市史　5 巻』、108〜112 頁
16	（村々間）	96.0 * 115.0	谷家（川西市）文書
17	大坂町奉行	文献中確認	『箕面市史　3 巻』、48 頁
18	（大坂町奉行/高槻藩→）京都町奉行	149.3 * 268.4	勝尾寺（箕面市）文書
19	（高槻藩検地奉行）	文献中確認	『川西市史　5 巻』、533〜535 頁
20	京都郡代	180.0 * 210.0	波豆自治会（宝塚市）文書
21	高槻藩検地奉行/京都郡奉行	209.0 * 234.0	桑原西自治会（三田市）文書
22	京都町奉行・京都所司代/検使 3 名（代官 1・大番 2）	107.0 * 129.5	浄橋寺（西宮市）文書
23	大坂町奉行	文献中確認	『能勢町史　3 巻』、471 頁
24	京都町奉行・京都所司代/検使 3 名（大番 2・大坂？代官 1）	165.5 * 108.0	下止々呂美地区（箕面市）共有文書
25	（大坂町奉行→京都町奉行）	194.6 * 158.9	勝尾寺（箕面市）文書
[25]	（大坂町奉行→京都町奉行）	153.2 * 56.5	勝尾寺（箕面市）文書
26	大坂町奉行→）京都町奉行	342.0 * 253.0	箕面市有文書
27	代官	文献中確認	滝井家（川西市）文書（川西市役所所蔵資料より）
28	京都町奉行＋裁許書	文献中確認	『川西市史　5 巻』、536〜538 頁
29	京都町奉行・京都所司代/検使 2 名（大番・大坂代官）	225.5 * 199.0	柏原自治会（猪名川町）文書
30	京都町奉行・京都所司代/検使 2 名（大番・大坂代官）	130.0 * 153.0	江口家（川西市）文書
31	奉行（京都町奉行カ）/検使 2 名（大番 2）	文献中確認	吉野地区（能勢町）共有文書
32	麻田藩役人（京都郡代所所持資料確認）	114.5 * 93.0	波豆自治会（宝塚市）文書
33	大坂代官	125.5 * 131.3	南田原（猪名川町）自治会文書
34	大坂町奉行/巡見使 2 名（御勘定 2）＋裁許書？	97.7 * 116.7	西宮市郷土資料館所蔵
35	大庄屋・他村庄屋年寄（村々間）	120.0 * 85.0	小戸村（川西市）文書（関西学院大学文学部史学科所蔵）
36		欠・文献中確認	『宝塚市史編集資料目録集 5』、16 頁
37	（尼崎藩→京都郡代）/大坂町奉行・大坂城代/検使 2 名（大番・大坂代官）	112.0 * 164.0	船坂部落有（西宮市）文書（山口町徳風会所蔵）
38	大坂町奉行・大坂城代/検使 2 名（大番・大坂代官）	179.8 * 121.4	山内区有（能勢町）文書
39	大坂町奉行/検使 2 名（大坂代官手代 2）	243.5 * 230.5	箕面市有文書
40	大坂代官 2 名	211.0 * 219.0	箕面市有文書
41	大坂町奉行・大坂城代/検使 2 名（大番・大坂代官）・手代・祐筆・竿取	255.5 * 239.0	小阪家（芦屋市）文書（芦屋市立美術博物館所蔵）
42	大坂町奉行/取扱人＋済口証文	文献中確認	『箕面市史　史料編 4』、48 頁
43	取扱人＋済口証文	文献中確認	『川西市史　5 巻』、549 頁
44	大坂町奉行/検使 2 名（大坂代官手代 2）/用聞 3/取扱人＋済口証文	文献中確認	『能勢町史　3 巻』、474〜476 頁
45	大坂町奉行・大坂城代＋裁許書	文献中確認	『能勢町史　3 巻』、486〜487 頁
46	大坂町奉行/取扱人	文献中確認	『箕面市史　史料編 4』、75 頁
47	大坂代官/大坂町奉行	236.5 * 134.4	岸本家（池田市）文書
48	大坂城代/大坂町奉行/代官/検使 2/取扱人	225.5 * 161.5	西畑町内会（池田市）管理文書
49	検使（代官＋役人）	文献中確認	『箕面市史　史料編 4』、69 頁
50	大坂町奉行/大津代官	55.5 * 80.5	浄橋寺（西宮市）文書
51	大坂町奉行/大津代官/取扱人	175.5 * 209.5	浄橋寺（西宮市）文書
52	（大坂町）奉行/検使 2（代官手代 1・御手附 1）/取扱人	文献中確認	『能勢町史　3 巻』、497 頁
53	（村々間）	未見	福武家（猪名川町）文書（猪名川町史編纂室所蔵資料より）
54	大津代官所/大坂町奉行/各領主/取扱人＋済口証文	未見	田中家（猪名川町）文書（猪名川町史編纂室所蔵資料より）
55	大坂町奉行/検使（代官・高槻藩役人）/取扱人＋済口証文	126.5 * 260.0	上止々呂美地区（箕面市）共有文書
56	取扱人	67.5 * 96.0	肥爪家（猪名川町）文書
57	（村々間）	122.5 * 58.5	船坂部落有（西宮市）文書（山口町徳風会所蔵）

これら畿内近国における幕府裁許絵図の大まかな特徴は，摂津国のみに限ってみた場合でも同様の傾向を示すものであった。摂津国では7事例が記載されているが，そのうち寛文期の裁許絵図は6事例を確認することができ，これは上方八ヶ国に一致する特徴である。それらの内容はすべて山野における争論と関わり，そして島上・豊島・能勢・川辺・有馬・八部（矢田部）各郡と北部の山間地域に偏在するものであった。これも上方八ヶ国に共通する特徴である。これらのことから，上方八ヶ国における論所絵図の傾向を把握するうえでは，山野に関わる争論を対象として，さらに地域を山間地域に設定することが有効な手段になるといえる。こうしたことから本章では，摂津国のうち山間部である北部の嶋下・豊島・川辺・武庫・兎原・能勢・有馬の各郡，つまり北摂山地南麓地域の山論絵図を対象に議論を進めていくこととした。それは，それらが近世の論所絵図をみていくうえで代表的な事例になると考えるからである。この図2-4に示された旧摂津国北部地域は，現在の大阪府と兵庫県（北摂山地西部，六甲山地東部）にまたがる地域である。ここにおいては，次節以降の検討で明らかになっていくように，近世を通じて数多くの山論が発生し，争論の過程で多数の山論絵図が作製されており，それらをもとに争論の様々な調停が試みられていることを確認することができる（表2-1参照）。

　対象とした地域は，安岡重明[10]によって提唱された「非領国」地域に含まれ，その後，藪田貫[11]の「支配国」概念や高木昭作[12]の「国奉行・国役」論などによって，畿内における支配論（特に国家・奉行所支配について）に関する議論が展開されている。それらの議論は，幕府・小藩・旗本・寺社各領などが複雑に入り組み，所領が分散・錯綜した地域における広域支配について理解を試みたものとなっている[13]。こうした領主支配の錯綜する地域では，その地域的な特質が山論絵図の作製に至る直接的な要因となる争論を引き起こすと同時に，山論の解決法や手段，つまり地図という資料としての有効性に着目して地図の作製が積極的に採用されていたことも想定される。その意味からも山論絵図の分類と位置付けが必要であると考えている。それでは，当地域における各事例の検討に先立って，次節ではまず対象地域における裁判機構の変遷について概観してみたい。

第3節　摂津国における裁判機構の変遷

　畿内近国の幕領を中心とした論所裁判は，近世を通じて様々な機関や人物が担当した結果，後述するように江戸幕府評定所以外の山論絵図が数多く作製されることとなった。また，裁許絵図以外の形式の山論絵図も数多く確認される。ここではまず，個々の事例を検討する前に，裁判機構の歴史的変遷の概観について記すものとした。なお，以下で示した裁判機構の変遷については，朝尾直弘，白川部達夫，神保文夫，曽根勇二，高木昭作，藤井讓治，藤田恒春，村田路人，藪田貫らの研究を参考としている[14]。

　17世紀前期，上方八ヶ国の論所裁判を含む民事訴訟は幕府政権の中枢者のほか，いわゆる「国奉行」や郡代など複数の人物や機構が当初担当していた。例えば，豊臣氏家老として国奉行の権限

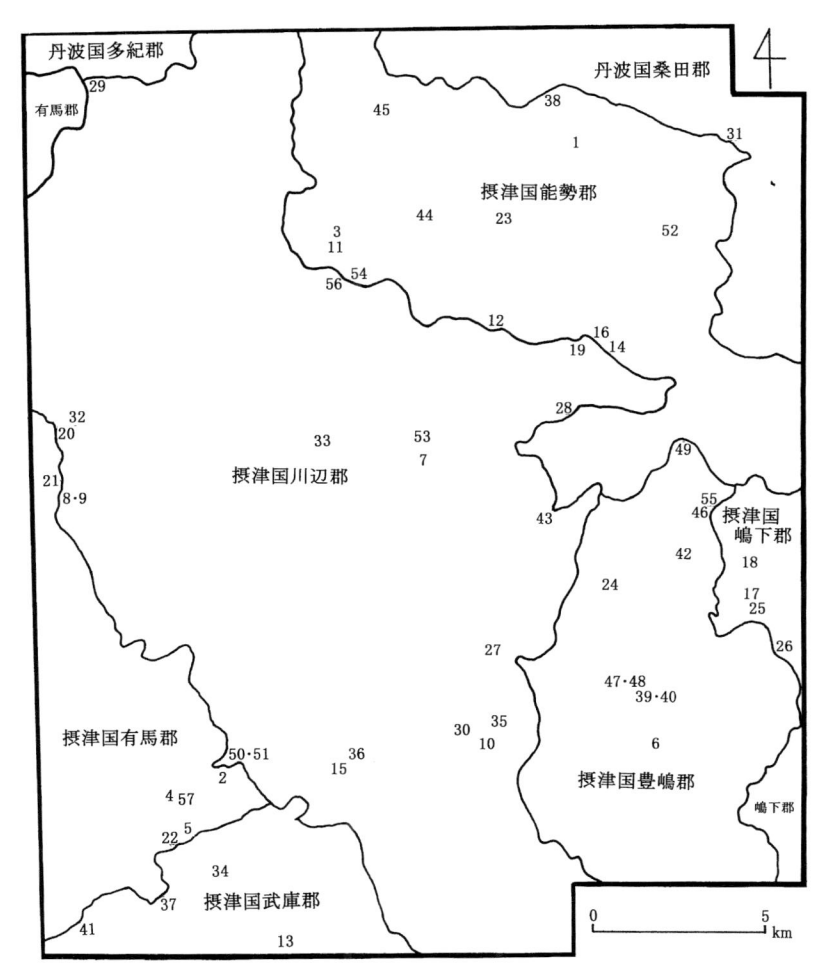

図 2-4　北摂地域における山論絵図の分布
注）各番号は表 2-1 の番号による。

を有していたとされる片桐且元はそれに含まれている。その結果，畿内近国における公事訴訟の処理機関は，個人的もしくは地域的な管轄権として分散することとなり，この地域の裁判機構として統一されるものではなかったという[15]。また，摂津国については，その後1623（元和9）年ころまで村上孫左衛門が摂津国奉行として，1627（寛永4）年以降は大坂町奉行が「支配国」としてそれぞれ公事訴訟を処理していたことも指摘されている[16]。

その後，寛文期ころまでは，京都所司代が中心となって，上方八ヶ国の公事訴訟を管掌したとされている。そして代官奉行（小堀政一・五味豊直以降）が1634（寛永11）年より，郡代的な役として地方の公事訴訟の処理や年貢収取など広範な民政上の権限を有し，京都所司代の補佐として機能していた。この代官奉行の機能は後に京都町奉行へ引き継がれていくことになるが，すべての百姓公事を掌握したのではなく，京都所司代，大坂（町）奉行，堺奉行らによる合議制，いわゆる「八人

衆体制」の一環として存在するものであったとされる[17]。また，1635（寛永 12）年から 1660（万治3）年の期間，上方郡奉行（市橋吉政・小出吉親二代）が常置の巡検使的な役割を持つものとして，裁決の際に京都・伏見・大坂・堺の各郡代や奉行と合議を行うなど，主に民事裁判を管轄する機能を果たしていたという[18]。

　後に京都町奉行となる宮崎重成と雨宮正種は，1665-66（寛文 5 - 6 ）年に京都の代官奉行（五味豊直→小出尹貞）の跡役，そして伏見の代官奉行（伏見奉行）となったことから，上方八ヶ国における地方の公事訴訟を担当することになった。その後は，1668（寛文 8 ）年に京都所司代の所持する権限の一部が移譲され，京都町奉行が仮役として，そして 1670（寛文 10）年には職制として正式に成立したという。その結果，この京都町奉行は，摂津国を含む上方八ヶ国における公事訴訟の裁許，寺社支配を担当し，ほかに京都所司代より畿内近国の民政業務を継承することとなった[19]。この権限の委譲は，後述するように山論絵図の形式の変化に大きな影響を及ぼすものであり，これを境として多様な表現が標準化されていく方向を示していく。

　次の大きな転換点としては，享保の改革の一環として 1722（享保 7 ）年に出された上方八ヶ国「国分け」令[20]によるものである。これによって大坂町奉行は，摂津・河内・和泉・播磨国にある幕府領の公事裁判を管掌することとなり，そのことについて「地方ニ附候公事訴訟并寺社等迄」と表現されているように，町方に対する地方の公事訴訟管轄権が京都町奉行から委譲されていくこととなった[21]。そして，上方八ヶ国代官を検使として派遣する権限を部分的にではあるが引き継ぐこととなったという[22]。

　上述の幕領を中心とする公事訴訟に関する裁判機関の歴史的変遷が，次節以降でみていくこととなる山論絵図の表現上の変化にみられる画期に一致していることは注目される。そうした画期は，寛文期と享保期に大きくは存在していた。未だ裁判機構の固定されない 17 世紀前期，京都町奉行の管轄する 17 世紀中期以降，そして 18 世紀初期以降は大坂町奉行が幕府評定所に代わる裁判機構として設定されたと大きくは区分することができ，その変遷に従うように山論絵図は基本的には形式化していくこととなる。そこで以下ではまず，山論絵図の定義を行いつつそれらの分類を行い，そして裁判機構の歴史的変遷に従いながら各分類に対応した当地域での事例を挙げていき，それぞれの山論絵図にみられる特徴を明らかにしていくこととした。

第 4 節　山論絵図の定義と分類

　さて，以下に示した近世山論絵図の分類に関する定義は，主に江戸幕府の司法法典関係資料を参考にしながら作成したものである。参考とした資料は，評定所一座と，上方八ヶ国の公事訴訟を担当した京都町奉行と大坂町奉行に関するものであり[23]，その論所裁判の手続きは大名領内である場合も基本的には同じであったという。これらの資料は時代や作成主体が相違するが，裁判手続きの基本的段階やその方法はほぼ同一であったとの認識から，特に区別せず検討を進めることとした。

第2章　山論絵図の成立と展開

表2-2　北摂地域における山論絵図の分類

	証拠絵図	立会絵図	論所見分絵図	詰絵図	裁許絵図
国奉行					〔1〕1612
巡検使					〔2〕?1632：見分絵図にて裁許
評定所					〔6〕1659／〔9〕1666
大坂城代					〔3〕1638
京都町奉行		〔10〕1667／〔20〕1680：→裁許絵図? 〔15〕1677／〔18〕1679／〔19〕?1679 〔21〕1682／〔26〕1689／〔28〕1694： 　立会絵図にて裁許 〔14〕?1673／〔16〕?1678： 　提訴後和談となり立会絵図作製			〔11〕1669／〔13〕1669 〔22〕1683／〔24〕1688 〔29〕1699／〔30〕1699 〔31〕1702： 　+京都所司代等
大坂町奉行	〔17〕1678頃 〔25〕1689：下絵図→ 〔46〕1784 〔50〕1795：下絵図→	〔8〕1663／〔39〕1747：→裁許絵図 〔23〕1690頃／〔34〕1725／〔45〕1770-71： 　立会絵図にて裁許 〔42〕1752／〔43〕?1763／〔44〕1764-72 〔47〕1787／〔51〕1802／〔52〕1804 〔54〕1804-18／〔55〕1835-36： 　立会絵図にて取扱人を介し和談			〔4〕1653／〔5〕1653： 　+上方郡奉行等 　立会絵図を裁許絵図 〔37〕1741／〔38〕1742 〔41〕1750： 　+大坂城代等 〔40〕1748
代官		〔27〕?1689頃	〔48〕?1792 〔49〕?1793頃		〔12〕1669：(+京都町奉行) 〔33〕1721：立会絵図を裁許絵図
藩		〔56〕?1849： 　立会絵図にて取扱人を介し和談			〔32〕1710
村		〔35〕?1727／〔53〕?1815／〔57〕?1859			

注）〔　〕内の数字は表2-1の絵図番号，右の数字はその図の作製年を示す。疑問符を付した番号は，現段階において仮に分類するものである。

　北摂山地南麓地域を対象として，山論絵図の事例を探したところ，これまでの調査で57事例を確認することができた（表2-1参照，各事例の番号はこの表に対応）。そのうち，文献資料中に記述があるのみで，山論絵図自体の存在が確認できないものは15事例にのぼる（表2-1で文献中確認と表記したもの）。調査できた地図は，17世紀初期から19世紀中期の間に作製されたもので，そのうち国境争論が3事例，郡境争論が22事例となっている。また，幕府領をいずれかに含むものは，全事例中43事例と7割以上も占めており多い。

　本節では，摂津国北部における57の山論絵図の事例を提示した分類枠に従って位置付けていき，それぞれの山論絵図の形式や表現に関する特徴をみていく。それは，この作業によって近世山論絵図の分類について，より具体的な特徴を示すことが可能になると考えるからであり，特に山論絵図

のなかで現在まで多く残されている立会絵図と裁許絵図を中心に議論を進めている。その際，公儀の関与の程度や，山論の解決方法に応じてそれぞれの形式の山論絵図をさらに細分化することも試みている。その分類の結果は，表2-2に示している。

ここでみた山論絵図の事例は，山野争論に関わる裁判を通して作製，手交されたもので，その結果，在地社会に存在することになった資料である。つまり，裁判を管轄する機関で保持されてきた資料ではない。かつて山論が発生した地域において，自治会の共有文書，近世に村役人を務めた家の個人文書，自治体の行政資料として現在では保存されている。また，図書館，博物館，文書館などに集積されて，所蔵されているケースも多い。これら山論絵図は，争論の当事者それぞれに対して手交されたり，関係する村々で写しを作製した結果，同じ内容の地図が複数枚存在することとなった場合が多く認められる。表2-1では，紙面の都合上，所蔵先として1点のみを記しているが，その際は，資料へのアクセスの容易さを考慮して，個人よりも公的な機関に収蔵される資料を優先的に表記することとした。

(1) 証拠絵図
　a．証拠絵図の定義

山野境論が発生すると，まず地域社会や領主の手によって内済が試みられている。しかし，争論当事者の間での和談が困難であった時は，訴状を提出し訴訟手続きがとられることとなった。山野における争論は，国郡村境を舞台に発生する場合が多い。公事出入筋のうち山野論は本公事に相当し，まず訴訟方より管轄奉行へ目安を提出して形式や内容が審査される。そして訴状の裏書に訴訟の受理や相手方への返答書の作成，召喚の指示を加え相手方に渡された。この段階での諮問や書証では判断できない時，必要であれば立会絵図の作製が命じられていた。

この提訴の段階に，裁許書き付けや検地帳などの証拠書類とともに，証拠資料として既存の地図資料が提出される場合もあった[24]。文献中で「古キ絵図」「自分絵図」と称される地図がこれに相当する。その結果，地境論は，まず文書や地図などの証拠資料や旧来の慣行に基づき判断されるが，訴状を原則的に受理するという点からみても特に重要視されるものであった。これは，地形的変動の激しい河川などの水域を対象とする水論とは対応が異なっている。

　b．証拠絵図の事例

文献中に「古キ絵図」「自分絵図」と称されるこの形式の地図は，57事例中4事例（山論絵図17・25・46・50）と少数ながら認めることができた。ただし，この呼称の山論絵図には立会絵図を作製するための下絵図（野図）が含まれることもあり，山論絵図25・50はこれに相当すると考えられる。提訴時に証拠資料として提出される地図資料は，その段階で旧来より一方が所持してきた既存の資料と考えられるが，文献資料の記述に該当する証拠絵図の存在を今回確認できなかった。

(2) 立会絵図

a．立会絵図の定義

　この立会絵図は，管轄奉行からの指示を受け，争論の当事者と絵師が作製し提出した地図のことをいい，この立会絵図をもとに両者の主張が検討されることとなった[25]。ほかに「双方一枚絵図」「訴訟方相手方認候絵図」と記される場合もある。立会絵図を作製するに当たっては，証拠資料としての地図の内容を保証するため，関係する村々の村役人と絵師の双方が不正行為を行わぬよう起請文を作成した。そのうち，前書に相当する誓詞案文は管轄奉行所より下されるものであったという。

　争論の当事者の提出した立会絵図を対象として，管轄奉行所などに保管される国絵図類（「御国絵図」「官庫之絵図」）や郷帳・検地帳などと描写内容の比較や検討を行い，まずは現地に赴くことなく地図のうえで評議された。その結果，双方の内容に相違がなければ論所へ検使（地改役人）を派遣することなく，この段階で判決を言い渡すこととなった。この時，幕府と大名領間など支配関係の異なる国郡境でも，立会絵図と国絵図の内容に齟齬がなければ検使を現地に派遣しないなど，積極的に検使を派遣することはなかったとされる。しかし，地図の内容が相違することとなったり，訴答内容が疑わしい場合は評議のうえ，論所の状況に応じて検使を現地に派遣し，論所地の見分を実施することとなったという。

　このように訴訟手続きの進行に関しては，立会絵図がその決定に重要な役割を果たしており，現地を知る証拠資料として大きな意味を有していた。しかし，争論当事者が主体となって作製される資料であったためか，いままでのところ立会絵図の表現や形式についての具体的な指示はほとんど確認することができていない。

b．立会絵図の事例

　立会絵図は，当地域の山論絵図のなかでも最も多い形式の地図であり，57事例中31事例が確認される。これらの事例は17世紀中期から19世紀中期までに作製されており，そのうち17世紀後期が最も事例数の多い時期となっている[26]。このタイプの地図は，山論訴訟の過程で争論の当事者が中心となって作製したもので，両者の主張を総合し，論所地やその周辺に関する情報を図面に示したものである。

　また，山論訴訟を管轄する組織の関与の程度差によって立会絵図をさらに分類することができ，それは，①幕府関連機関や藩などが強く関与し作製されたものと，②これら公儀の関与が弱く当事者が主体となり内済証文の一形態として作製されたものに大別される。さらに山論の解決法に従って①の立会絵図をさらに分類してみると，山論訴訟の過程において裁判機構に提出した図の控として在地に存在するものと，この訴訟段階での立会絵図を用いて裁許となり公儀より写しとして手交されたものに区分される。それぞれの時期についてみてみると，①の立会絵図は18世紀中期ころまでに事例の多くが作製され，特に立会絵図を用いて裁許とした事例は延宝期から元禄期に集中している。一方，②の立会絵図は18世紀中期以降に作製された事例が多くなっている。

図 2-5　元禄2年「勝尾寺粟生村萱野郷立会絵図」（山論絵図 26），箕面市有文書（口絵 2）

　立会絵図は，複数の和紙を糊継ぎし作製されており，事例のなかでは，図幅寸法の最大が山論絵図 26（図 2-5，口絵 2）の南北 342.0×東西 253.0 センチ（料紙 11×6 枚），最小が山論絵図 56（図 2-6）の南北 67.5×東西 96.0 センチ（料紙 2×2 枚）となっている。全体的には 17 世紀中期以降，①の立会絵図が大型化する傾向のある一方，②の立会絵図は小型である場合が多い。また，図裏側の料紙継ぎ目に当事者間の代表者が捺印した立会絵図の多いことも特徴である。

　立会絵図は争論当事者が作製した地図であることから，①の立会絵図の場合，裏書や端書として図の表現内容を保証する文面を記しているのが基本となっている。それは誓詞が行われた旨の裏書，年月日，関係者の連署により構成され，例えば 1680（延宝 8）年に作製された山論絵図 20 の裏書は，次のように記されている。

表書之絵図双方并絵師共ニ神文仕有来ル之通リ絵図仕立申候、双方申分無御座候故ニ連判仕御公儀様江指上申清絵図毛頭互ニ無相違候、以上
　　延宝八年申ノ十一月十六日
　　　摂州有馬郡松山庄香下村
　　　　御室御所様末寺
　　　　　羽束山香下寺　　　（印）
　　　　　庄屋　孫太夫　　　（印）
　　　　　年寄　市郎右衛門　（印）
　　　　　絵師京　市兵衛

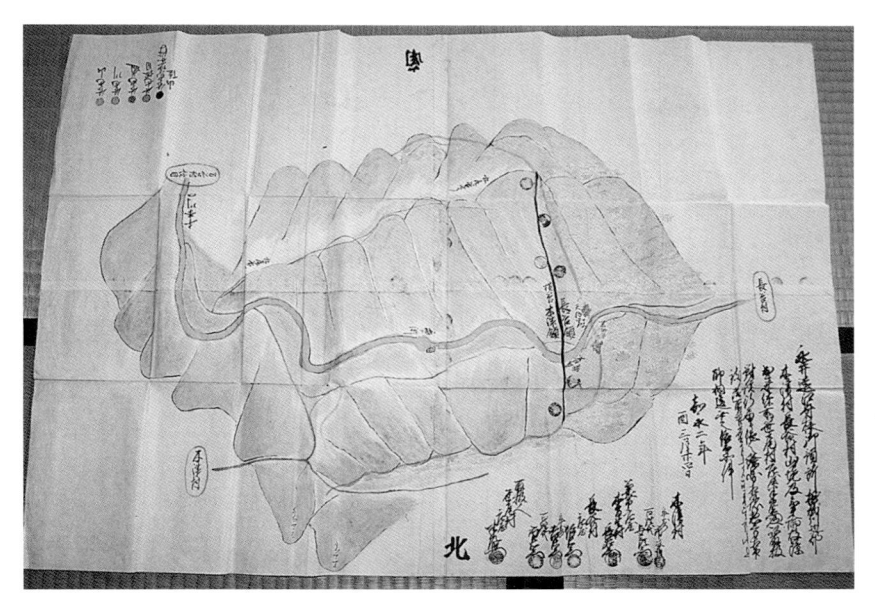

図2-6　嘉永2年「木津村長谷村山境争論絵図」(山論絵図56),肥爪家(兵庫県川辺郡猪名川町)文書

　一方,②の立会絵図の場合,山論絵図56(図2-6)のように,この裏書や端書の部分を使って内済証文の文章を記すこととなる。そして,その差出しの部分には村における争論の場合,村々毎の村役人による連判が一般的で,これに絵師を加えることもあった。

　次に立会絵図の表現における特色をみてみる。調査した事例はすべて彩色図であり,図面の多くを占める山地は緑で色彩され,道は赤,水系は青とする場合が多く,これはほかの近世の地図に共通する特徴といえる。立会絵図に描かれた図像は,山地植生に関する描写が特徴的で,様々な樹形の樹木を記号的に描き,特にマツ型の樹木の多いことがわかる。

　立会絵図のなかには,論所以外の周辺部も含む広い地域を対象としたため,描かれた論所が図面上で小さな面積しか占めていない場合もある。これは,現地の地理情報に乏しい訴訟担当者に対して,論所周辺の情報を示すことを目的としたためであろう。逆に争論当事者の間で作製され,公儀との関係が乏しい立会絵図は,描かれる地域が論所地に限定される傾向が強く,このことは,周辺地域を理解する程度の差が,描写される範囲を規定することを示している。

　山地の描写内容について争論当事者の間で認識が相違してしまった場合,「かぶせ絵図」,つまり図面に異なる意見を示した部分図を添付するという表現の方法が採用され,双方の主張とも明示するような試みもある(山論絵図47・51など)。また,②の立会絵図では,山論絵図56(図2-6)のように争論が和談となり,双方で設定した境界筋として図面上の該当部分に墨線を引き,認証印を捺した事例があり,後述するような裁許絵図と類似する処理が施されていることも確認される。

　図面には,多くの文字情報(小書)が記されている。その主な内容は,地名や土地利用について

である。この文字注記は，争論当事者の間で主張が相違した場合，付箋に各自の主張を記し該当個所に添付するなどの処置が取られていた（山論絵図26・39など）。また方位表示は多くのほかの種類の近世における地図と同じように，図面表の各四辺中央部に東西南北と記されている場合が多い。

立会絵図は，この図自体を利用して和談や裁許など幾つかの山論処理策が実施されていることも特徴として挙げられる（山論絵図26など）。この資料に手を加えるという行為は，最終的な決定として権威を有する裁許絵図では不可能な作業であり，近世における裁判制度の一端を示すものとして興味深い。

(3) 論所見分伺書絵図

a. 論所見分伺書絵図の定義

現地に派遣された検使が論所の見分を実施した際，調査結果を記述した見分帳とともに作製する地図のことを「論所見分伺書絵図」といい，「見分絵図」「小絵図」と称される場合もあった[27]。特に近世中期以降は，前章で述べたように，必要であれば論所地で「廻り検地」を実施し，分間絵図を作製したことが文献上で確認されている。

この時，検使の派遣にともなって朱印状が発給され，各宿に対して人足や馬（伝馬）の役が課せられていたという。また，論所見分にかかる必要経費の役扶持として扶持米が支給されていた。必要経費とは，論所見分に帯同する絵師・手代・竿取・水夫の賃銀，移動宿泊費（木銭・宿賃・駄賃など）や紙筆墨代に当たる。絵師には伝馬や人足が宛がわれることもあった。また，竿取は論所の「水盛絵図縄引」を行う目的で同行し，測量道具など（「見盤水盛道具幷竿取荷物」）の運搬のため本馬が利用されたことも確認され，論所の見分が測量を伴うものであったことがわかる。これら検使一行は，時には10ヶ所以上もの複数の論所地を巡り見分を実施していた。

この地図については幾つか表現に関する指示が出されていた。もし地図が図像のみではわかりにくい場合，図面を訴訟方・相手方や山川道などと色分けし，対応する色分凡例が付けられた。さらにこの色分けのみでは表現が難しい時，文字情報として断り書を書くことや，図面上に各種記号を付けて対応する記号の内容を伺帳（見分帳とも）に記すこととしていた。また，図面に貼付された小紙片の付箋や押紙（「付札」とも表記）について，色の種類が多数でわかりづらい時は，白色の小紙片に訴訟方・相手方・見分方などと記号を記したものにすることとした。図面上の論所地以外については彩色をせず，訴訟方や相手方とそれぞれ記すとされていた。

検使は，まず国郡境が論所であった場合は，大番などの番方と幕府代官（以下代官），もしくは代官のみが派遣されていた。それは，上方八ヶ国では「大検使」と称され，二条城在番の大番と代官がこれに対応している。そして村境が論所であった場合には，現地へ代官手代や代官を派遣することになった。これを上方八ヶ国では「手代検使」と称している。しかし，村境においても争論の処理が困難であった時は，再検使として代官が派遣されていた。一方，論所が入り組まない地域については郡境であっても周囲の代官が派遣されていたという[28]。

第 2 章　山論絵図の成立と展開

ｂ．論所見分伺書絵図の事例

論所見分伺書絵図および次の詰絵図の形式の山論絵図は，資料の性格上，村々に残されることがほとんどないタイプの地図と考えられ，今回調査した事例では確認することができなかった。

ただし，寛永巡見使との関連も想定される山論絵図 2（口絵 1）は，検使の作製した地図として注目する必要があり今後の検討課題としたい。この図の表には検使の連判が，裏側の料紙継ぎ目にも検使の捺印が認められ，長崎半左衛門・井出十三郎・山田五郎兵衛・松村吉左衛門が連印している。このうち，長崎は，同年 7 月に「惣御普請奉行」として諸国巡視に参加していたことが判明している[29]。

また，山論絵図 48（図 4-11）は，和談成立後に大坂城代・大坂町奉行へ願い手交された地図であるため，同じく検使との関連に注意する必要がある。ちなみにこの図には，図上に測量の結果が書き込まれていることが確認され，これについては第 4 章で若干の検討を行っている。

(4) 詰絵図

ａ．詰絵図の定義

検使より管轄奉行へ伺書や論所見分伺書絵図が資料として提出され，先に提出された立会絵図とともに評議する際，これらの地図は審議中であるという意味で「詰絵図」と称されるようになった。ほかに「論所詰絵図」「御伺書御取調詰絵図」などという場合もあった[30]。その時，必要であれば代官などもこの評議に出席している。特に論所が込み入っている場合は，伺書などに記された情報について，詰絵図面上の対応する個所に「イロハ」や「一二三」などと記号を付して，混同が生じにくいように対処することが定められていた。

(5) 裁許絵図

ａ．裁許絵図の定義

これまでの評議の結果を経て，裁許を下す際に作製された地図のことを「裁許絵図」（裁許裏書絵図ともいう）といった。図の裏面には裁許の内容を「裏書」として記し，評定所の構成員などによる印が据えられることとなった[31]。また，裁許絵図にみられる特徴的な表現であるが，論所の境界上に墨で線を引き，裁判の構成員らが同様に捺印する場合もあった。これに関しては，国境と郡境は基本的に評定所一座の寺社・勘定・江戸町三奉行が連印し，さらに老中も捺印するとされ，それ以外は三奉行のみが連印すると定められていた。以下は評定所によるものを中心にみていくこととする。

詰絵図とともに，代官などからの裁許の趣旨についての報告や提出された伺書の内容を評議し問題がなければ，その内容を地図および裏書の文章として作成し再び検討する。絵図裏書は儒者のもとで案を作り，裁許絵図は評定所にて町年寄のもと下図を作製した。その時の用紙は，「竪紙大広美濃紙」と指示されている。裁許絵図と裏書案とも問題がなければ右筆所に送られ，裁許文，年月日，発給者名（片苗字と官途名）を記した。これらの作業を終えると図は評定所に戻され，担当奉

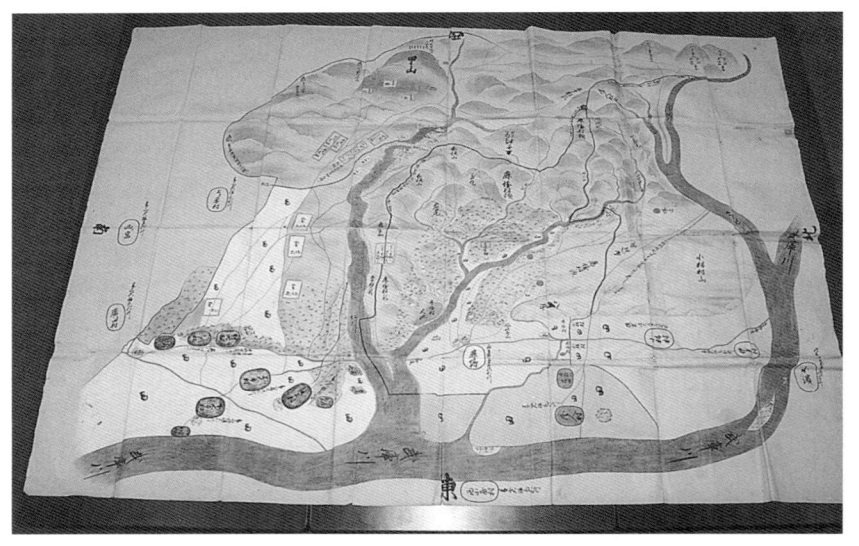

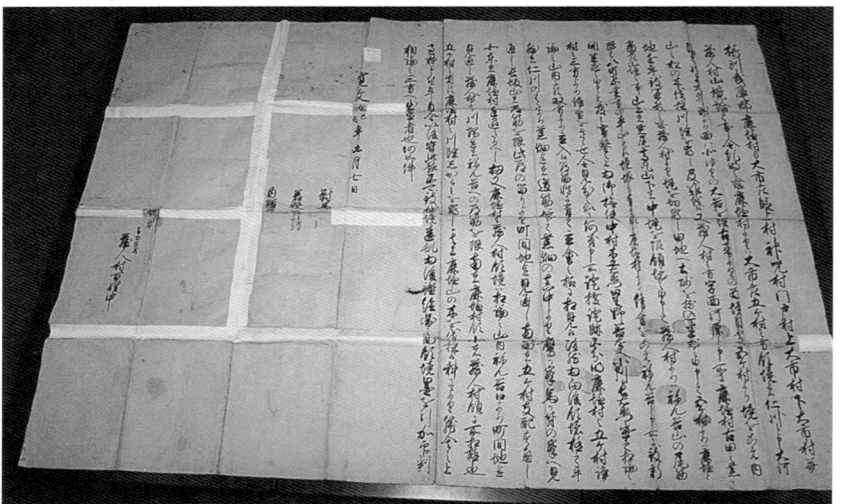

図 2 − 7　寛文 9 年「鹿塩村大市庄五ヶ村蔵人村山境争論裁許絵図」および裏書（山論絵図 13），西宮市郷土資料館所蔵

行によって図面上に裁許の墨引きを施した。

　そして期日を指定して，江戸城内の柳之間で地図を広げたうえで，集まった評定所一座の三奉行が順に裏書と図面上の指定された個所に捺印し，その後，右筆が裁許日の月付を記した。このように当初は柳之間で評定所一座および老中が揃って地図に捺印していたが，構成員が揃わず延期になる場合が多かったことから，1783（天明 3）年以降は右筆での作業を終えた後，評定所にて一座が捺印を行い，そして必要であれば江戸城内にて老中が印を捺すという方式に変更したという。この作業の間，裁許絵図や裏書の案文が場所を移動する時には，裁許内容が改ざんされないよう，幾つ

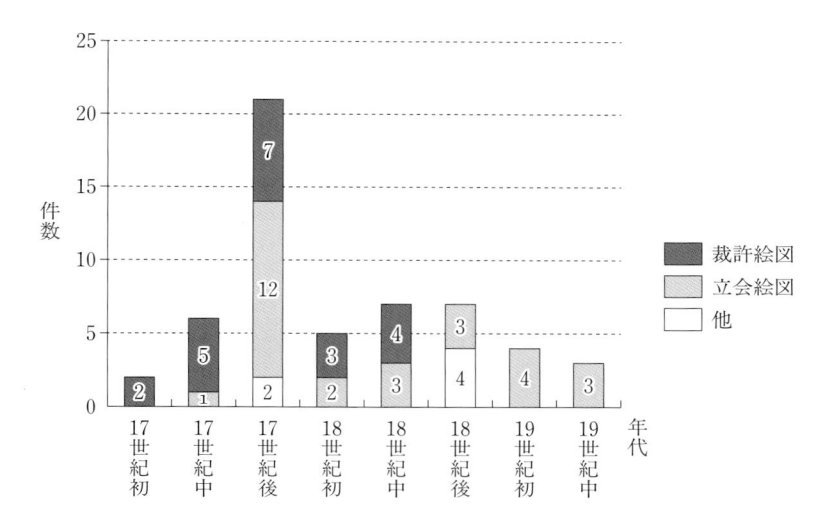

図 2-8 北摂地域における山論絵図数の経年変化

かの工夫が施されていた。例えば、移動する裁判資料に封を施してみたり、裁判の担当者の間で直接資料を受け渡して関係のない他者が入り込まないよう処理されていた。

　裁許当日の御用日には争論の当事者を召集して裁許を申し渡し、裁許状として裁許絵図を下附することとなった。裏書の日付は、当日の朝、評定所にて記されていたという。そうして手交された裁許絵図は、以後、在地において重要な公的証拠資料として保管され続けることとなる。在地で保管される裁許絵図については、虫損や焼失などの理由で欠損してしまい、その写しの作製を願い出た場合、争論当事者のうちで一方が所持する地図（本紙）をもとに「奉行所写之方」にて写しを作製し再び遣わすとされていたという。

b．裁許絵図の事例

　裁許絵図は、今回検討した山論絵図57事例のうち21事例と立会絵図に次いで多くの事例を数えることができた。この21事例は、17世紀前期から18世紀中期までに存在しており、17世紀後期に最も数多く作製されたことがわかる。

　裁許絵図の用紙は、立会絵図と同様、複数の和紙を糊継ぎして作製されている。調査した事例をみると、図幅寸法は最大で山論絵図41の南北255.5×東西239.0センチ（料紙9×6枚）、最小で山論絵図2の南北55.5×東西90.5センチ（料紙2×2枚）となっていた。

　裁許絵図の主な特徴は、裁判機関より下附された判決文を裏書として図の紙背に明記したこと、確定した境界筋を図の該当部分に墨線で明示し、さらにその線に加印したことの2点といえる（図2-7参照）。この裏書は、紙背の中央や右側に位置する判決文のほか、判決文の左側に年月日、年月日の下側に裁判担当者と印判、紙背左下隅の宛所により構成されている。そのうち裁判担当者名

を示した連署は，官途名（片苗字も）と押印からなり，左側の人物を上位としていた。この連署のうち印のない人物は，山論絵図13（図2-7）の「江戸参府ニ付加印無之候」などのように，不在の理由を付箋に記して名の下に付す処置を施している。また，判決文は時代がくだるに従って相対的に長文化する傾向を示す。

　図面上の論所境界筋に墨線を引くことは，ほぼすべての裁許絵図に認められる基本的な表現といえる。また，墨線への捺印は，適当な間隔を空け複数箇所に捺され，ある程度墨線の端や屈曲する部分を選択して施された。そのうち争論や地図表現上重要な部分については，上位の者が捺印する傾向が認められる。この境界への捺印は，在地で裁許絵図の写しを作製する際，そのまま印判を模写することはせず，該当箇所に付箋を施したり，印の形状の白紙を添付するなどの処理を行っており，印判の権威をうかがわせる。

　手交された裁許絵図は，その後多くの場合，複数の写しが作製され，争論に関わる村々が所持して裁許内容を共有し，保管されることとなった。裁許絵図のうち，裏書のみを別紙に写し取り，保管した場合も多数確認される。こうした過程の結果，裁許絵図は，立会絵図とともに様々な程度の写しが多数作製され，現在まで所持され続けることとなった。このように写しも含め同一内容で複数枚の山論絵図は，村の共有文書として村役人の交代毎に公的に継承されたもの，庄屋や年寄などの村役人を代々務めた家筋に私的に保有されてきたものなどの形で在地に存在し，先述したように現在まで伝来するものも確認することができる[32]。

　また，同地域では，安永期にまとまって裁許絵図の写しを作製していたことが確認される[33]。これは，1772（明和9）年2月に江戸の大火事によって評定所などが被害を受け，裁許書や裁許絵図が焼失したことに起因する現象である[34]。火事の被害を受けて，1773（安永2）年6月には，幕府関係機関が手交した裁許書や裁許絵図の写しに本紙を添えて各領主へ提出し，領主はそれらを集めて江戸に届け，寺社奉行月番に通達して指示を受けるとする旨の触が全国的に出されていた[35]。この指示により，翌年にかけて裁許絵図などの写しが在地で作製されたというわけである。そうして提出された写しは，本紙と比較した後に評定所へ納められ，残る本紙をもとに返却したといい，この事実については後日あらためて検討してみたい。なお，このほか1840（天保11）年4月にも同様の触が出されている[36]。

第5節　北摂地域の山論絵図とその展開

　これまでの検討から，現地に残されることとなった山論絵図は，在地で作製された立会絵図と，裁判の管轄機関により手交された裁許絵図が大半を占めるものであり，ほかの形式の山論絵図はかなり少数であることが判明した。以下では，これまでにみてきた北摂山地南麓部の山論絵図が，歴史的にどのように展開してきたのか，摂津国の公事裁判機構の変遷との関係を追いながらみていくこととする。この裁判機構の変遷の画期は，寛文と享保に認められるものであるが，そのことは山

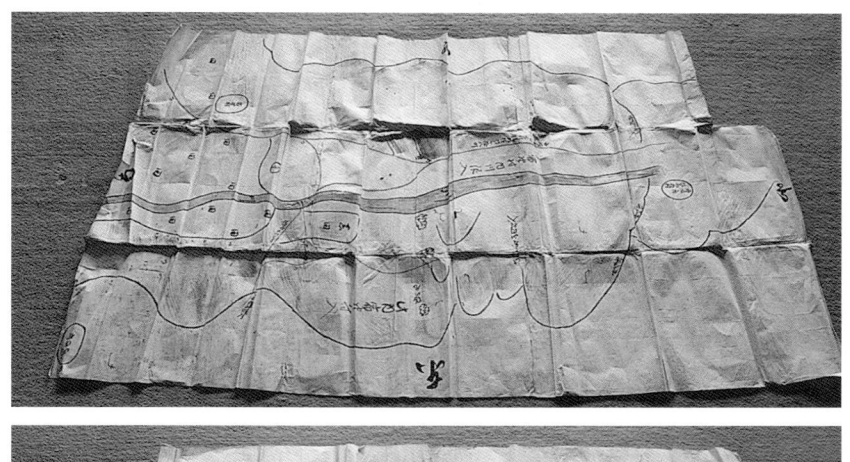

第 2 章　山論絵図の成立と展開　　51

図 2 − 9　慶長 17 年「宿野山山論済口絵図」および裏書（山論絵図 1 ），山内区有（大阪府豊能郡能勢町）文書

論絵図についても認められることであった。

　今回検討した 57 事例の山論絵図のうち，7 割以上の 43 事例は，幕府領が争論当事者のいずれかに関与するものであったことも注目される。これは全体的に地図の作製に至らない山野論の事例数の方が多く占めるなか，幕府領内での山論処理策として地図の作製が積極的に意図されていたことを示唆している。加えて，畿内近国のように支配の錯綜する地域では各種の山論絵図を用いた解決法が模索され，その結果，多種の立会絵図が作製されることとなったといえる。

　特に当節の議論では，測量の実施の有無と山地の地形表現の変化の関係についても注意深くみていくこととしている[37]。先にみた『磁石算根元記』の序文に記されていたように，山地は，正確な地図を作るうえで方位角や勾配といった角度の測量が強く求められていた地域であった。地形として隔たった土地の地図は，容易に見渡せるような平坦な地形の地図と比べて，作製が困難であったのと同時に，測量の有無が地形表現のあり方に如実に現れてくると想定される。山を対象として測

表 2-3 山論絵図における山地地形表現の推移

番号	表題	年	表現
1	宿野山山論済口絵図	1612	仰
2	多田領村々生瀬村山論裁許絵図	1632	仰
3	井林山山論裁許絵図	1653	仰
4	蔵人村鹿塩村船坂村山論裁許絵図	1653	仰
6	ないら野宮廻松林争論裁許絵図	1659	仰
8	波豆村内々絵図	1663	仰
9	波豆・桑原・山田・三輪・高次村山林郡境裁許絵図	1666	仰
	1668（寛文8）より京都町奉行へ移譲		
13	鹿塩村大市庄五ヶ村蔵人村山境争論裁許絵図	1669	平・仰
14	中村黒川村山論和談立会絵図	1673	仰
16	黒川村稲地村山論立会絵図	1678	平・仰
18	勝尾寺高山村立会絵図	1679	平・仰
20	波豆村香下村争論絵図	1680	平・仰
21	波豆村桑原村山田村争論裁許絵図	1682	平・仰
22	小林村生瀬村小松尾山山論裁許絵図	1683	平仰
24	細郷六ヶ村横山村下止々呂美村山論裁許絵図	1688	仰
25	当山絵図（勝尾寺領傍示絵図）	1689頃	平・仰
26	勝尾寺粟生村萱野郷立会絵図	1689	平・仰
29	摂丹国境山論裁許絵図	1699	平・仰
30	寺畑・栄根・満願寺・切畑・小戸村山論裁許絵図	1699	平・仰
31	丹波国桑田郡東加舎村摂津国能勢郡吉野村山論絵図	1702	平・仰
32	波豆村木器村争論裁許絵図	1710	平・仰
33	南田原村・北田原村山論裁許絵図	1721	平・仰
	1722（享保7）より大坂町奉行へ移譲		
34	甲山出入絵図	1725	仰
35	小戸村・火打村山論裁許絵図	1727	仰
37	船坂村社家郷山論裁許絵図	1741	平・仰
38	丹波国桑田郡南広野村摂津国能勢郡宿野村国境山論裁許絵図	1742	平・仰
39	牧之庄六ヶ村新稲村分間立会絵図	1747	平・仰（測量帳）
40	牧之庄六ヶ村新稲村法恩寺松尾山山論裁許絵図	1748	平・仰
41	社家郷・芦屋庄山論裁許絵図	1750	平・仰（測量帳）
47	字本庄裏山山論論所立会絵図	1787	平・仰（測量帳）
48	本庄山山論和談済口絵図	1792	平・仰
50	花折峰出入下絵図	1795	仰
51	川面村安場村生瀬村山論立会絵図	1802	平・仰（測量帳）
55	高山村川尻村上止々呂美村立会絵図	1835-36	平・仰
56	木津村長谷村山境争論絵図	1849	仰
57	名塩村船坂村境界協定絵図	1859	仰

注）本文中の絵図番号は，項目「番号」の数字に対応する。項目「表現」は，絵図の山地表現法を示し，仰は仰見図・平仰は平面図的な仰見図に対応。このうち「平・仰」は，本文中に示した指標にひとつでも該当すれば含めた。関連資料中に測量帳が含まれていたものについては，「（測量帳）」と記した。

量が実施された場合，どのような変化が生じるのであろうか。一般的にみると見栄えの良い地図資料に比べて，特に測量に関わるような文書資料は今日まで残されにくいタイプの資料であるといえることからも，残された地図から測量の痕跡を探し出すことも有効かつ必要な作業と考えられる。以下の議論では，表2-3も併せて参照されたい。

(1) 寛文8年以前

　この時期の山論絵図は，当時の論所裁判の実態を反映し，複数の機関にて作製されるものとなっていた。それらの山論絵図の主な特徴は，以後の山論絵図に比べ，表現が定形化されていない，描写が簡略である，そしてサイズが小型であるということなどが，共通したものとして挙げられる。このことは，論所をめぐる裁判システムが，まだ整備されていないことを示しているといえ，個別に事例毎の特徴をみていかざるを得ない。

　1612（慶長17）年に，片桐且元[38]単独の裁許によって，山論絵図1（図2-9）が作製されている。この裁許絵図は，自然地形や耕地などが墨で線描され，図の表現は簡略であり，図像は境界を示す岩が描写され，境界がこの岩と境界線や文字注記で示されている。境界線は黄色で引かれ，その裏側に片桐且元の花押を据える。図幅の寸法は1.5m四方を超えず小型である。

　1632（寛永9）年の諸国巡察[39]との関連も想定される山論絵図2（口絵1）は，簡略に自然地形や耕地などが墨で線描され，彩色は道の朱のみである。論所は地名や土地利用に関する情報と同じように文字表記で示され，図幅寸法は一辺が1m未満と小型なものとなっている。

　1653（承応2）年作製の山論絵図4・5は，小出吉親と大坂町奉行が連名で裁許し，争論当事者一方の領主である代官が検使として派遣されている。この山論絵図は，立会絵図をそのまま用いて裁許絵図としたものであり，以後の裁許絵図に比べて，未だ定形化されていないことを示している。図の内容をみると，いずれも彩色され，図像として樹木や自然地形物，建造物などが簡略に描写されている。論所境筋は該当部分に線を引き，認証印を捺して文字注記を付す処置が施され，特に山論絵図4は境界筋として黄色の線が引かれており珍しい。このように慶長および承応期に作製された山論絵図1と山論絵図4では，確定した境界を示すために墨の黒色ではなく黄色で線が引かれており，16世紀のなかごろでは墨線に統一されていなかったことが判明する。これらの図幅の寸法は，約1〜1.5m四方と小型なものとなっている。

　この時期に幕府評定所の手交した裁許絵図は，山論絵図6・9の2事例を確認することができる。いずれも老中も捺印しているが，山論絵図6は国郡境における争論ではなく，先述の定義と異なり同郡内でも老中の捺印する事例を確認することができる。両図とも彩色図で，図像として樹木や自然地形，建造物などが簡略に描写されている。そのうち山論絵図9（図2-10）では，論所の表現として文字注記のほか，境界上に墨で線が引かれ，線上に加印されている。裁許内容はそれぞれ裏書され，そして，図幅寸法は約1〜1.5m四方と小型である。ほかに大坂城代の関与した裁許（山論絵図3）も確認される。

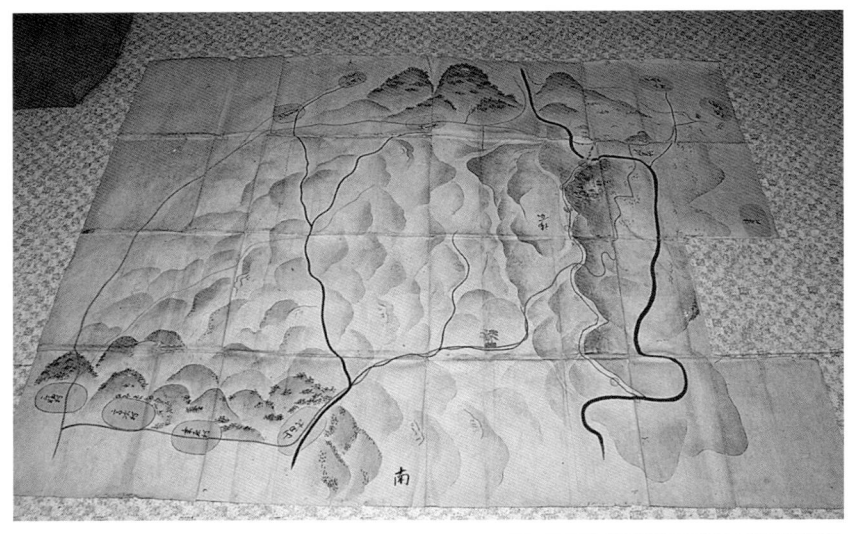

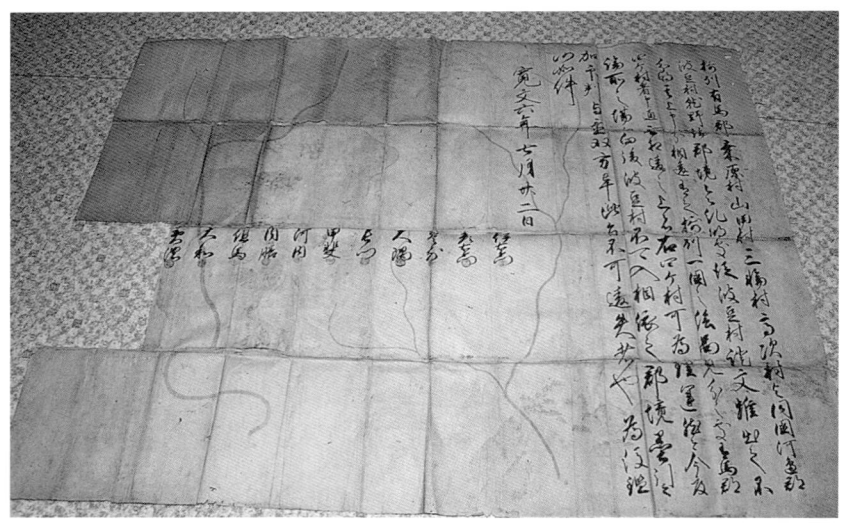

図 2-10　寛文 6 年「波豆・桑原・山田・三輪・高次村山林郡境裁許絵図」および裏書（山論絵図 9），波豆自治会（兵庫県宝塚市）文書

(2)　寛文 8 年以降

　この時期の山論絵図は，京都町奉行の関与を中心に展開していく。1668（寛文 8）年以降，京都町奉行の関わった山論絵図は，立会絵図が 10 事例，裁許絵図が 8 事例となり，最も数多く作製されている。先述のように京都町奉行が，当地域の地方の公事訴訟を主に担当してから，山論絵図の特徴が一変するようになる。京都町奉行の関与した山論絵図は，その表現が，概略的なものから色彩や図像の内容が豊かな地図へと変化していく。それは，地図の形式化，詳細化，美麗化，大型化といった特徴であったといえる。そして，表現される地域も，この時期を境により広い範囲を対象

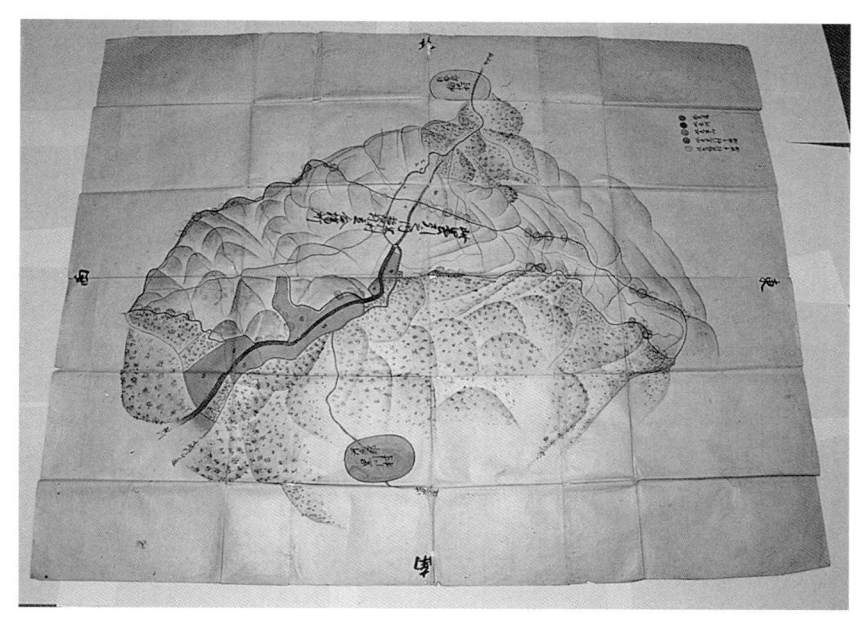

図2-11 延宝6年「黒川村稲地村山論立会絵図」(山論絵図16)，谷家（兵庫県川西市）文書

とするようになっていく。

　立会絵図の事例は，争論の経緯や図の内容から，①17世紀中後期に訴訟の過程で提出されたもの（山論絵図10・20），②17世紀後期のみにみられ，提出した立会絵図を用い裁許されたもの（山論絵図15・18・19・21・26・28），③17世紀後期のみにみられ，提訴後に和談となり作製されたもの（山論絵図14・16）に区別することができた。ただし，②の場合，裁許は京都町奉行のみで，京都所司代の関与は認められない。

　また，裁許絵図の事例として，山論絵図11・13・22・24・29・30・31は，17世紀中期から18世紀初期にかけてのものが存在している。それらは，大番2名と代官（大坂代官の場合も）1名などを検使として派遣したうえで，京都町奉行と京都所司代によって争論当事者へ手交されたものである。

　これら京都町奉行の関与した山論絵図は，すべて彩色図であり，描写される図像も樹木や自然地形物，建物などの人工物や耕地など，いずれも詳細で多岐にわたるものが多い。そのうち裁許絵図については，図面の境界上に墨で線を引いてその線上に加印し，裏書に裁許内容を記す定形化したものとなっている。また，特徴としては図幅寸法の大型化があり，特に立会絵図はその傾向が強い。図幅寸法は約1.5〜2.5m四方と大きく，山論絵図26（図2-5，口絵2）のように一辺が3mを超す地図も存在している。

　また，延宝期以降からは，図に付された色分凡例に従って彩色されるようになる。この延宝期に

は，幕府勘定方による「上方御蔵入地」(幕府領)の巡見に際し，色分凡例などによって多くの事物を明示する一村限りの村絵図の作製が指示されていた[40]。幕府領を対象に実施された延宝検地[41]も含め，その関連は不明であるが，これらの行動が，山論絵図における色分凡例の表記の登場した時期と同一であったことは，その時の指示が以後の地図表現に影響を及ぼしたことを示すようで興味深い。

このほか，代官や大名による山論絵図や，争論当事者間で作製した地図など，京都町奉行の関与しない，もしくはその関与の程度が弱い事例も少数だが存在している。特に裁許絵図については，作製時期が上方八ヶ国「国分け」令の実施直前に位置し興味深い。代官によるものとしては享保以降の事例も含めて山論絵図 12・27・33・48・49 の 5 事例が確認され，例えば山論絵図 33 は，18 世紀前期に大坂代官（鈴木九太夫）へ提出された立会絵図を用いて裁許絵図としたものであった。

また，同藩領間の村々における山論絵図としては，18 世紀初期に藩の役人によって裁許裏書と論所境への墨引加印の施された裁許絵図（山論絵図 32）を確認することができる。これらの山論絵図は，いずれも色分凡例に従って彩色されるほか，図像として樹木が簡略に描写されており，論所境界筋には墨線を引き線上に加印している。そして，図幅の寸法は約 1〜1.3 m 四方と小型なものとなっている[42]。

最後にこの時期に作製された山論絵図について，測量の有無という点からみてみたい。18 世紀に入ってすぐに作られた山論絵図 31 には，凡例の横に「百間三寸割」(2,000 分の 1)と図の縮尺値を記している。つまり，当地域の山論絵図においては，この時期に至ってはじめて測量の実施を示唆する言葉が絵図に登場するようになった。また，山論絵図 33 にも同じ類の言葉が記されているが，それについては次項に記した。

一方，山論絵図を作製するうえで測量が実施されたかどうかを判断するため，特に山地の地形表現の図法にみる変化に注目してみると，上記の事実とは少し異なる結果が導き出されてくる。京都町奉行に権限が委譲する 1668（寛文 8）年以前に作られた山論絵図をみてみると，表 2-3 に示されているように，すべて山地の地形表現が仰ぎみるような仰見図的な図法で描かれていることに気付かされる。これに対して，1668（寛文 8）年以降の山論絵図は，特に公儀の関与の程度が高いものについて，ほぼすべての山論絵図が，山地の地形を部分的にであれ平面図的な投影図法を採用して表現されていたと判断できる（図 2-10 および図 2-11 参照）。加えて，尾根，斜面，谷といった高低差のある地形については，段彩式的に色分けして表現されるようになっている場合が多く，この点も興味深い変化である。こうした山地表現にみられる視点の変化は，測量の実施に起因すると考えている。つまり，少なくとも畿内近国の山論絵図については，京都町奉行に権限が委譲した時から，地図を作るうえで何らかの測量が実施される機会が多くなったと想定される。

(3) 享保 7 年以降

上方八ヶ国の「国分け」令以後，大坂町奉行が，この地域の公事裁判権を管轄するようになったことを受け，大坂町奉行が関与した山論絵図が多くを占めるようになっていく。それらの山論絵図

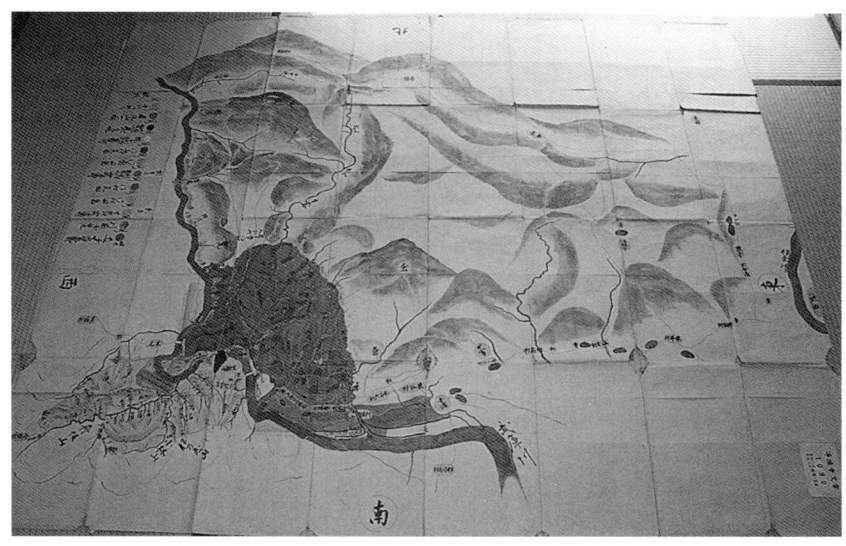

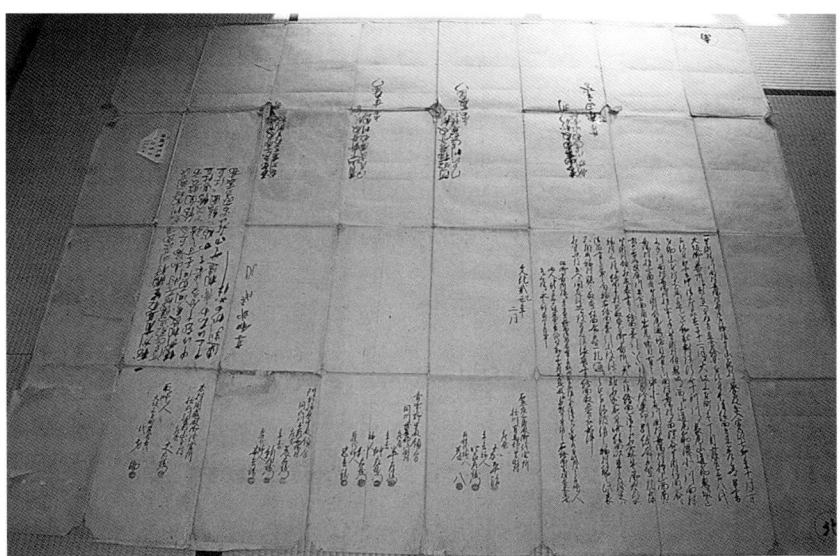

図 2-12　享和 2 年「川面村安場村生瀬村山論立会絵図」および裏書（山論絵図 51），浄橋寺（兵庫県西宮市）文書

の特徴は，基本的には先の京都町奉行に通じたものとなっている。また，裁判を管轄する機関の関与が乏しい山論絵図，特に立会絵図のタイプの山論絵図が登場するようになったのも，この時期の大きな特徴のひとつといえるだろう。

　大坂町奉行の関わった山論絵図のうち，自分絵図が 2 事例（山論絵図 46・50），立会絵図が 11 事例（後で示す），裁許絵図が 4 事例（山論絵図 37・38・40・41）となっており，それらは 1725（享保 10）年から 1835〜6（天保 6〜7）年までに作製されていた。大坂町奉行による山論絵

図の特徴としてまずあげられるのは，立会絵図の多さであろう。この立会絵図は，①訴訟過程で提出され，当事者の裏書を記した地図で後に検使が派遣されたもの（山論絵図39），②提出した立会絵図により裁許したもの（山論絵図34・45），③提出した立会絵図により取扱人を介して和談となったもの（山論絵図42・43・44・47・51・52・54・55）に分類することができる。それぞれの期間は，①が18世紀中期，②が18世紀後期まで，③が18世紀中期から19世紀中期までとなっており，時代が下がるに従って，①から②，②から③へと移行し，かつ増加していくことがわかる。この移行過程は，徐々に直接的な公儀の介入が弱くなっていくことを示すものであった。

また，大坂町奉行の関与した裁許絵図については，18世紀のなかごろに論所へ検使（大番・大坂代官）が派遣された後，大坂町奉行と大坂城代によって裁許が下されて関係者に渡されたものを，3事例（山論絵図37・38・41）確認することができた。それらは，いずれも，裏書に裁許文を記したうえで図面に墨引加印を施した裁許絵図であった。

これら大坂町奉行の関与した山論絵図は，いずれも色分凡例に従って彩色されたものであり，樹木や自然地形，建造物などの図像を描写している。しかし，地図の彩色や図像内容について，先の京都町奉行による事例と比べてみると，詳細さや美麗さなどについて程度が幾分落ちる内容となってしまう。また，図幅の寸法については，やはり約1〜2.5m四方と大型化したものとなっている。

一方，大坂町奉行の関与が乏しい山論絵図も次のようなものが認められる。同じ藩内で作られた山論絵図としては，19世紀中期の立会絵図（山論絵図56，図2-6）を認めることができる。この山論絵図は，同じ大名領の村々の間における山論を，同じ領内の村役人が取扱人となり和談となった事例で，藩の役人による調整が想定されるものである。また，同じように大坂町奉行の関与が乏しいもので，争論の当事者の間で自主的に作製したと想定される立会絵図の事例（山論絵図35・53・57）が，18世紀初期から19世紀中期にかけて若干存在している。これらの地図は，色分凡例に従って彩色され，樹木や建造物が簡略な図像として描かれているほか，図面における論所の境界筋には墨線を引いたり，村役人などの当事者が加印する処置を施しており，余白部分に内済証文が記されている場合もある。そして図幅寸法は，約0.6〜1.2m四方といずれも小型な山論絵図となっている。

最後にこの時期の山論絵図と測量という点からみてみたい。この享保のころからは，明確に地図測量との関連を示す言葉が登場するようになり注目される。それは，特に立会絵図の事例によく認められる。例えば，山論絵図33は，1720（享保5）年6月に争論の当事者である村から立会絵図が提出された後，翌年6月にこの図を用いて大坂代官鈴木九太夫から裁許絵図が関係村へ手交されたものとなっている。この山論絵図33である「南田原村・北田原村山論裁許絵図」をみてみると，立会絵図部分の裏書文のなかには，「町見縄引絵面」と測量を実施して地図を作製した旨が記されていることが確認される。これは，提出した地図の内容を保証する文面として測量をめぐる表現が意識的に採用されていることを窺わせるものであった。

山論絵図を作るうえで測量を行ったことを窺わせるこういった表現は，ほかの立会絵図の裏書に

も認められる。それは，作製した地図の縮尺値を記したもので，山論絵図 39 の「百間五寸」（縮尺 1,200 分の 1），山論絵図 47 の「百間四寸之積」（縮尺 1,500 分の 1），山論絵図 51 の「分間百間壱寸之積」（縮尺 6,000 分の 1，図 2-12）といった表現となっている。こうした裏書の表現のほかに，方位や距離などの測量データを図面のなかに直接書き込んだ山論絵図も認めることができる。それは，山論絵図 48・51・55 の地図であるが，いずれも 18 世紀の末期以降に作られた山論絵図であった。

さらに，18 世紀なかごろになると，山論絵図を作製するために実施した測量のデータを書き残した文書を付帯する事例が確認されるようになる[43]。こうした測量帳が確認される事例は，山論絵図 39・41・47・51 の立会絵図となっており，そこで実施された測量は，方位角と距離の測量を基本とするものであった。特に山論絵図 39 と山論絵図 47 については，詳細にデータを書き留めた測量帳が残されており，それらについては次章以降で検討を試みている。

これらの測量が実施された山論絵図の事例に対して，先に記したような大坂町奉行の関与が乏しく，争論当事者の間で作られた地図をみてみると，測量を実施したことを窺わせるような図面上の地形表現を認めることができず，いずれも仰見図の形式で山地が描かれている。これらの図がいずれも小型であることもふくめ，上記でみた公儀の関与の程度が高い図との対比した表現が認められる点は指摘しておきたい。

第 6 節　小　　結

これまで山論絵図をまず訴訟過程に従って 5 段階に分類し，その形式をもとに摂津国の各事例についての検討を試みた結果，概ねこの定義に一致するものであることが確認された。また，山論絵図の歴史的な展開，つまり山野論の調整方針，山論絵図の形式や描写上の変容は，畿内近国における公事訴訟機構の歴史的な変遷に対応していることもみることができた。それは，京都町奉行の関与した寛文期以降に山論絵図がそれ以前に比べ定形化し，そして近世を通じて山論絵図の主流が裁許絵図から立会絵図へと移行するものであった。

今回調査した現在の北摂地域における山論絵図の具体的な事例は，山野の資源や土地利用をめぐる争論を契機に作製されたものが多く，立会絵図と裁許絵図の形式が中心となっている。その作製時期は寛文―元禄期（17 世紀後期ころ）に集中しており，これは，このころ，延宝検地や元禄国絵図など村域を確定する事業が実施されていたという歴史状況にも起因すると考えられる。その後 18 世紀後期に向け事例数が再び増加し，19 世紀初期以降は減少した。これらの動向は，図 2-3 と図 2-8 を見比べればわかるように，全国の幕府裁許絵図の傾向に共通するものであった。

山野論の調停時に作製された山論絵図の形式は，歴史的に裁許絵図から立会絵図へ推移する流れが認められ，裁許絵図は 18 世紀中期を最後に作製されなくなった。このことは，山野論の質的変化を反映した結果とも考えられる。つまり，争論の本質的な内容をみた場合，山論の主流が，境界

をめぐる争いから土地利用をめぐる争いへと移行したということである。

　在地に残る山論絵図は，争論の最終的な調定結果であった場合が多い。そのため，山論絵図の形式は，山野論の性質に対応したものであるとともに，様々な裁判管轄機関によって時代毎に推奨された調定方針を示すこととなる。そうした意味で，立会絵図が最も多い形式の山論絵図であったことは注目される。京都町奉行の管轄した17世紀後期は，立会絵図の段階で裁許とした事例が多く，その後の大坂町奉行の管轄した18世紀後期以降になると，立会絵図を以って取扱人を介し和談となる事例が増加していく。また，18世紀以降は自主的に当事者間のみで作製した立会絵図も確認され，公儀権力の主導しない山野争論の解決策が図られるようになっており，立会絵図の示す調停方針の変遷は非常に興味深い。

　検討した事例は京都町奉行が担当しはじめた寛文期ころより統一した形式を示すものが増え，図の表現が美麗化し内容も詳細化する。この時期以降に作製された裁許絵図は図面の論所境界筋に墨線を引いて加印し，紙背に裏書を記す形に固定され，先述した幕府司法法典関係資料の示す形式に共通するようになる。このことは，寛文期ころまでに山野争論に関わる山論絵図の作製が，法の整備とともに制度化されたことを窺わせる。これ以降，京都および大坂町奉行の関与した山論絵図は大型となる事例が多く，特に立会絵図はその傾向が強い。これに対して，代官もしくは大名が扱った裁許絵図の事例は，相対的に小型の地図となっていた。

　享保期以降，大坂町奉行の関与する山論絵図の特徴として，裁許絵図の減少と立会絵図による取扱人を介した和談の増加を先に挙げた。これらは山論の質的変化とともに，幕府財政の困窮状態の解消を目的とした経費削減に関連するとも想定される。つまり，摂津国の公事訴訟の権限を京都町奉行から近在の大坂町奉行へ移譲したことや，立会絵図の段階での和談の促進は，裁判過程の短縮や行政事務の簡素化による負担の軽減を試みた結果といえ[44]，それは増加する公事訴訟の円滑な処理を目的に，内済を制度化させ山野論の解決を在地に委ねることでもあった。また，この時期は財源確保を目的とした年貢増徴も図られており，裁判期間の短縮は山野の用益停止による農業生産への悪影響を減じ，和談による解決は高外地などの新田開発に必要な山野資源（肥料など）の確保を可能な限り多くの村々に保証する目的として，立会絵図の段階において採用されたことも想定される[45]。こうした逼迫する状況は，できるだけ短期間に，しかも容易に地図を作ることを求めることにつながると考えられ，こうした点からも簡便で手早い測量法と評価された「廻り検地」の導入を予想することができる。

　では最後に測量との関係からまとめてみたい。山論絵図は，本書で課題としたように，通史的に村絵図をみるうえで有効な資料であることがわかった。それは，論所裁判をめぐる公事訴訟制度が，近世初期以来，規定された一定の枠組みのなかで運用されてきたと考えられるからである。その結果，山論絵図における地図測量技術の導入時期をみるうえで，一定の基準を背景として作られたであろう山論絵図を検証していくことは，その技術の導入による変化を目立たせることになると考えられる。このこと自体，測量という行為の政治性の高さを示すものであるが，山論絵図は，その性質上，数多い村絵図のなかでもやはり厳密な地図作製が求められるものであったことを裏付け

第 2 章 山論絵図の成立と展開

ている。

　当地域の山論絵図をみると，特に公儀の関与が高い事例については，寛文期より測量を実施して作製されたと考えられる事例が確認されるようになる。これは，山論絵図に描かれた山地地形の表現から判断したものであった。寛文以降における山論絵図の山地表現は，多くの近世の地図にみられるような仰見図としての表現ではなく，平面図的な投影図法に加え，尾根や谷筋を段彩式的に色分けしたものが主流を占めるようになった。このような特徴をもつ山論絵図は，作製の段階で論山の周囲や境界筋において何らかの測量を実施していたと考えている。細井広沢（知慎）による1717（享保 2）年の『秘伝地域図法大全書』付録の「地域図法口伝切紙三十三條」[46]には，次のような段彩式的表現を窺わせる興味深い記述がある。

　　一、彩色ハ古法ニシタカウ、但シ主人ノ物スキニヨルヘシ、分明ナルヲ以ヨシトス、又地ノ高下
　　　ヲ彩色ニテ見スル法アリ、極秘也

　この記述によると，地図の彩色の仕方は古法があり，さらに土地の高低を彩色で表現する方法も，口伝の類であるが存在していたという。従来からの指摘では，秦檍丸（村上島之允）による1789（寛政元）年の「安房国図付安房地名考」が，平面図的に山地をはじめてとらえた図であると位置付けているが[47]，これまでの検討からこの評価は再考する必要があるといえよう。

　この山地の地形表現の変化は，京都町奉行に権限を委譲し，論所をめぐる裁判システムが強化された時期に一致していた。と同時にその時期が全国的にみて裁許絵図の数が爆発的に増加した時期に重なるのは注目される。というのは，「廻り検地」が手早く作業を執り行える測量法であると評価されていたからである。これまでみてきたように山論絵図の山地表現に現れた変化から判断して，山論絵図を作製するうえで測量を実施するようになったのは，摂津国の場合，1670年ころからであったことが本章の検討であきらかになった。しかし，明確にことばとして山論絵図に測量の実施を窺わせる表現が登場するのは1700年代初期からであったし，「廻り検地」の実施が確実に確認される山論絵図は1700年代なかごろに至るまで待たなければならなかった。

注

1) ①川村博忠『近世絵図と測量術』古今書院，1992，36-54頁。②金田章裕「絵図・地図と歴史学」（『岩波講座 日本通史 別巻 3 史料論』岩波書店，1995）307-326頁（のち③金田章裕『古代荘園図と景観』東京大学出版会，1998，314-333頁）。
2) ①小山靖憲『中世村落と荘園絵図』東京大学出版会，1987，232-254頁。②南出眞助「古代荘園図と中世荘園絵図」（金田章裕・石上英一・鎌田元一・栄原永遠男編『日本古代荘園図』東京大学出版会，1996）151-170頁。③黒田日出男『中世荘園絵図の解釈学』東京大学出版会，2000，3-43頁。
3) 吉田敏弘の提起した荘園絵図分類のうち，絵図の作成契機に従い「支配系絵図」と対比して「相論系絵図」と位置付けた枠組みに注目する。そのなかで，「相論系絵図」を作成の主体や相論の段階に応じて，「訴陳絵図」「実検絵図」「裁許・和与絵図」と三段階に分類している。①吉田敏弘「荘園絵図の分類をめぐって」（『企画展示 荘園絵図とその世界』国立歴史博物館，1993）105-111頁。②吉田敏弘「荘園絵図の空間表現とその諸類型」（国立歴史民俗博物館編『描かれた荘園の世界』新人物往来社，1995）49-77頁。

4) 錦昭江「領域型荘園の推移と相論絵図の成立」『日本歴史』578，1996，18-36頁。
5) 大国正美「近世境界争論における絵図と絵師―地域社会の慣行秩序の展開にみる権力と民衆―」(朝尾直弘教授退官記念会編『日本社会の史的構造 近世・近代』思文閣出版，1995) 53-76頁。
6) ①高木昭作「「惣無事」令について」『歴史学研究』547，1985，3-13頁（のち②高木昭作『日本近世国家史の研究』岩波書店，1990，33-60頁）。③藤木久志『豊臣平和令と戦国社会』東京大学出版会，1985，267＋8頁。④丹羽邦男「近世における山野河海の所有・支配と明治の変革」(『日本の社会史 第2巻 境界領域と交通』岩波書店，1987) 173-213頁。⑤藤木久志『村と領主の戦国世界』東京大学出版会，1997，103-130頁。
7) 以後，公事訴訟の過程については以下を参照した。①小早川欣吾『増補近世民事訴訟制度の研究』名著普及会，1988，768＋25頁。②日本歴史学会編『概説古文書学 近世編』吉川弘文館，1989，349＋6頁。
8) ①『舊幕裁許繪圖目録』上・中・下，1876（明治9）年，国立国会図書館所蔵（『旧幕府引継書　マイクロフィルム版』日本マイクロ写真株式会社，1971）リール番号293。②『舊幕府裁許圖目録　舊幕府書類目録』1903（明治36）年写，京都大学文学部所蔵（国史／あ／1・あ／1／22）。
9) 山本英二「論所裁許の数量的考察」『徳川林政史研究所研究紀要』27，1993，159-191頁。
10) 安岡重明「近畿における封建支配の性格―非領国に関する覚書―」『ヒストリア』22，1958，19-40頁。
11) 藪田貫「『摂河支配国』論―日本近世における地域と構成―」(脇田修編著『近世大坂地域の史的分析』御茶の水書房，1980) 13-59頁。
12) ①高木昭作「幕藩初期の国奉行制について」『歴史学研究』431，1976，15-29・62頁（のち前掲注6）②61-106頁）。
13) ①岩城卓二「大坂町奉行所支配と畿内期近国地域社会についての覚書」『史泉』78，1993，30-43頁。②村田路人「畿内近国支配論について」『日本史研究』428，1998，98-103頁。
14) ①朝尾直弘『近世封建社会の基礎構造―畿内における幕藩体制―』御茶の水書房，1967，303-354頁。②神保文夫「近世私法における「大坂法」の意義について―大坂町奉行所の民事裁判管轄に関する一考察―」(平松義郎博士追悼論文集編集委員会編『法と刑罰の歴史的考察―平松義郎博士追悼論文集―』名古屋大学出版会，1987) 311-337頁。③白川部達夫「大坂町奉行の成立についての二・三の問題」『日本歴史』481，1988，47-62頁。④藤田恒春「近世前期上方支配の構造」『日本史研究』379，1994，86-110頁。⑤藤井譲治「京都町奉行の成立過程」(京都町触研究会編『京都町触の研究』岩波書店，1996) 135-157頁。⑥村田路人「享保の国分けと京都・大坂町奉行の代官支配」(大阪大学文学部日本史研究室編『近世近代の地域と権力』清文堂出版，1998) 325-341頁。⑦曽根勇二『人物叢書　片桐且元』吉川弘文館，2001，285頁。前掲注11)。前掲12) ①。
15) ①藤田達生『日本中・近世移行期の地域構造』校倉書房，2000，206-245頁。前掲11)。前掲注12) ①。前掲14) ④，⑦。
16) 前掲注14) ③。
17) 前掲注11)。
18) 前掲注11)。前掲14) ①。
19) 前掲注14) ⑤。
20) 大阪市史編纂所編『大阪市史史料第四十一輯　大坂町奉行所旧記（上）』大阪市史史料調査会，1994，21-25頁。
21) 前掲注14) ②。
22) 前掲注14) ⑥。
23) この定義は，1818-1830（文政年間）編纂の『百箇条調書』を基本とした。また，特に京都・大坂町奉行に関しては，『京都御役所向大概覚書』(1717（享保2）年ころ）および『大坂町奉行所旧記』(1808（文化5）年ころ）を参考とした。①布施弥平治編『百箇條調書　第一巻　内々上下／巻一～巻四』新生社，1966，359頁。②布施弥平治編『百箇條調書　第三巻　巻十一～巻十六』新生社，1966，755-1141頁。③岩生成一監修『京都御役所向大概覚書　上巻』清文堂，1973，551頁。④岩生成一監修『京都御役所向大概覚書　下巻』清文堂，1973，426＋58頁。⑤大阪市史編纂所編『大阪市史史料第四十二輯　大坂町奉行所旧記（下）』大阪市史史料調査会，1994，150頁。⑥野高宏之「大坂町奉行所の当番所と当番与力」『大阪の歴史』46，1995，23-62頁。前掲注20)，149頁。
24) 前掲注23) ① 46頁。
25) 立会絵図については以下を参照。①高柳眞三・石井良介編『御触書天明集成』岩波書店，1936，912-913頁。②『御当代式目』1736-41（元文年間）（茎田佳寿子『江戸幕府法の研究』巌南堂書店，1980) 516-517頁。③

『京都町奉行所書札覚書』1670（寛文10）年以降（京都町触研究会編『京都町触集成　別巻一』岩波書店，1988）20頁。前掲注23）①45-47・160-165頁。
26）ちなみに，表2-1に示される立会絵図の作製時期は，基本的に裏書や端書に表記された年月日を採用している。この年月日は立会絵図を管轄機関に提出した，もしくは当事者間で内済が成立した時期に相当し，正確にいうと図の作製を終了した時期と相違することとなる。これは他の形式の山論絵図についても同じである。
27）論所見分伺書絵図については以下を参照。①司法省蔵版石井良助校訂『徳川禁令考 後集第一』創文社，1959，349-355頁。②『享保厳令録』1741（寛保元）年まで（茎田佳寿子『江戸幕府法の研究』巌南堂書店，1980）441-442頁。③『秘法政用集 巻下』1741-1744（寛保年間）年，幕末期筆写（茎田佳寿子『江戸幕府法の研究』巌南堂書店，1980）575頁。④『京都役方覚書』1694（元禄7）年ころ（京都町触研究会編『京都町触集成　別巻一』岩波書店，1988）218-220頁。前掲注23）①45-46頁，②1083-1141頁，③26-29頁。前掲注25）②516頁，③16-18頁。
28）前掲注14）⑥。
29）『新訂寛政重修諸家譜　第八』続群書類従完成会，1965，235頁。
30）詰絵図については以下を参照。前掲注23）①46-47頁。
31）裁許絵図については以下を参照。①『公裁録』「吟味物取捌方等之部」1804-1830（文化文政年間）（水利科学研究所監修『近世農林政史料集一　公裁録』地人書館，1963）35頁。なお，「裁許絵図」については杉本史子が以下の論考のなかで，裁判方式の分析から詳細な検討を行っている。②杉本史子「「裁許」と近世社会―口頭・文字・絵図」（黒田日出男，メアリ・エリザベス・ベリ，杉本史子編『地図と絵図の政治文化史』東京大学出版会，2001）185-230頁。前掲注23）①4・6-47・255頁，②1083-1141頁。前掲注27）①257-259頁。
32）冨善一敏『東京大学日本史学研究叢書4 近世中後期の地域社会と市政』東京大学日本史学研究室，1996，321頁。
33）①下止々呂美地区（箕面市）共有文書「元禄元年下止々呂美村細郷六ヶ村裁許絵図」1773（安永2）年11月，下止々呂美地区所蔵。②船坂部落（西宮市）有文書「寛保元年船坂村社家郷山論裁許絵図」1773（安永2）年10月，山口町徳風会所蔵など。
34）①黒板勝美・國史大系編修会編『新訂増補國史大系 徳川実紀　第十編』吉川弘文館，1976，381-382頁。②下止々呂美地区共有文書「覚」1774（安永3）年4月16日，下止々呂美地区所蔵など。
35）前掲注25）①952-953頁。
36）①石井良助・服藤弘司『幕末御触書集成　第五巻』岩波書店，1994，480-481頁。②杉本史子『領域支配の展開と近世』山川出版社，1999，149頁。
37）木全敬蔵「江戸時代地図の山地表現法」『地図』32(2)，1994，1-6頁。
38）①曽根勇二「「豊臣体制」の解体をめぐって―片桐且元を中心として―」『地方史研究』33(1)，1983，22-33頁。前掲注14）⑦，285頁。
39）①塚本学「諸国山川掟について」『人文科学論集』13，1979，11-24頁，のち②塚本学『小さな歴史と大きな歴史』吉川弘文館，1993，186-213頁。③大舘右喜「江戸幕府の諸国・御料巡見使について」『徳川林政史研究所研究紀要』昭和48年度，1974，219-236頁。
40）①川西市史編集専門委員会編『川西市史　第二巻』川西市，1976，158-181頁。②川西市史編集専門委員会編『川西市史　第七巻 文化遺産編』川西市，1977，262-328頁。
41）1677（延宝5）年の摂州御検地御改條目には「検地者，百姓進退極所に候間，別而可入念，先其村之田畑上中下有所・野山・林・池・川・堤等絵図いたさせ取之，其上委細令見分，大概を極，強弱無之様ニ可致地詰事」とあり，検地に先立って村の土地利用に関する地図の作製が指示されている。宮川満『太閤検地論　第Ⅲ部』御茶の水書房，1963，331-334頁。
42）この時期やそれ以前にも，大坂町奉行の関与を示す事例が若干数認められる。ただし資料の不足から，論所裁判として大坂町奉行が関わっていたのかは不明である。争論の展開によって，以後京都町奉行などへ担当が移行した可能性の有無を示し得ず，その位置付けが困難なため，今回は検討から省いた。
43）①鳴海邦匡「近世山論絵図と廻り検地法―北摂山地南麓における事例を中心に―」『人文地理』51(6)，1999，19-40頁（本書，第3章）。②鳴海邦匡「「復元」された測量と近世山論絵図―北摂山地南麓地域を事例として―」『史林』85(5)，2002，35-76頁（本書，第4章）。③芦屋市史編纂委員会編『新修芦屋市史　資料編2』芦屋市，1986，315-323頁。④川面村共有文書（中野文書）「山論間数扣」1797（寛政9）年，関西学院大学所蔵。⑤川面村共有文書（中野家文書）「中山寺村川面村米谷村安場村領境尾谷より東道筋間数之扣」欠年，関西

学院大学所蔵。

44) ①曾根ひろみ「享保期の訴訟裁判権と訴―享保期の公儀―」（松本四郎・山田忠雄編『講座日本近世史4 元禄・享保期の政治と社会』有斐閣，1980）263-300頁。②大石学「享保期幕政改革と幕領支配」（歴史学研究会編『歴史学研究別冊特集 1981年度歴史学研究大会報告』青木書店，1981）88-97頁。③曾根ひろみ「享保期の公事訴訟と法支配」（歴史学研究会編『歴史学研究別冊特集 1981年度歴史学研究大会報告』青木書店，1981）109-118頁。

45) ①大石慎三郎『享保改革の経済政策 増補版』御茶の水書房，1975，357頁。②大石学『享保改革の地域政策』吉川弘文館，1996，77-459頁。

46) 細井広沢（知慎）『秘伝地域図法大全書』1717（享保2）年，九州大学附属図書館所蔵。

47) 海野一隆「54 安房国図付安房地名考」（中村拓監修『日本古地図大成』講談社，1972）67-68頁。前掲注37），2頁。

第3章 山論絵図と「廻り検地」

第1節 はじめに

　本章では，近世中期，畿内の山麓地域において発生した山論で作製された地図を対象に，主にその測量法について検討を試みている。それは，前章まで検討してきた山論絵図の事例をもとに，「廻り検地」という測量法の具体的な作業内容を復元することを目的としたからである。

　このような地図が作製される契機となった山論は，17世紀後半以降に数多く発生するようになった。それらの争論は，土地の利用や開発が近世中期以降から進展していった状況に応じたものであり，それに応じて土地の支配や利用に関わる地図の作製にとってもあらたな技術の展開が必要とされるようになったと想定される。こうした山論の増加にともなって，このころ，前章で検討したように裁許絵図の数量は爆発的な増加をみせていく。つまり，数多くの論所絵図を生産しなければならない状況に幕藩体制側は直面していたということがいえ，早急に地図を作るシステムや手法を整える必要が生じていた。このような点からも，簡便な地図作製技術と評価されていた「廻り検地」の有用性が窺い知れる。

　このような地図作製に関わる技術には，主要なものとして測量技術と作図技術とに大きくは区分することができるが，本章では基本的に前者の検討を試みている。それは，対象とする資料の制約にもよるが，地図の作製過程において，測量技術は基本作業のひとつであり，作製される地図の表現を大きく規定すると考えられるからである。これまで検討してきた「廻り検地」という測量法の特徴のひとつは，直接平板に図を書き込んでいく量盤術と異なって，現地で計測した測量データをフィールドノートに記録していくことであった。このことは，測量帳が存在すれば，そこに記された測量データを検討することで，「廻り検地」が行われたかどうかを確実に判断することができるということを意味する。

　本書では，測量技術の内容を明らかにする重要な資料として測量帳の有効性を高く評価している。しかし，前章でみてきたように，北摂地域の山論絵図を通史的にみた場合，測量が実施されたと想定される地図は多く挙げられるものの，実際に測量帳を付帯した事例というものは乏しく，そうした事例を見つけることは難しいというのも実情である。そうした状況のなか，本章で検討する山論絵図は，幸運にも測量帳も残されてきた事例であり，北摂地域の山論絵図として測量帳を付帯する最も古い地図となっている。この山論は，18世紀のなかごろ，摂津国豊島郡における法恩寺

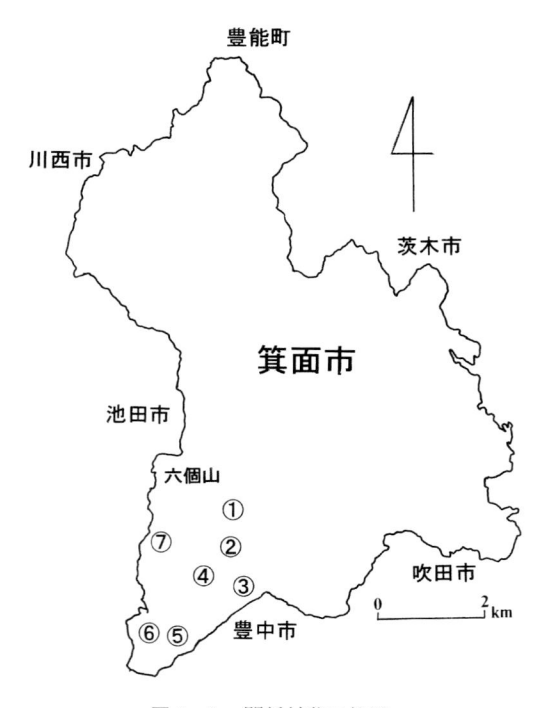

図 3-1　関係村落の位置
注）各番号は表 3-1 による。

松尾山という入会山の利用をめぐって争われたものであるが，測量データを記録した 2 冊の帳簿も残されていた[1]。本章ではこのデータを中心に議論を進めている。

第 2 節　山論の経緯

今回検討する地図が作製された山論の発生した以前の状況について簡単に触れておく。論所地となった法恩寺松尾山（大阪府箕面市箕面・新稲北部六個山周辺）は，1678（延宝 6）年 3 月 13 日に，尼崎藩主青山氏担当のもと，小物成地として検地，いわゆる延宝検地が実施され，代官支配地に編入された地域であった。その検地帳[2]には次のように記載されている。

一、芝山　五百七拾間六拾間　拾壱町四反歩
　　　　此御年貢定米九石壱升
　　　　　法恩寺松尾山
　　　　但平尾村西小路村落村桜村
　　　　　　半丁村瀬川村立会

表 3 - 1 関係村落名および領主支配

村　落　名	支　　配
① 平尾村（牧之庄六ヶ村）	旗本青木氏知行
② 西小路村（同上）	同　　上
③ （牧）落村（同上）	同　　上
④ 桜村（同上）	上総飯野藩保科氏領・同上
⑤ 半町村（同上）	武蔵岡部藩安部氏領
⑥ 瀬川村（同上）	武蔵忍藩阿部氏領
⑦ 新稲村	武蔵忍藩阿部氏領

　これより法恩寺松尾山は，当時摂津国豊島郡のうち，牧之庄六ヶ村と呼ばれていた平尾・西小路・（牧）落・桜・半町・瀬川村（箕面市箕面・西小路・牧落・桜・半町・瀬川地区）（図 3 - 1 および表 3 - 1 参照）が利用する入会山で，「芝山」と地目が設定されていたことが認められる。この延宝検地における山の面積は，耕地で通常実施される検地法，十字法とよばれる縦横の長さを見込みで設定し，それを計算して求められるものであったとされる。法恩寺松尾山についてみると，検地帳に記された対象となる範囲は，1 間＝約 1.818 m と設定した場合，東西 570 間で約 1,036 m，南北 60 間で約 109 m となっており，この値は後述するように論所地と比べかなり小さい規模であったことがわかる。特に南北についてが著しい。

　この過小に面積が評価された山の規模は，1677（延宝 5）年の「摂州御検地御改條目」において，検地における山野や小物成所の扱いについては基本的に検地を実施すると規定されているが，検地が困難な場合厳密に要求しないとも付記されていることと関係があると考えられる[3]。つまり，これに先立って実施された太閤検地では，山野の取り扱いについて，例えば 1594（文禄 3）年の「御検地御掟条々（天王寺検地条目）」においては村からの指出を検討したうえで，年貢高を決定するとされたように，こうした検地を実施するうえで困難な地域の検地については，村の自己申告による部分が大きかったようである。また，検地に使用される間竿の長さは，2 間（1 間を 6 尺 1 分と設定）と規定され，300 歩を以って 1 反としたことが認められる。

　この山を論所として，延宝の検地から約 70 年後の延享年間に山論が発生し，山論絵図が作製されることとなった。法恩寺松尾山において，牧之庄六ヶ村と摂津国豊島郡の新稲村（箕面市新稲地区）との間で論所地の所属，採草地の入会権や林地の帰属をめぐって争論となり，1746（延享 3）年 7 月 19 日に大坂町奉行に出訴し，立会絵図を作製して提出することになった[4]。この年の 12 月には，「万治二年御裁許絵図」[5] や検地帳などの 8 種 13 品，さらに翌 1747（延享 4）年 3 月にも山林関係証文などの 6 種 13 品を新稲村より証拠資料として提出していた[6]。

　その後，1747（延享 4）年 5 月に論所地の測量を実施し，それらのデータをもとにして牧之庄六ヶ村と新稲村の双方によって立会絵図（表 3 - 2 参照）が作製され，そして，7 月 8 日付けで図を提出した。しかし，双方の主張が一致しなかったため，手代検使が現地へ派遣されることになった

表 3 - 2　法恩寺松尾山山論絵図作製に関わる資料

資　料　名	作　製　年　代	法　量　・　形　状	所蔵
山論分間合帳 控	1747（延享 4）年 5 月 27 日以降	39.5×11.8 cm, 22 丁	①
山絵図分間合帳 扣	1747 年 6 月	34.5×12.0 cm, 18 丁	①
〔牧之庄六ヶ村新稲村分間立会絵図〕	1747 年 7 月 8 日（提出）	縦横 243.5×230.5 cm（6×8＝48 枚の料紙より作製）	①
		縦横 242.5×233.5 cm（同上），一部破損有り	②
〔牧之庄六ヶ村新稲村法恩寺松尾山山論裁許絵図〕	1748（寛延元）年閏 10 月（裁許）	縦横 211.0×219.0 cm（7×5＝35 枚の料紙より作製）	①
		縦横 212.0×218.5 cm（同上）	②

注）所蔵の内，①は箕面市有文書，②は吉田家文書（16 - 8・10 - 15）を示す。〔資料名〕は仮題。
　　ただし裁許絵図については，ほかに写しも存在する〔稲治家（新稲地区）文書 10 - 3・西小路地区共有文書〕。

という[7]。また，この年 7 月 29 日付けで，牧之庄六ヶ村から検地帳や「万治二年御裁許絵図」などの証拠資料 11 種 26 品の写しが，目録[8]とともに派遣された手代検使に提出されていることが確認される。

そして，翌年の 1748（寛延元）年閏 10 月に，大坂町奉行の小浜周防守隆品と同じく大坂町奉行の久松筑後守定郷によって，裁許絵図が下され裁定されることとなった。裏書に記された文面の要点は以下に記した通りである。

① 論所地は牧之庄六ヶ村が主張した通り，延宝の検地帳に小物成山として記載される法恩寺松尾山であることが確定された。ちなみに，この山の大きさについては，東西 570 間横 60 間と記しているが，この値は，延宝検地に記される東西南北の距離に一致していることから，地図の描写対象となった論所地は，検地の範囲と同一であったことがわかる。
② ただし，その利用については，新稲村へ採草権の一部[9]を付与するのに加えて，山内の一部に存する林地[10]についても新稲村の支配を認めることとした。その一方，論所内に存在していた新稲村による田畑は取り潰すことになった。

上記のように裁許結果は，牧之庄六ヶ村の主張を基本的に採用するものであったが，この争論は牧之庄六ヶ村の怠慢により生じたとの理由から，新稲村の主張も一部容認し，新稲村の利用を部分的に許可することとなった。

第 3 節　地図と測量帳

山論絵図は，前章で提示した分類の枠組みのように，地図の作製過程，つまり争論の訴訟手続き

の進展に従って分類することができる。それは，①提訴の段階で添付される証拠絵図，②争論の関係者によって作製される「立会絵図」，③検使による論所見分時に作製される「論所見分伺書絵図」，④裁判機関において立会絵図や論所見分伺書絵図をもとに評議する「詰絵図」，⑤裁判担当者より裁許の際に下される「裁許絵図」という分類枠であった。

　そのうち，今回検討する地図は，立会絵図と裁許絵図の形式の山論絵図に相当している。また，地図作製のためのデータを記録した帳簿類も付随していることが特色であり，それをもとに当時の測量技術の復元を試みることが可能となっている。また，これらの資料は，先にみた1751（寛延4）年と1752（宝暦2）年のいずれの目録にも記載されていることが確認される。このことは，村が争論以後も保持し続けていく重要な資料として，地図とともにその測量データそのものも評価していたことを示している[11]。また，作製された地図に限ってみてみると，それは近代の行政目録にまで資料名が記載されていることを確認することができ，これらの資料の重要さを表している[12]。

⑴　帳簿類の検討
　ａ．「山論分間合帳　控」
　「山論分間合帳　控」（以下Ａ帳）は，山論の際，論所の測量結果を記載した野帳（測量帳）のうち，牧之庄六ヶ村側が所持してきた控えと考えられる資料である。表紙には付箋で「を」と示されている。その形態は横帳で，紙こよりで綴じられ，折り目は手前側となっている。記載形式は，上段に1から200番までの番号が記される行列配列[13]の形をとる（図3-2参照）。

　この測量データの記録は，1747（延享4）年5月27日からはじまる。まず，記載内容を検討してみるため，1番と2番の記述について以下に抜き出してみた。ほかの番号については，表3-3および図3-7を参照されたい。

　　　　　五月廿七日
一、壱番　　服部山角　　丑八ら未七へ
　　　　　　　　　　　弐間半
　　　壱間上壱寸十二歩かうばい
　　　外溝ら高サ四尺七寸五分
　　　溝幅弐尺
一、弐番　　　　　　未七ら申九へ
　　外溝高サ壱尺五寸　　十六間半
　　　　内拾弐間半目ニ服部山尾先
　四間半かうばい弐寸五分

　次はこの測量帳の内容についてみてみたい。記録されたデータのうち，最も基本的なものといえるのは，番号毎の下段に記載される方位角と距離のデータである。これまで検討してきたように，

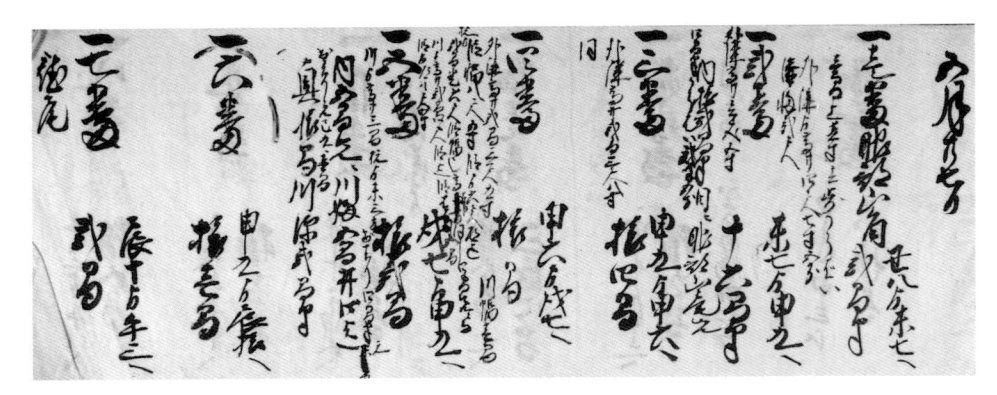

図3-2　延享4年「山論分間合帳　控」より1丁表，箕面市有文書

　こうして測量地点毎に方位角と距離を順次測りすすんでいく測量作業は，まさに「廻り検地」にみられる測量の方法に一致する。記載された方位角は，例えば「丑八」と干支の一支を10等分した値で示されており，つまり360°方位を3°で分割される単位で計測していたことがわかる。また，番号間の距離については，間数で表記しており，端数は「半」，つまり0.5間（0.909 m）まで示され，最大値は60間となっている。A帳には日付の記載があり，1番に5月27日，22番に28日，64番に29日，104番に晦日となっている。それを参考にして番号間の距離をみてみると，1番から21番までが336.5間（611.757 m），22番から63番までが493間（896.274 m），64番から103番までが672間（1,221.696 m）となっている。隣接する番号間の位置関係についての詳細は次章に譲るが，例えば1番と2番では，1番に位置する測量地点から申九の方角に16間半（29.997 m）進んだ地点に2番の地点が位置するというようになっている。これから測量開始地点として，1番以前に，「0」番が位置していたことを推測することができる。

　方位角と距離が基本的なデータとなるが，それ以外にも以下のようなデータが記されている。例えば番号によっては，地名や周囲の状況を付記していることが認められる。記載される地名[14]の多くは，論所地の周縁部に確認することができる地名となっており[15]，周囲の状況については，田・道・溜め池・溝・段などの目印となるような人造物，谷・川・瀧・岩・原・峯・尾などの自然物が，それぞれの大きさや位置とともに記載されている。また，野帳の記述により番号毎に杭を設置していることも確認される。

　また，特に山間地域においては，距離の記載に続いて，測量ルートの傾斜を示したと考えられる記載が認められるのも興味深い。それは，25ヶ所に「登り（上り）」，5ヶ所に「少シ登り」，1ヶ所に「大下り」，22ヶ所に「下り」というふうに記載されている。また，間縄に対応した「縄」という言葉を用いた表現も確認される。それは，77番の「初之縄仕廻角　七十七番　右弐番縄ノ初」，135番の「此所二番縄仕廻　同三番縄初メ」，174番の「三番縄留四番縄初」という内容となっている。この「縄」という言葉は，次章でも若干検討を行っているが，おそらく測量行為そのものを表現したものと考えられる。

第3章 山論絵図と「廻り検地」

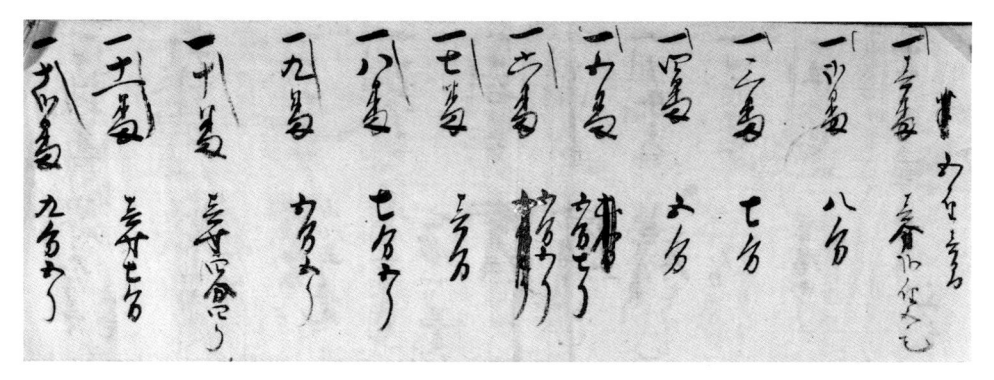

図3-3 延享4年「山絵図分間合帳　扣」より1丁表，箕面市有文書

b．「山絵図分間合帳　扣」

「山絵図分間合帳　扣」（以下B帳）は，立会絵図を作製するにあたって，A帳に記載される各距離の縮尺値を記した帳簿であり，その牧之庄六ヶ村側が所持する控えであると考えられる。年紀については，1747（延享4）年6月と表記されている。表紙に認められる記号は，「わ」と記載されるうえを「り」と記す付箋で訂正している。帳簿の形態は，横帳であり，また，紙こよりにて綴じられている。

記載の形式は，A帳と同様であり，番号毎の行列配列となっている（図3-3参照）。番号は1番から246番，続いて199番から227番までが重複して記されている。それに加えて，各丁表の頭には，「一」から「十二」，「東十三」から「東十五」，「六十」と記されるのが確認される。この番号と丁数の対応関係は，「一」から「十二」の丁紙には1番から210番，「東十三」から「東十五」の丁紙には211番から246番，「六十」の丁紙以降は二度目の199番から227番となっている。A帳には記載が認められない200番以降から，丁数の記載も変化しており，その対応関係が想定される。

記載内容を検討するにあたって，まずは1番から5番までを抜き出してみることとした。

　　　　　　　五厘壱間
一、壱番　　　壱分弐厘五毛
一、弐番　　　八分
一、三番　　　七分
一、四番　　　五分
一、五番　　　六分
　　　　　　　五分七リ

まず，巻頭には「五厘壱間」と，データの縮尺値が1,200分の1に相当することが記されている。

表3-3 論所における測量データ

杭	A帳	B帳	方位	傾斜	角度
1	2.5 (0.125)	0.125	丑8→未7		0°
2	16.5 (0.825)	0.8	→申9		14°
3	14 (0.7)	0.7	→午6		0°
4	10 (0.5)	0.5	→戌7		0°
5	12 (0.6)	0.57	→申9		18°
6	11 (0.55)	0.55	→辰10		0°
7	2 (0.1)	0.1	→午3		0°
8	15 (0.75)	0.75	→午8		0°
9	11 (0.55)	0.55	→午10		0°
10	30 (1.5)	1.44	→申5		16°
11	34 (1.7)	1.7	→申7		0°
12	19 (0.95)	0.95	→申2		0°
13	60 (3)	2.936	→申3		12°
14	9 (0.45)	0.375	→酉1		34°
15	8 (0.4)	0.335	→酉6		33°
16	16.5 (0.825)	0.733	→戌4		27°
17	10 (0.5)	0.45	→戌5		26°
18	11 (0.55)	0.484	→酉4		28°
19	16 (0.8)	0.775	→戌6		14°
20	14 (0.7)	0.7	→酉5		0°
21	15 (0.75)	0.75	→戌6		0°
22	14.5 (0.725)	0.725	→亥5		0°
23	20 (1)	1	→戌3		0°
24	10.5 (0.525)	0.525	→申7		0°
25	35 (1.75)	1.586	→巳8		25°
26	11.5 (0.575)	0.52	→辰1		25°
27	9 (0.45)	0.416	→巳4		22°
28	15.5 (0.775)	0.717	→未5		22°
29	6 (0.3)	0.277	→未8		23°
30	18.5 (0.925)	0.848	→申6		24°
31	12 (0.6)	0.54	→未10		26°
32	9 (0.45)	0.45	→午3		0°
33	24 (1.2)	1.108	→午4		23°
34	6 (0.3)	0.28	→未9		21°

杭	A帳	B帳	方位	傾斜	角度
68	3.5 (0.175)	0.175	→亥4		0°
69	10 (0.5)	0.5	→戌1		0°
70	16 (0.8)	0.8	→申6		0°
71	3 (0.15)	0.15	→午10		0°
72	14.5 (0.725)	0.725	→申3		0°
73	12 (0.6)	0.6	→未10		0°
74	8 (0.4)	0.38	→酉6		17°
75	5 (0.25)	0.25	→戌10		0°
76	19 (0.95)	0.85	→卯8		27°
77	19 (0.95)	0.95	→亥7	△	0°
78	11.5 (0.575)	0.575	→亥4		0°
79	14 (0.7)	0.7	→亥3	▶	0°
80	12 (0.6)	0.6	→戌8		0°
81	23 (1.15)	1.058	→亥3		23°
82	17 (0.85)	0.817	→戌4		16°
83	32 (1.6)	1.493	→戌9		21°
84	13 (0.65)	0.61	→酉10		20°
85	34.5 (1.725)	1.558	→戌8		25°
86	23 (1.15)	1.028	→子4		27°
87	26 (1.3)	1.17	→子9		26°
88	15 (0.75)	0.73	→亥6	△	13°
89	30 (1.5)	1.38	→子2	△	23°
90	28 (1.4)	1.29	→子1		23°
91	11 (0.55)	0.57	→亥7		×
92	15.5 (0.775)	0.714	→亥7	△	23°
93	7 (0.35)	0.32	→子2	△	24°
94	11.5 (0.575)	0.53	→寅3		23°
95	32 (1.6)	1.47	→寅4	◀	23°
96	28.5 (1.425)	1.58	→戌10	◀	×
97	12.5 (0.625)	0.567	→丑7	◀	25°
98	34 (1.7)	1.14	→卯3		48°
99	31.5 (1.575)	1.518	→寅5		15°
100	26.5 (1.325)	1.148	→亥5		30°
101	8 (0.4)	0.374	→亥4		21°

杭	A帳	B帳	方位	傾斜	角度
135	16 (0.8)	0.747	→寅7		21°
136	27 (1.35)	1.246	→寅8		23°
137	30 (1.5)	1.443	→寅7		16°
138	28 (1.4)	1.26	→寅10		26°
139	20 (1)	0.893	→卯1		27°
140	26.5 (1.325)	1.23	→寅2		22°
141	20 (1)	0.826	→寅10		34°
142	13.5 (0.675)	0.5	→寅4		42°
143	11 (0.55)	0.55	→寅7	▶	0°
144	12 (0.6)	0.57	→丑7		18°
145	9 (0.45)	0.45	→丑9	▶	0°
146	19 (0.95)	0.87	→寅9	◀	24°
147	13.5 (0.675)	0.583	→卯2		30°
148	16 (0.8)	0.693	→卯6		30°
149	9 (0.45)	0.45	→丑3		0°
150	19 (0.95)	0.95	→巳9		0°
151	14 (0.7)	0.7	→辰2		0°
152	18.5 (0.925)	0.835	→卯8		25°
153	14 (0.7)	0.635	→巳3		25°
154	20 (1)	0.883	→辰3	▶	28°
155	16 (0.8)	0.7	→巳3		29°
156	16.5 (0.825)	0.797	→巳5		16°
157	9.5 (0.475)	0.475	→寅8		0°
158	17.5 (0.875)	0.875	→寅3		22°
159	15 (0.75)	0.697	→寅8		21°
160	15.5 (0.775)	0.723	→寅7		×
161	8.5 (0.425)	0.45	→寅10		29°
162	14 (0.7)	0.613	→亥8		0°
163	9.5 (0.475)	0.475	→子9		32°
164	17.5 (0.875)	0.744	→丑4	▶	0°
165	9.5 (0.475)	0.475	→丑9		0°
166	8 (0.4)	0.4	→卯1		0°
167	14.5 (0.725)	0.725	→寅2		0°
168	8 (0.4)	0.4	→寅7		0°

番号	B帳
200	0.57
201	0.388
202	0.324
203	0.66
204	0.47
205	0.42
206	0.63
207	0.41
208	0.315
209	0.335
210	0.265
211	0.382
212	0.3
213	0.276
214	0.344
215	0.16
216	0.325
217	0.275
218	0.28
219	0.4
220	0.49
221	0.42
222	0.566
223	0.846
224	0.653
225	0.4
226	0.328
227	0.376
228	0.283
229	0.757
230	0.57
231	0.25
232	0.59
233	0.2
234	0.225
235	0.325
236	0.558
237	0.7

第3章 山論絵図と「廻り検地」

杭	A帳		B帳	方位	傾斜	角度	杭	A帳		B帳	方位	傾斜	角度	杭	A帳		B帳	方位	傾斜	角度	番号	B帳
35	170.5	(0.875)	0.82	→申6		20°	102	4	(0.2)	0.214	→寅3		×	169	13.5	(0.675)	0.61	→卯3		25°	238	0.45
36	180.5	(0.925)	0.874	→未1		19°	103	18	(0.9)	0.77	→亥2		31°	170	20.5	(1.025)	0.93	→卯4		25°	239	0.15
37	8	(0.4)	0.377	→午1		20°	104	2	(0.1)	0.2	→亥2		×	171	11	(0.55)	0.677	→寅5		×	240	0.4
38	8	(0.4)	0.377	→未1		20°	105	8	(0.4)	0.346	→子4		30°	172	6.5	(0.325)	0.325	→卯5		0°	241	0.75
39	51	(2.55)	2.408	→未5		19°	106	15.5	(0.775)	0.743	→丑1	◀	17°	173	13	(0.65)	0.567	→寅7		29°	242	0.15
40	13	(0.65)	0.613	→申2		19°	107	18	(0.9)	0.84	→亥10	◀	21°	174	5.5	(0.275)	0.245	→辰4	▶	27°	243	0.45
41	7	(0.35)	0.33	→酉10		19°	108	17.5	(0.875)	0.85	→戌10	◀	13°	175	14.5	(0.725)	0.6	→辰9	▶	34°	244	0.3
42	7	(0.35)	0.33	→酉2		19°	109	16	(0.8)	0.728	→戌4	◀	25°	176	9	(0.45)	0.365	→巳3	▶	36°	245	0.7
43	120.5	(0.625)	0.59	→午8		19°	110	9.5	(0.475)	0.45	→戌2	◀	19°	177	17.5	(0.875)	0.717	→午1	▶	35°	246	0.1
44	5	(0.25)	0.236	→未4		19°	111	9	(0.45)	0.405	→丑8		26°	178	11	(0.55)	0.508	→辰8		23°	199	0.878
45	60.5	(0.325)	0.306	→未9		20°	112	16	(0.8)	0.75	→子1	◀	20°	179	16	(0.8)	0.666	→辰10	▶	34°	200	0.592
46	90.5	(0.475)	0.448	→午7		19°	113	17	(0.85)	0.79	→子6	◀	22°	180	12.5	(0.625)	0.625	→巳2		0°	201	0.48
47	70.5	(0.375)	0.355	→未2		19°	114	8	(0.4)	0.36	→子6	◀	26°	181	12	(0.6)	0.557	→辰3		22°	202	0.28
48	6	(0.3)	0.283	→申4		17°	115	3	(0.15)	0.105	→亥4		46°	182	10.5	(0.525)	0.536	→辰9		×	203	0.223
49	40.5	(0.225)	0.215	→申10		29°	116	10	(0.5)	0.525	→亥5	◀	×	183	9.5	(0.475)	0.42	→辰4	▶	28°	204	0.322
50	60.5	(0.325)	0.283	→酉9		20°	117	12.5	(0.625)	0.563	→子1	◀	26°	184	10.5	(0.525)	0.48	→辰8	▶	24°	205	0.218
51	80.5	(0.425)	0.4	→戌7		24°	118	6	(0.3)	0.27	→子9		26°	185	7.5	(0.375)	0.297	→辰8	▶	38°	206	0.585
52	80.5	(0.425)	0.388	→申4		20°	119	10	(0.5)	0.45	→丑2	◀	23°	186	24	(1.2)	0.845	→巳4	▶	45°	207	0.265
53	10	(0.5)	0.47	→申8		22°	120	14	(0.7)	0.643	→子1		0°	187	22.5	(1.125)	0.994	→辰2		28°	208	0.595
54	80.5	(0.425)	0.395	→亥5		19°	121	2	(0.1)	0.1	→子1	◀	27°	188	16	(0.8)	0.632	→辰4	▶	38°	209	0.325
55	130.5	(0.675)	0.637	→亥3		19°	122	16	(0.8)	0.71	→亥8		30°	189	17.5	(0.875)	0.787	→辰6	▶	26°	210	0.54
56	50.5	(0.275)	0.25	→酉2		26°	123	8	(0.4)	0.347	→卯4	◀	26°	190	6.5	(0.325)	0.29	→辰8	▶	27°	211	0.295
57	80.5	(0.425)	0.385	→午4		25°	124	10	(0.5)	0.45	→丑8		17°	191	13	(0.65)	0.59	→巳5		25°	212	0.284
58	70.5	(0.375)	0.34	→午10		25°	125	13	(0.65)	0.62	→寅3		0°	192	16	(0.8)	0.733	→巳4		24°	213	1.31
59	10	(0.5)	0.455	→未10		25°	126	4	(0.2)	0.2	→戌4		27°	193	8.5	(0.425)	0.425	→午9		0°	214	0.442
60	8	(0.4)	0.367	→申9		23°	127	7.5	(0.375)	0.335	→子7	◀	39°	194	14.5	(0.725)	0.61	→未3	▶	33°	215	0.326
61	80.5	(0.425)	0.39	→酉9		23°	128	16	(0.8)	0.625	→寅4	◀	23°	195	14.5	(0.725)	0.64	→未3	▶	28°	216	0.44
62	120.5	(0.625)	0.573	→戌4		24°	129	6	(0.3)	0.277	→卯1		35°	196	19	(0.95)	0.849	→未7	▶	27°	217	0.443
63	4	(0.2)	0.183	→戌7	◀	33°	130	11	(0.55)	0.45	→寅3		×	197	14	(0.7)	0.7	→未4		0°	218	0.352
64	100.5	(0.525)	0.44	→子7		24°	131	11.5	(0.575)	0.577	→丑6		21°	198	35.5	(1.775)	1.3	→巳6	▶	43°	219	1.16
65	22	(1.1)	1.003	→子4		23°	132	8.5	(0.425)	0.398	→子7		25°	199	22	(1.1)	0.75	(巳6→)	▽	47°	220	0.283
66	4	(0.2)	0.18	→亥9		23°	133	26	(1.3)	1.178	→丑8		25°								221	0.2
67	6.5	(0.325)	0.315	→丑2		14°	134	24.5	(1.225)	1.11	→丑3		25°								222	0.916
																					223	0.475
																					224	0.329
																					225	0.566
																					226	0.662
																					227	0.1

資料）延享4年「山論分間合帳 控」（A帳）および「山絵図分間合帳 扣」（B帳）より

項目）杭：A帳に記載される距離で単位は間。カッコ内はその1/1,200値で単位は寸。方位：A帳に記載される方位の内、進行方向を指すもの。傾斜：A帳に記載される傾斜の表記であり、△は「少上り」、▲は「上り」、▽は「少下り」、▼は「下り」。角度：計算した角度。（ただし、×はB帳値がA値より長いもの）を示す（第4節を参照）。

それぞれの番号の下段には，寸分厘毛までの単位で長さを記している。例えば，上記の例でみると，B帳1番の長さは，1分2厘5毛（0.37875cm）[16]と記されているが，この数値は，A帳1番の距離2間半（4.545m）の1,200分の1の値と一致していることがわかる。同じ様に，ほかに記されているB帳の長さについても，A帳に記載される番号毎の距離の1,200分の1の値とおおむね一致する結果となった。この件に関して記録されるデータをみてみると，B帳には線や丸印の後筆など，データをチェックした様子を認めることができ，実際の作業で使われたことを示唆している。これに加えて，上記の5番のようにデータに修正を施した箇所も10ヶ所も認められ，その多くは長さを過小に修正したものとなっている。

また，周囲の状況についての記載は，先の測量帳ほどは認めることができず，1度目の199番と216番，そして2度目の227番に表記されるのみとなっている。その表記される内容は，199番の「是ゟ二縄」と「是ゟ東道」，216番の「此間川へ下ル」，そして227番の「壱番杭ノ出会也」となっている。その内，最後の227番の記述内容は，1番と227番が隣接していることを示唆している。このことは，1番杭からはじまった測量が227番杭を最後に1番杭に結ばれたことを意味しており，1747（延享4）年に実施された測量が，法恩寺松尾山の周囲をぐるりと回って実施された，「廻り検地」であったことを示すものであった。

(2) 地図の検討
a．延享4年「〔牧之庄六ヶ村新稲村分間立会絵図〕」

「〔牧之庄六ヶ村新稲村分間立会絵図〕」（以下A図）の裏書には，次のような文面が記載されている。

表書之通、双方立会百間五寸之分見絵図ニ仕、差上申所相違無御座候、以上
　　　延享四卯年七月八日
　　　　　　　七ヶ村庄屋
　　　　　　　　　年寄
　　　　　　　　　百姓代

まず，この表記の内容により，この地図が「立会絵図」の形式に分類される山論絵図であることがわかる。また，その文面に記された「百間五寸」という記述より，このA図の縮尺値が1,200分の1であったこともわかる。

次は表側の図面をみていく（図3-4～図3-6参照）。A図に描写された範囲は，北の山間部と南の平野部の地域に分けることができる。論所地である法恩寺松尾山は，図面の内，北西部分の一部を占めるのみで，周辺も含めて広い範囲が描かれていることがわかる。論所である法恩寺松尾山の地形表現は，その周囲の山が仰見図であるのに対し，基本的に平面図として描かれていることが確認される。また，論山の全体は，色分凡例で指示された緑色で彩色されているのに対して，谷筋は

第3章　山論絵図と「廻り検地」

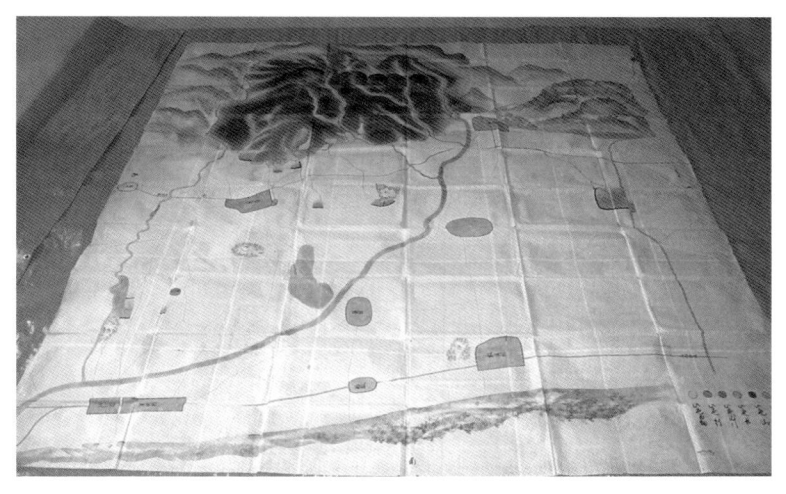

図 3-4　延享4年「〔牧之庄六ヶ村新稲村分間立会絵図〕」，箕面市有文書

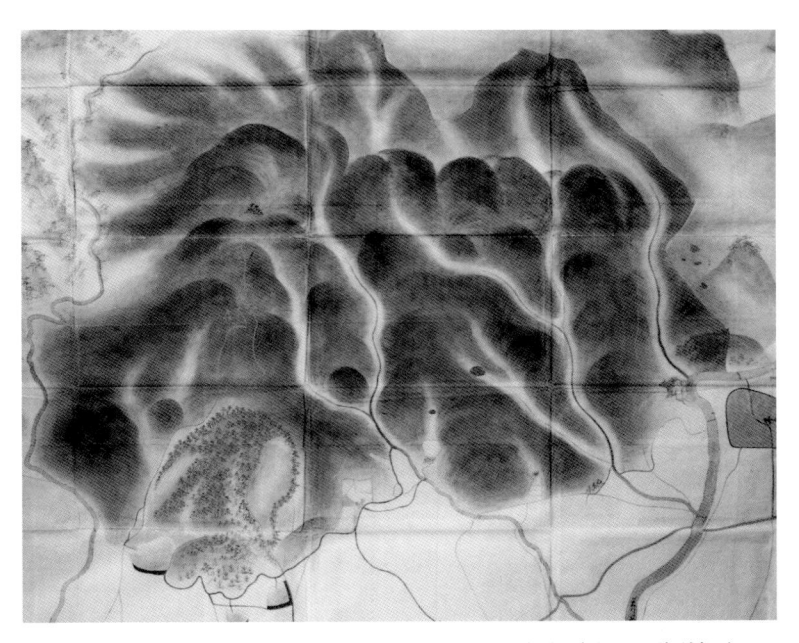

図 3-5　延享4年「〔牧之庄六ヶ村新稲村分間立会絵図〕」より論所部分

黄土色で彩色されており，山地地形の高低差を段彩的な図法を採用して表現している。論山の描写内容についてみてみると，それは周囲の山と異なり，南西部にマツ型樹木などによる林地を，高山道沿いの2ヶ所にマツ型樹木を，山裾にマツ型樹木などを確認することができる。また，上述のように山や谷筋が塗り分けられるほか，田畑（桃色），溜め池・河川（青色），道（朱色）も色分凡例に従って彩色されている。

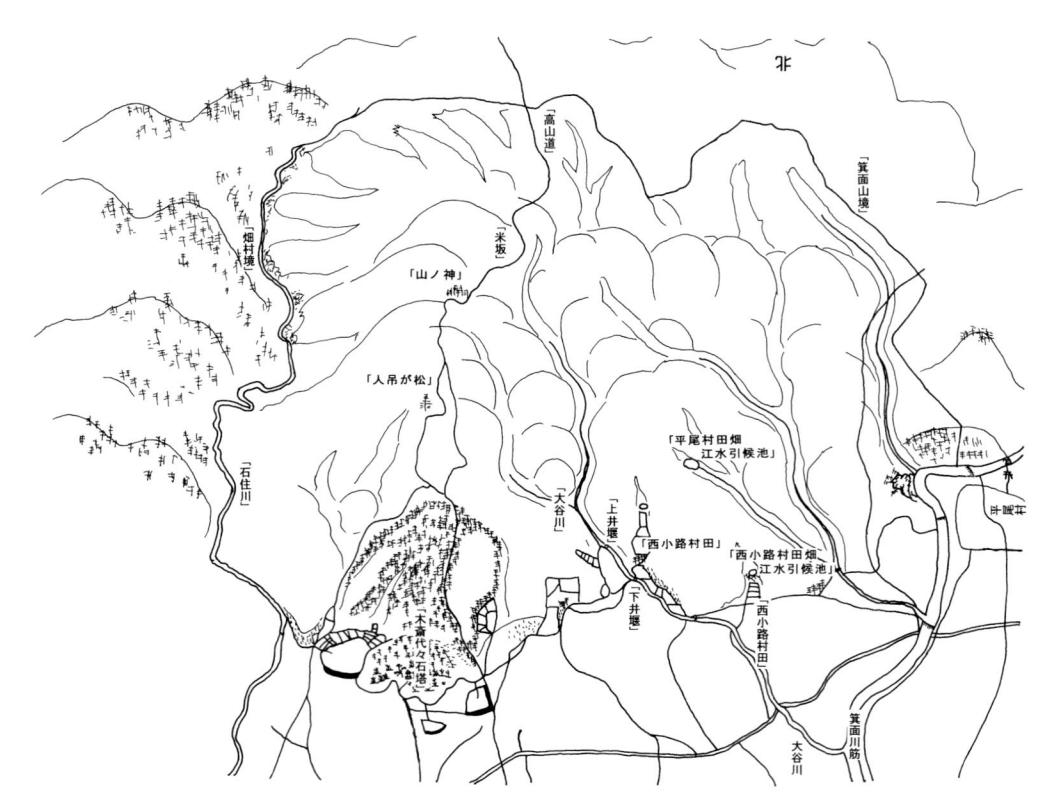

図3-6 延享4年「〔牧之庄六ヶ村新稲村分間立会絵図〕」より論所部分トレース図
注）図中の表記のうち，「 」内については寛延元年裁許絵図による。

　これに対して，論山の東および地図の南端部に描写される山は，ほかの小物成山であり，西に描写される山は他藩領の村山となっている。それらは，いずれも薄茶色で彩色され，マツ型樹木が描かれているが，その描写は粗略であり，論所の描写と対比される。また，図面の半分以上の面積を占める南側の平野部は，色分凡例に基づいて集落，道，宮，河川，水路，溜め池などが簡略に描写されている。方位については，図面四辺の各中央部に東西南北とそれぞれ記載されており，上部を北としている。このように論所が図面上の北西部分に偏って描写される理由は，係争上，論外の小物成山を配置する必要があったこと，当地域の地理的知識を持たない訴訟担当者への配慮であったことなどの理由を想定することができる。

b．寛延元年「〔牧之庄六ヶ村新稲村法恩寺松尾山山論裁許絵図〕」

　「〔牧之庄六ヶ村新稲村法恩寺松尾山山論裁許絵図〕」（以下B図）は，裏書に，大坂町奉行の小浜周防守隆品と同じく大坂町奉行の久松筑後守定郷の連署による裁許文を記しており，「裁許絵図」の形式の山論絵図に分類される。

このＢ図は，全く同じというわけではないが，ほぼＡ図の内容と同一であったことから，Ａ図をもとにＢ図を作製していたことがわかる。しかし，この裁許絵図については，角筆や針穴を認めることはできなかった。いかにしてこのＢ図が書き写されたのかその詳細は不明であるが，その描写される内容は，Ａ図より幾分粗略な内容となっているといえる。こうしたＡ図とＢ図にみられる描写内容の相違は，ほかにもかなりの数を認めることができ，その多くは，資料の特徴に由来するものであった。それは，係争する双方の主張を表記しなければならない２枚のＡ図と，統一見解として裁定された結果を記したＢ図という特徴であるが，その詳細については省略したい。

第４節　地図の復元 ── 測量帳のデータを用いて ──

これまで検討してきたように，上述した帳簿は，「廻り検地」による測量データを記した野帳とみなされるものであった。それは，以下のようにこの山論の際に牧之庄の西側に位置する畑村（摂津国豊島郡麻田藩領）が，論所の手代検使に対して行った報告にも示されている[17]。

法恩寺松尾山の西側は，石澄川（石住川）を挟んで畑村領内である本庄前山および本庄裏山と接していた。そこに設定された境界について，畑村役人は，「新稲村と牧之庄六ヶ村山論ニ付，右論山廻り検地と成，畑村境之分私共立会境目筋相違無御座候」と問題がないことを報告している。この記述をみると，当事例で行われた測量が，当時，「廻り検地」とそのまま表現されていたことがわかる。つまり，この「廻り検地」という測量法は，遅くとも18世紀なかごろには表現として定着する段階にあったということである。

さて，以下では測量を記録したデータから実際に図を復元してみることとした。「廻り検地」により測量したデータは，Ａ・Ｂ帳に記されたものと考えられ，その記録をもとにＡ図が作製されたと考えられる。

(1) 測量された地域

以下では，『磁石算根元記』や『地方凡例録』などに記された「廻り検地」の作図法を参考にしながら，測量帳に記録されたデータをもとにして実際に図を描いてみることとした。利用した測量データは，杭の番号毎に記されたＡ帳の方位角とＢ帳の距離である（表３-３参照）。このふたつのデータをもとにして，順番に杭のポイントを方位角と長さによって位置付けていき作製した図が図３-７である。

先に記したように，この測量帳に記されている方位角の値は，一支を10等分した角度を示すものであった。後述するがこの方位角の分割の仕方は，「小丸」と呼ばれる方位磁石盤の目盛の値に相当している。干支である十二支のうちの一支を10分割するということは，一支が360°の12分の１で30°となり，その30°の10分の１，つまり３°の値が一目盛を示すということになる。ここで問題となるのが，干支で構成された方位盤のどの部分を磁北０°に設定するのかということであ

図 3-7　作製図

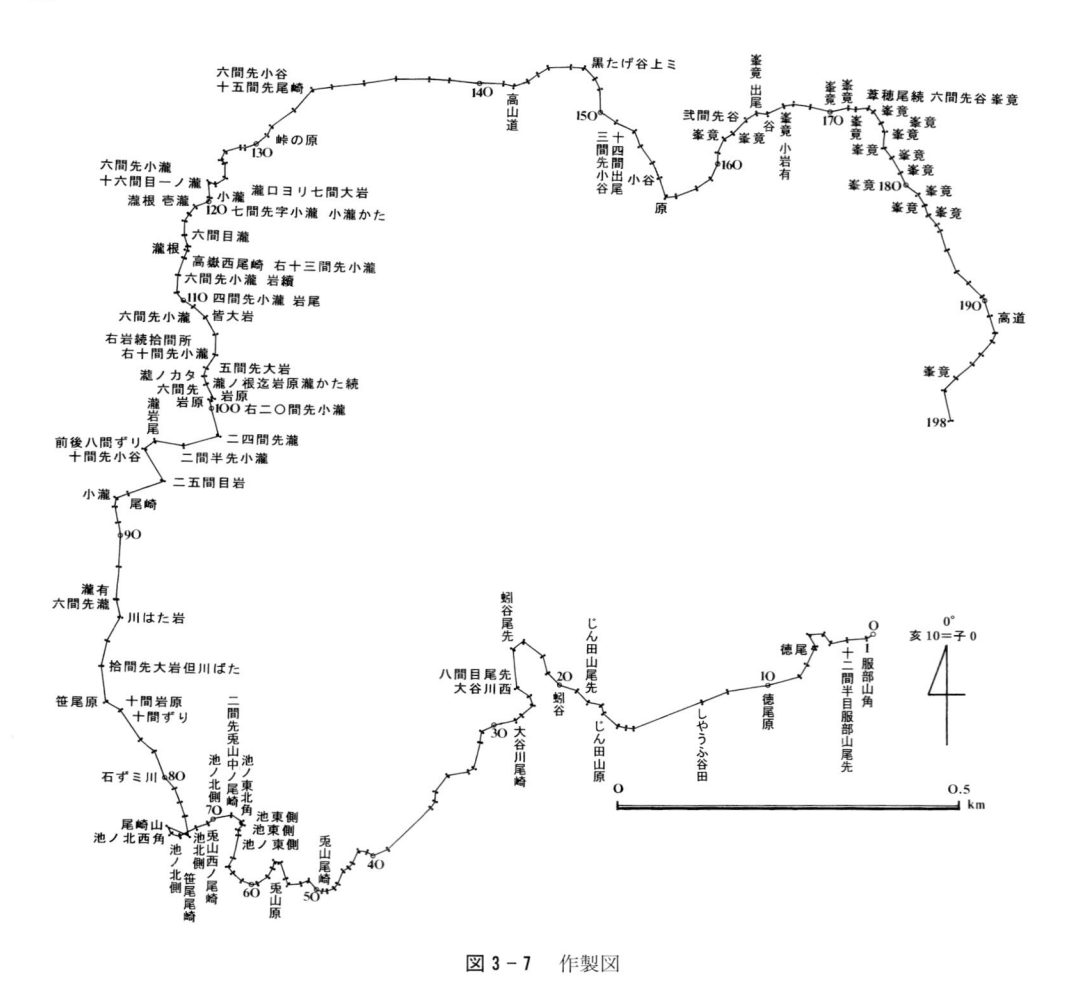

注）線上に示される各記号は測量地点番号を示す。図中の地名などは，「山論分間合帳　控」を参照して記した。

る。そこで近世の測量術書などに例示された「小丸」を参照してみると，磁北が子 0 もしくは子 5 などと一定していないことが明らかとなってきた。こうしたことを踏まえつつ，本章では磁北 0° を子 0 ＝亥 10 と設定して復元図を作ることとした。その理由は，本事例の場合，仮に磁北を子 5 と設定してしまうと，地磁気が東偏していた当時の状況との相違が，子 0 ＝磁北と設定するよりも大きくなってしまうからである[18]。

作製した図の形状は，A 図の図面のうち，論所地外周の輪郭部分の描写と，形状や大きさについて概ね一致する結果となった。また，A 帳に記載されていた地名や周囲の状況についても，A 図の描写と一致していた。これらのことから，A 帳は地図に描かれた地域のうち，論所外周のみの測量結果や周囲の状況を記載したものであること，そして，B 帳に記載される長さは，地図化するために縮尺に合わせた値であったことが判明した。ただし，作製した図の南東部が欠落しているのは，

図 3 - 8　現地比定図

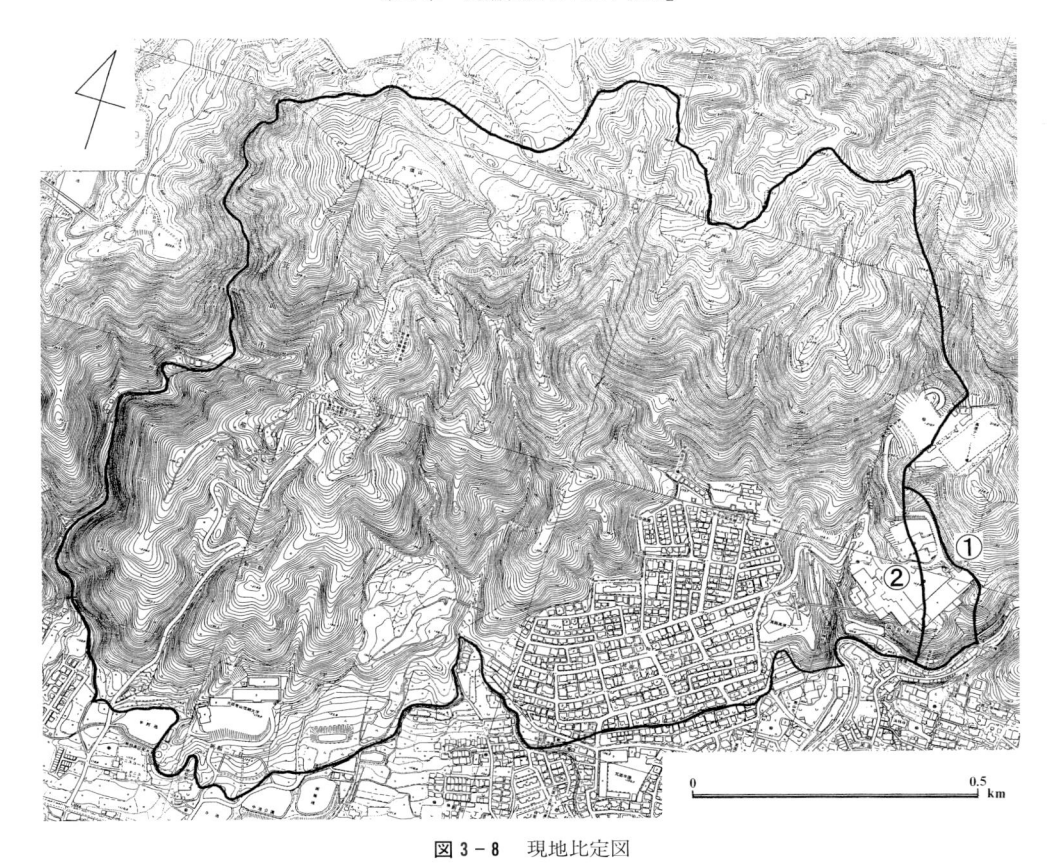

注) 実線は測量を実施したと推測される地域を示す。ベースマップは1987 (昭和62) 年測量箕面市地形図。

A帳に200番以降のデータが記録されず方位がわからないためである。また，この図の形状やA帳に記載される周囲の状況は，実際の地形とも非常に類似した結果となっている。特に論所の西部に位置する石澄川流域や，論所の北部から東部にあたる稜線部の形状や注記については，図3-8に示されているように，特に実際の地形の状況に近い。

　以上のことから次のことがいえる。まず，測量開始地点は，論所地南東部の尾崎周辺であったと考えられる。測量の経路は，開始地点から論所地南部を石澄川に至るまで西進し，次に石澄川に沿って上流へと北上，さらに論所の北部に位置する稜線部を東進し，最後に論所の東部側の稜線を南下して箕面川に至る右廻りのルートで測量が実施されたと考えられる。これは，A帳に記載される傾斜の表記が，論所の西側の川沿いでは「上り」と，論所地東部の稜線部では「下り」と表記していることからもいえることである。また，「縄」の表記があったA帳の77番，135番，174番は，作製した図において，それぞれ論所の南西の角，北西の角，北東の角の部分に相当していることがわかる。これは，測量の進行する方向が大きく変化する地点ということになる。このことにより，論所周囲の測量ルートは，初縄の南，二縄の西，三縄の北側，四縄の東側というふうに4つに区分

されていたことが判明した。そして，それぞれの測量地点の間隔は，山間部分よりも山裾部分の方が概ね短い値となっていた。そのなかでも，新稲村に南接して林地が描写される南西部についてが，特に間隔が短く詳細に象られていることがわかる。その理由は，山間部分より山裾部分は田畑や溜め池などが存在するため論所周囲の形状が複雑となってしまうことや，ここが山論の争点となった地域であったことなどが考えられる。

(2) 傾斜への配慮

正確に山地を含んだ地域の地図を作製するためには，勾配や斜度を測り，水平距離を求める必要がある。次は当事例の地図を作製する際に行ったであろう傾斜への配慮について検討する。

表3-3に示されているように，A帳に記載される距離（以下A値と表記）の1,200分の1の長さ（以下a値と表記）と，B帳に記載される長さ（以下B値と表記）は一致したものも多いが，値が微妙に相違する例もかなり認められる。これは，多くの場合，B値の方が短くなっていることから，傾斜を考慮して水平距離を求めた結果によるものと考えられる。このようにa値よりもB値が短い部分は，全部で146ヶ所を確認することができた。この値の差異が，A値は測量地点間の距離をそのまま測量したもので，B値はA値と勾配をもとに求めた水平距離の1,200分の1の値であると仮定し，三角関数を使ってその勾配である斜度，$\angle A$を計算（以下，「算出角度」という）した結果を表3-3に示した。ここで行った計算は，$\angle C = 90°$，底辺をACとする直角三角形ABCにおいて，AB値をA帳に記される距離の1,200分の1の長さ，AC値をB帳に記載される長さとそれぞれ設定した場合，求められる$\angle A$を算出角度とするものであった。ただし，分以下の単位は四捨五入した。

さて，求められた値は，約12°から約48°となっている。その内，a値とB値が等しいものは44ヶ所確認され，これは0°，つまり平坦な地面であったことを示すと想定される。そのほかの算出角度は，10°台が29ヶ所，20°台が91ヶ所，30°台以上が26ヶ所に認められ，また，近似する値が連続する傾向も認められる。ただし，a値よりもB値が長い部分も9ヶ所存在している。このような斜面（斜辺AB）の長さが水平距離（底辺AC）を超える状況は，計算上仮定することができないため，データに矛盾が生じてしまう。しかし，104番において距離の差が2倍におよぶ以外，その相違は概して大きいものではないため，基本的にはこれまでの仮定を支持することとした。

先述したように，傾斜に関する記述がA帳に認められる。それは直接傾斜を表現したもので，「少シ上り」，「下り」「上り（登リ）」，「大下り」と三段階で斜度を表記している。これと，先の算出角度を対応させてみると，「少シ上り」は平均17°，「上り」「下り」は平均約25°，「大下り」は約43°との結果となり，その対応関係を認めることができる。これより傾斜は，おおよそ三段階（平坦地＝0°は除く）に分けて計測されていたと考えてよさそうである。

しかし，算出角度の値は，実際の現地形の斜度よりもかなり大きいものといえる。例えば，論所の南西部の算出角度をみると，その値の多くは20°前後となっているが，実際はなだらかな地形で，斜度が10°を超えることはほぼない。このことは，論所の西側における石澄川流域，論所の北

側や北東側における稜線部についても同様である。ただし，算出角度と現地形とが類似する傾向もある。算出角度0°の連続する区間は，実際に平坦な地形と概ね一致するほか，算出角度の値が大きい部分には，滝や急斜面の存在する傾向を認めることができる。

A帳の2番には，「四間半かうばい弐寸五分」と勾配に関する記述が認められる。これは，測量地点間の勾配を表記したものと考えられ，ほかに104番の「三寸五分ノ間ニ而四寸四分下り」，122番の「かうばい三寸四分」，130番の「四寸壱分かうばい」，142番の「三寸かうばい」という記述が認められる[19]。このような内容の記述は，勾配を測る測量器具の使用を推測させる。使用された器具は，当時の測量術書などを参考にする限り不明であるが，仮に水平基準値を6寸と設定する器具を用いて勾配を測量すると，B帳に記載される勾配値とほぼ一致する値（誤差：平均約0.007275寸）を得ることができる。その計算を記しておく。先に規定した直角三角形ABCにおいて，ACを6寸と設定し，BCを測定した勾配値と仮定し，ABを計算する。このAB値とA帳に記載される距離（ab）との割合より，水平距離（ac）を求め，その1,200分の1の長さが，ほぼB帳に記載される長さに一致するというのである。ちなみにそれぞれの値は，122番の0.6960177寸，130番の0.4541045寸，142番の0.6037383寸というものであった。

これまでの検討から，算出角度は，地図を作製する際，傾斜を処理し水平距離を求めた結果を示すものと考えたい。そして，その計測は，傾斜角度を三段階に区分して行われたと考えて間違いないであろう。ただし，それが測量器具を用いて実施されたのか，目測によったのかは不明である。

(3) 資料の矛盾

A帳とB帳の内容をみてみると，次に示すような矛盾や不明な点も認められる。

まず，A帳に記載される方位角には，錯綜が認められるという点である。それは，図3-7に示されるように，論所の南西側に位置する75番杭から76番杭にかけてである。その錯綜というのは，記される方位角に従って図を復元すると75番杭に対して76番杭が南東（卯8＝114°）に位置することになってしまい，先に測量した区間を交差する結果となるというものである。この周辺についてA帳に記載されている辺りの状況をみると，71番に「此所兎山西ノ尾崎」，72番に「池北かわ」，73番に「是迄池ノ北かわ」，74番に「此所池ノ北西角」，75番に「尾崎山有」，76番に「此間笹尾尾崎」とそれぞれ記されていることがわかる。ここに示される池は半町池と思われるが，その記述に従うなら池の北に笹尾谷，池の北東に兎山が位置することとなる。これらの記述の通りなら，少なくとも76番は75番の西側に位置しなければならない。このことから判断すると，76番の位置は方角に誤りがあり，A帳に記載される方位角の誤記によりこの錯綜が生じていたといえそうである。

先述したように，A帳には200番以降のデータが欠損していた。その理由は不明であるが，A帳が控えもしくは写しであったことに関連するのかもしれない。これに対して，B帳には，①200番から246番，②199番から227番と，200番以降についてふたつのルートが記されている。①のルートを記す丁の頭には「東十二」から「東十五」，②のルートを記す丁の頭には「六十」とある

ことから，それぞれは別系統の測量ルートであったと考えられる。

これらのうち，②のルートの227番杭は，測量の開始地点に隣接していたと考えられる。そこで，②の区間距離を合計してみると，504.89496 m [20] の距離を得ることができた。この値は，測量が実施されたと考えられる論所の外周部の内，測量開始地点とA帳198番の地点と推測される区間の距離に近いものとなった（図3-8を参照）。また，①のルートのうち，216番には「此間川ヘ下ル」と記されている。この216番を基点にして，①の199番から216番，216番から246番までの距離を合計すると，それぞれ266.30064 m [21] と482.38812 m [22] という結果となった。得られた距離の値から判断して，この川は恐らく箕面川に相当すると考えられる。

ところで，この地域に関する地図の描写をみてみると，山を南北に分割して境界を記し，ほかの場所に例のない表現がとられている。仮にこの山のすべてを論所地として描写対象に含めた場合，その境界と箕面川の接する場所は，図面のなかで，平尾村の北部に示される鳥居の対岸あたりとなる。この接点付近に216番が位置し，246番の位置が測量開始地点に隣接すると考えれば，先に合計した距離は実際の値と近いものになる。このように考えると①の測量ルートは，論所より東側に位置するとみなすことができ，このことは，①の丁の頭に東何々，分岐点付近に位置するB帳199番に「是ゟ東道」と表現されることに一致する。これらのことから，B帳に記載される②199番から227番は論所の外周を通ったもの，①200番から246番は，その東側に位置するルートを通ったものであったと推測することができる。このように論所の東側に2系統の測量ルートが存在したことは確実といえそうである。これは，論所の境界に対する係争する村々の認識の相違によるものと考えられる。

A図に描写される論所の外周部と作製した図3-8の形状は，概ね一致するものであったが，相違も認めることができる。特に新稲村に南接した論所南東部の形状における相違が著しいものであり，作製した図と比べて，A図の形は南北にかなり圧縮されたものとなってしまった。その原因のひとつは，前述した方位角の錯綜があると考えられる。そこで作製した図とA図を実際に重ね合わせて論所の形状を比較してみると，方位角の錯綜する南西の角を基点として，A図が東側と南側に広がっていくことを認めることができる。このことは，錯綜したデータを含むA・B帳のデータをもとにした，A図を実際に作製したことを示唆するものと考えられる。しかし，正直なところ，この相違が，実際に作図段階で生じたものなのか，それともそうでないのかを，残された資料から確認することには限界がある。このほかに，描写される該当部分の性格によるものとも考えることもできる。つまり相違が認められる部分は，山論のひとつの争点となった地域と対応しているからである。当地所における入会権や，林地・田畑の帰属をめぐる双方の主張の差異により形状のズレが生じたことも否定できない。

第3章 山論絵図と「廻り検地」

第5節 測量法と測量道具

　次に，これまで検討してきた立会絵図について，その作製の時に実施された測量の特徴や，その際に使用したと考えられる道具類についてみていきたい。

(1) 「廻り検地」の特徴

　今回，検討した地図や測量帳は，論所の測量を行うため，「廻り検地」という測量技術を用いて作製されたものであった。A帳やB帳，A図より復元された測量方法は，「廻り検地」のものと共通している。この「廻り検地」の作業は，測量，作図，求積の3工程に分かれるということは先に指摘した通りである。

　それではまず，A帳に記載される日付を参考にして，当事例において実施された測量作業がどのくらいの時間を必要としたのかについてみてみた。1番杭から64番杭の区間は，集落や耕地に接するため，地形は平坦だが形状は入り組んでいる。この条件下において，当事例での測量距離は1日当たり1kmに満たない結果となった。また，64番杭から103番杭の区間の多くは，川沿いとなっており，この状況では先のものより距離は長いものの，それでも1日当たり1kmを超える程度である。

　さて，作図の方法については，A・B図の作図作業を直接示した資料が確認されないため，今回，実際に復元した図の作製手順を参考とするほかない。「廻り検地」の記述を参考にしながら，得られた測量データをもとに作図した結果，立会絵図の論所部分と同じ図を作ることができた。このことは，参考にした作図法によってこの図が作られていることを示している。また，特にB帳についてみるならば，それはこの作図作業の工程に必要な資料として編集されたものと位置付けられる。

　では，次に実際の作業に関わった人物像について少し考えてみたい。これまで議論してきたA図は立会絵図の形式の山論絵図であり，この形式の地図は，争論当事者が作製するものであった。それは，A図が村方名で提出されていたことや，提出後に手代検使が派遣されたことからも確認される。このA図は「廻り検地」に基づいて作製されていることは明らかであり，この点において，村役人層自らによって「廻り検地」の実施や小物成山の測量を実現するということが可能であったのかという疑問が生じてくる。これまでみてきた限り，A図は村役人層レベルで作製された可能性が高いと判断される。しかし，A図より以前に立会絵図が既に作製された可能性のあること，山論の直後の代官による見分によって論所地の年貢増米が決定されたことから，A図の作製における公儀の関与も強く示唆されるのも事実である[23]。この18世紀中ころという時期に，畿内近国の村落共同体が「廻り検地」という測量技術を用いて地図を作ることが，果たして可能であったのかということは考えなければならない問題である。この点については，あらためて次章以降で検証している。

　また，作図の作業については，立会絵図の裏書などに絵師の名前が村方とともに付記される場合

が多いことから，絵師がその一部を担っていたと考えられる。「廻り検地」との関連を直接示すものではないが，例えば同じころ，法恩寺松尾山北部の地域における村落の間でも山論が発生していた。それは，摂津国豊島郡上止々呂美村（幕府領小川新右衛門代官所，箕面市止々呂美地区）と，同郡下止々呂美村（備中岡田藩伊藤氏領，箕面市止々呂美地区）との間[24]で争われた山論であったが，この時，1752（宝暦2）年に大坂町奉行より立会絵図の作製をいわれ，それを受けて雇われることとなった絵師が大坂天満樋上町に居住する中村和助である[25]。彼は，1748（延享5）年版『改正増補難波丸綱目』や1777（安永6）年版『難波丸綱目』[26]に「町見分間絵図師」および「仏絵師」として記載される職業絵師であった[27]。つまり，近世中期以降，都市部においては分間絵図を描くことを専門とする職業絵師が存在する状況であったというのである。

彼は上記の事例以外でも大坂周辺の争論にて，立会絵図を作製する目的で村々に雇われている[28]。例えば，摂津国川辺郡新田中野村（忍藩領）と昆陽村（忍藩領）との争論では，1741（寛保元）年に中村和助と中村多助が現地へ赴き，論所の事前調査（「見及」）や測量（「丁間」「見込」）に参加し，絵小屋で立会絵図の作製に取り掛かった。その測量は村々より数名ずつ参加して行われ，絵師の関与を直接記さないものの，絵師の不在から測量作業が中断したことを日記に記しており，絵師が測量作業に関わっていたことを間接的に示している。もちろん測量作業を実行するうえでは人数的に双方の百姓の作業への参加が不可欠となるが，この事例の場合，主導的役割を担った人物は誰であったのか今のところ不明である。

後年，ほぼ同じ地域[29]で山論が発生した際，1835（天保6）年から1836（天保7）年に立会絵図[30]が大坂町奉行への提訴を受けて作製されることになった[31]が，この時に雇われた絵師は，当時，上本町壱丁目に居住していた藤村新吾という人物であった。藤村新吾は，この天保の山論において地図を作製する際，関係者と共に論所に赴き，論所の「山形見積リ縄引」に参加している。しかし，関連する資料をみる限りでは，測量の主体が誰であったのかを明らかにすることはできない。ちなみにこの藤村新吾は，木村兼葭堂と交流のあった画家で，大坂画壇中，数少ない蘭画家のひとりであったという[32]。彼らが，実際にどの程度まで測量作業そのものに関与していたのかは不明であるが，少なくとも作図という作業において，職業絵師として山論絵図の作製に大きく関与したことは認められる[33]。絵師については，第4章であらためて触れている。

(2) 測量に関わる道具

次は，本事例で使用されたと考えられる道具類などについてみていきたい。それは，測量技術の系統の解明に，測量法からの検討が有効であるほか，使用される道具類からも推測することができると考えるからである。特に技術の伝播については，使用された測量器具の痕跡をたどることが重要な手がかりになるといえる。この点については第6章でコンパスの精度に注目して議論を進めている。以下で検討したものは，いずれも検地との関連の高いものであった。

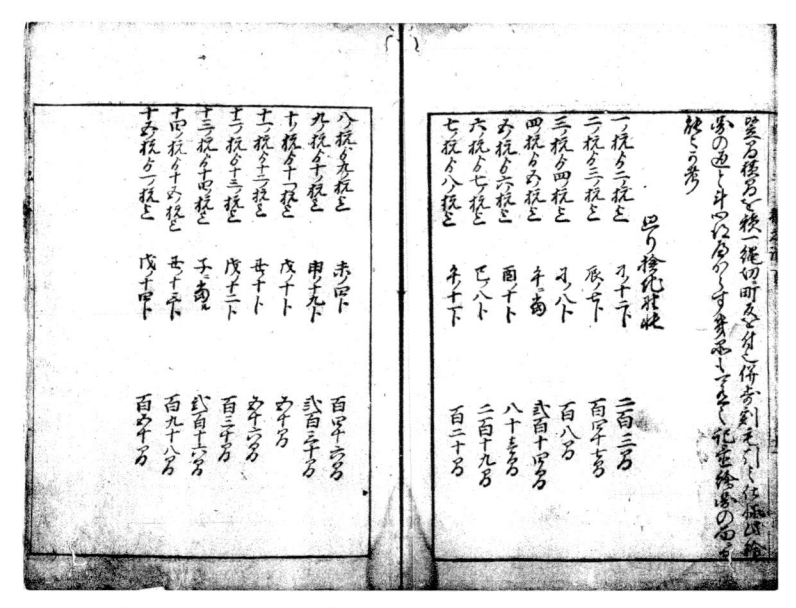

図 3-9 『磁石算根元記』より「廻り検地野帳」,東北大学附属図書館所蔵（狩野文庫）

a．野帳

本事例の研究を可能にしたものは野帳（測量帳）の存在である。野帳は，「廻り検地」も含めて検地の測量データを記す帳簿のことであり，野帳に記された測量データを分析することが当時の技術を理解するうえで有効であるということは先に指摘した通りである。当時の技術書など[34]に認められる「廻り検地」による野帳の記載形式は，上段に番号（杭），下段に方位角や距離を記す行列配列のものが多い。『磁石算根元記』下巻「五　廻り検地の仕様同町反を積ル事」において野帳は，「廻り検地野帳」[35]として次のように例示されている（図3-9参照）。

一ノ杭ゟ二ノ杭迄　　寅ノ十二分　二百三間

二ノ杭ゟ三ノ杭迄　　辰ノ七分　　百四十七間

　　　　（中略）

十五ノ杭ゟ一ノ杭迄　戌ノ十四分　百五十間

ここでみるように測量地点間の移動は，杭の番号をもって示されている。また，記録される測量データから判断して，使用された磁石盤の精度は一支の20等分，つまり1.5°目盛となっており，測量地点間の距離は200間以上の値を示すものもあった。これらは，ここで検討してきたA帳の記載形式と基本的には共通している。ただし，『磁石算根元記』では測量地点間の移動が番号をもって示されており，番号ではなく方位角をもって示されるA帳のものと異なっている。また，磁石盤

図 3 - 10 「小丸」の図,『量地指南』後編,巻之二,「器用解」より
出典）大矢真一解説『江戸科学古典叢書 9 量地指南』恒和出版,1978,244 頁。

の精度についても A 帳と異なり,測量地点間の距離は A 帳より長い値となっている。

　測量に使用される野帳の一般的な形態は,横半折れの帳面（八寸折れなども）や,また半紙などを四つ折りにした竪帳もしくは横帳とされる。屋外で使用する際,風への対策として,折り目を向こう側に設定し,風が吹き込まないように配慮して綴られていたという[36]。また,携帯に便を図るため腰からぶら下げられるようにするのもあった。A 帳の形態は横帳であり,これらの記述に一致する。しかし,折り目は手前側にして綴られ,野帳以外の形式の横帳と同じである。これは,A 帳が控えもしくは写しであるという資料の性格によるものと考えられる。地方書の記述によると,野帳は村方・勘定所・控え用の 3 冊を作製する必要があるとされ,こうしたことによるのかもしれない[37]。これらに加えて A 帳についてみると,紙こよりで綴じられている,用紙が薄い,屋外で使用された痕跡がないということから,A 帳は実際の測量の現場で使用されたものではないと判断される。ただし,野帳ではないが B 帳には数値を改めた箇所があり,実際に作業に使用した痕跡が認められる[38]。

　ちなみに清水流の測量術書に認められる野帳[39]についてもみていると,その記載形式は,番号毎の中段に方位,下段に距離,その左右に周囲の状況を記した行列配列のものとなっており,「廻り検地」のものと類似している。しかし,その形態は,30 枚程の紙を風対策のため,小板に貼り付けたものとなっており異なっている。

　　b. コンパス

　これまでみてきたように A 帳に記載される方位角は,一支の 10 等分,つまり 3°単位で目盛が割り振られている。先述したように近世の測量術書によると,この精度を持つ磁石盤は「小丸」とよばれる測量器具に相当するものであったと記されている。1797（寛政 9）年刊,村井昌弘編述による『量地指南』後編,巻之二のうち「器用解」[40]では,「小丸」の図（図 3 - 10）を掲げて次のよ

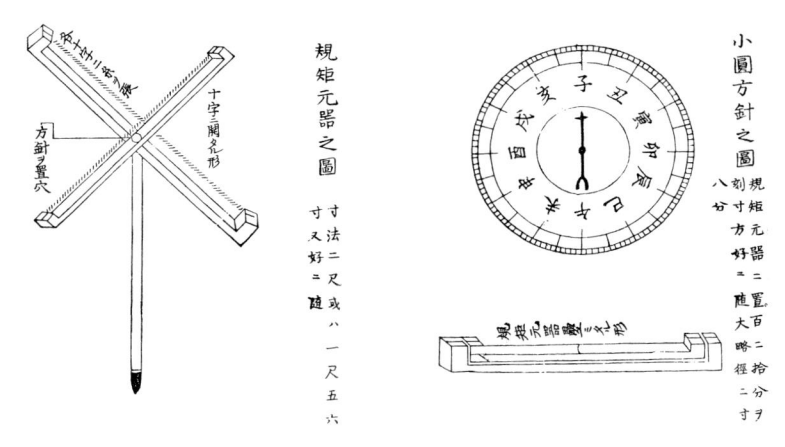

図 3−11 『規矩元法町見弁疑』より「規矩元器」および「小丸」

出典）大矢真一解説『江戸科学古典叢書10 町見弁疑/量地図説/量地幼学指南』恒和出版，1978，180-181頁より

うに説明している。

　小丸ハ其制真鍮ヲ以テ作ル。経度二寸五分。真中小径一寸程。磁針ヲ蔵ル凹竅ヲ穿ツ。而シテ下に図スルゴトク。二段ノ間用ヲ廻シ。内ノ一段ニハ。十二支ヲ配当シ。外ノ一段ニハ。一支毎ニ十分乃線ヲ刻ム。大略此ノゴトシ。委クハ図ヲ見テ辨フベシ。扨右ニ述ルゴトク全径二寸五分大略ナリトイヘドモ先ハ是ヲ以定法ト知ルベシ。其故ハ大丸ハ円径一尺也。中丸ハ大丸ノ半減。径五寸也然バ小丸ハ中丸ノ半減。円径二寸五分也。是ヲ定法トナシテ然ベシ。其用品々有。盤針術。元器術ハ。全ク此器ヲ用ズシテ拠ベキモノナシ。忍磁石。立覧器。随川器。又ハ一本術等モ。其術皆此器ヲ主トス。其用法ハ各元器。大丸。中丸。忍磁石。立覧器。随川器。一本術ノ用法ヲ以テ考ヘ知ベシ。煩シスレバ爰ニ載ズ

　当事例において使用された方位磁石盤は，測量帳に記録された方位角の値から判断して，この「小丸」であったと判断される。同書において，「小丸」は最も一般的に使用されたコンパスであったと指摘されており，盤針術や元器術にとって不可欠な存在であるとも記述されている[41]。また，清水流の測量術書において，「小丸」は，国絵図を作製する際，「櫓」とともに使用されることが記載されており，同流派の測量においても「小丸」は重要な器具であった（図3-11）。この「小丸」は，「規矩元器」の上部の円形に空けた穴に収めて使用されていたという。また，「規矩元器」に櫓を掛ければ，勾配や高低を測量することもできたということも記されている[42]。

　今回検討した事例と関連も考えられる方位測量器具に「杖石」というものがある。図3-12に掲載した簡便な方位磁石盤である。これは，上部に磁石が収められた筒を杖先に設置したもので，折れ釘の付いたその筒には間縄の一端が掛けられるようになっている。使用法は，間縄を先の屈曲す

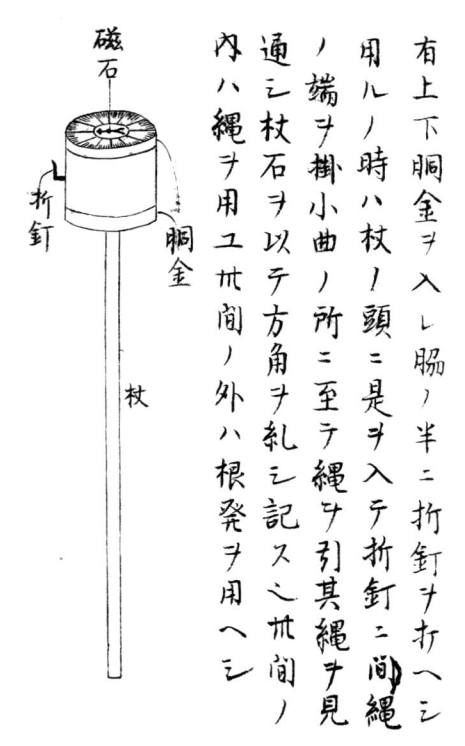

有上下胴金ヲ入レ脇ノ半ニ折釘ヲ打ヘシ
用ルノ時ハ杖ノ頭ニ是ヲ入テ折釘ニ間縄
ノ端ヲ掛小曲ノ所ニ至テ縄ヲ引其縄ヲ見
通シ杖石ヲ以テ方角ヲ乱シ記ス〵卅間ノ
内ハ縄ヲ用ユ卅間ノ外ハ根発ヲ用ヘシ

図3-12 『国図枢要 完』より「杖石」，九州大学附属図書館所蔵

る地点に掛け，縄を見通し，杖石で以って方位角を見定めるというものである。その形状は，山地の検地に用いられる「羅径杖」(ジシャクツエ)と類似している。また，「羅径杖」は後に伊能忠敬らにより開発されたとされる「小方位盤」(「杖サキ羅針」)，つまり「小方儀」と類似する。この「小方位盤」も山間地域や小地域での測量に便を図るために作製された。これらの器具の使用される状況や目的は，当事例の測量する場面と共通している[43]。

c．間縄

次は，距離を測る道具である間縄についてみてみたい。1726（享保11）年の『新田検地条目』には，次のように間縄が規定される[44]。

一、縄は壱間ヅツ之くだ縄、長六拾間或は三拾間縄を可用、縄延縮可有之間、早朝並四ッ時・八ッ時改、勿論くだ透目無之様に能〆、壱間づゝ間数之札を付可申事、

このように間縄の長さは，通常60間と設定されていたことがわかる[45]。この値は，A帳の最大距離と一致していることから，当事例における距離の測量においては，一般的な形態の間縄が使用さ

れたことが推測される。使用する間縄の精度を保持するため，環境もしくは使用状況により生じるズレに対し，日に3度長さの調整を行うというものがある。そのほか，縄の伸縮によるズレを防ぐ対策として，間縄の長さを調整する以外にも縄自体に工夫を施すというのもある。例えば，間縄に渋汁や蠟を塗る，間数毎に小札を付す，管縄を用いるなどといったものである[46]。しかし，当事例においても，そうした工夫を施していたのかどうかについては不明である。

　d．勾配

　最後に勾配を計測する器具についてみてみたい。例えば，奥村増貤による『量地弧度算法』の「附録」[47]では，「廻り検地」の際，山地の勾配は「見盤略法の事」に記載される方法により測量するとあるが，それは簡易象限儀のような器具を付した見盤を用いて傾斜角度を測量して，勾配値を求めるものであり，今回想定したものと構造が異なっていた。

　勾配を測定する器具も，測量術書などには幾つかの器具を確認することができる。例えば，よく知られている「象限儀」[48]以外にも，『秘伝地域図法大全書』の「勾配板」や「クハトロワン」[49]，『分度余術』の「方尺」や「照方尺」[50]，『量地図説』の「全方儀」の「半方」板[51]という名称などが挙げられている。また，先述したように清水流測量術書には，方位角以外に勾配も測れる「櫓」という測量器具が紹介されている。しかし，先に検討したような水平基準値を6寸と設定するものは資料上認めることができなかった。

　ただし，これらのうち，『量地図説』に傾斜も測量する道具として記載される「全方儀」の「半方」板は，今回勾配の値を得るために考えた概念上の器具と類似しているが，残念ながら寸法などの値が一致するものではなかった。いずれにせよ，このような勾配や傾斜について，当時の技術書などに記述される「廻り検地」で言及されたものが乏しいのが実情といえる。こうしたことから当事例において，傾斜や勾配がどのように計測され，そして水平距離がどのように計算されていたのかは今のところ不明である。

第6節　小　結

　本章では，小地域における地図の作製技術のうち，特にその測量技術について復元を試みてみた。それは，山論という状況に直面して，論山の範囲やその面積を再確定する必要が生じたため，「廻り検地」によって測量が行われたものであったと考えられる。その方法は，対象地の外周を測量して地図を作製し，その図を幾何学的に分割して面積を求めるというものである。「廻り検地」は，その登場が国絵図との関係が強く示唆されるものの，その名が示しているように地方支配との関わりのなかで育まれてきた技術であったと考えている。

　「廻り検地」の初出である1687（貞享4）年刊の『磁石算根元記』以降，その記述は，様々な書物に認められるようになり，「廻り検地」に関する知識が近世中期以降一般化していったことは先

に示した通りである。その後の「廻り検地」についての記述は，基本的にはほぼ同じ内容を踏襲するものであった。ただし，使用される磁石方位盤の性能が変遷していくこととなる。それは，「廻り検地」という周囲測量のあり方が基本的に変わらない限り，磁石盤の精度を向上させることのみしか，測量の精度を高めることにつながらなかったからである。これについては第6章で検討している。

当地域における延宝検地のような近世初期の検地，つまり本検地は，水平な，しかも一筆毎の比較的狭い地所を基本的に対象とするものであり，上記のような技術をあまり必要としていなかった。一方，近世中期以降から土地利用が進展し，それが拡大する状況においては，測量対象に新開地や論所地なども含むようになっていったと考えられる。その結果，従来の検地技術では変化に対応することができず，新たな技術を必要とするようになる。これまで検討してきた「廻り検地」こそ，そうした地所を対象とする測量技術であった。例えば，近世後期の事例であるが，盛岡藩においては，勘定方役人が新開地に対して「廻り検地」を実施し，分間絵図を作製していた。そうして，測量により作製した地図をもとにして新開地の管理や支配が実行されていくとともに，その地図や当作法書は，後年の参考のために郡方に設置されたという[52]。先にみた石黒信由に代表される加賀藩の事例も同じ状況である[53]。

当事例では加えて，山間部の絵図の作製に必要な測量技術である傾斜の処理が施されていたことも確認された。こうした技術は，単に耕地の面積を測るという狭義の検地の範疇を越える技術系統に属するものであったとみなされる。つまり，在地社会における地図測量技術とはいえ，そうした技術体系に関する知識との交流があったことを示唆する。例えば，先述したように17世紀後期ころの国絵図作製をめぐる技術そのものも「廻り検地」の一種と評価できるように，それらが同系統の技術として位置付けられる可能性も指摘できる。いずれにしてもこれらのことは，「廻り検地」に関わる測量技術を，広い意味での測量としての「検地」としてみていく視点が必要なことを示している。

当事例は，18世紀中期の段階において，畿内地域とはいえ周辺村落における論所絵図の作製の際，盤針術による測量技術を既に必要とする状況が生じ，それが技術的に可能な段階にあったことを示している。その測量作業は1週間程度で終了し，さらに測量の開始から1ヶ月半以内に立会絵図が担当奉行に提出されている。この地図の作製にみるそれなりの速さは，測量作業の速さ，道具の軽便さによるものと考えられ，「廻り検地」が簡便な測量法であったという当時の認識にも通じている。

当事例の測量で使用されたと考えられる器具の多くは，従来の検地においても一般的に用いられるものであった。この測量において特に大きな役割を果たした測量器具は，小丸であったと考えられる。それは，3°単位で方位角を指示する方位磁石盤であった。その方位角の精度は，後述するように必ずしも当時としては優れた値を示すというわけではなかった。また，先述したように製図の場面において方位角が錯綜していた事実も確認され，測量が正確に実施されたかどうかも疑わしいと指摘できる。しかし，一方では，山間部を含んだ比較的小さな地域を対象として，訴訟過程の

第 3 章　山論絵図と「廻り検地」

なかで地図が作製されたという状況下においては，測量の精度が求められると同時に，地図をいかに速く作製するのか，またいかに簡便に測量を行うのかということも必要とされる条件であったといえる。こうした点から判断して，3°単位で方位角を示す方位磁石盤，つまり小丸を使用して測量を実行することは，これらの必要条件を満たすとともに，その使用によって作製された地図の誤差が，当時の社会に許容される範囲内であったことを当事例はよく示している。

注
1) 近隣の地域をみた場合，現在までのところ確認される最も古い測量帳は，1699（元禄12）年の「飾西郡・揖東郡境争論絵図」（菅原俊輔氏文書）を作製する際の測量データを記録したものが存在している。ただし，これは測量地点間の間数を記すのみで，方位については全く記載しておらず，「廻り検地」に由来する測量帳でないことが判明する。菅原俊輔氏（姫路市）文書「縄引丁間改帳」1699（元禄12）年，菅原家所蔵。
2) 牧野家（箕面市牧落地区）文書「摂州豊嶋郡西小路丁村落村平尾村御小物成所検地帳」1678（延宝6）年，牧野家所蔵。検地は，青山大膳亮内検地惣奉行山口治部右衛門，検地本〆久代佐右衛門，同前松下吉右衛門，検地奉行伊藤次郎左衛門，同前水谷六右衛門，同前富田伊右衛門により実施された。小物成所の地目は他に，中畑・屋敷・薮・山林が認められる。
3) 宮川満『太閤検地論　第Ⅲ部　基本史料とその解説』御茶の水書房，1963，331-334 頁。
4) ①吉田家（箕面市新稲地区）文書12-21「乍恐口上」1746（延享3）年10月29日，吉田家所蔵。②吉田家文書15-9「当村古代ゟ之公事出入并古証書」（箕面市史編集委員会編『箕面市史　史料編四』箕面市役所，1970）273-274 頁。
5) 検討は省くが，この論所絵図「〔ないら野宮廻松林争論裁許絵図〕」は，法恩寺松尾山南側の地域の用益をめぐり，桜村（幕府領）・半町村（武蔵岩槻藩領阿部氏領）と新稲村（仙洞領）間で争論となり，1659（万治2）年10月4日に評定所一座・老中・大坂町奉行・京都所司代計9名の裏書加印を以って裁許の際下されたものである。確認されるだけで，本紙1舗，写し8舗の存在が関係地域間で認められ，この地図の当地域における重要性を窺い知ることができる。第2章の山論絵図6に相当しており，その点でこの図は，証拠絵図としての役割を担うものである。①角川日本地名大辞典編纂委員会・竹内理三編『角川日本地名大辞典　27 大阪府』角川書店，1983，531・905・1003-1004 頁。②箕面市役所総務部庶務文書課『箕面市行政史料目録　二』箕面市役所総務部庶務文書課，1980，22-29 頁。
6) 前掲注4）②。
7) 代官支配の観点から，当事例も含めた検使派遣についての検討は次に認められる。村田路人「享保の国分けと京都・大坂町奉行の代官支配」（大阪大学文学部日本史研究室編『近世近代の地域と権力』清文堂出版，1998）325-341 頁。
8) 箕面市有文書（旧牧之庄六ヶ村共有文書，以下同）「證據物品々目録」1747（延享4）年7月29日，箕面市役所所蔵。
9) 法恩寺松尾山の内，大谷川筋，米坂へ見通し，米坂より上は高山道を限る西側の草山について。
10) 大谷川西側に既に成立する林地。
11) 帳簿類はそれぞれ，寛延4年度・宝暦2年度目録に「を」「わ」と記号を付して登録されており，それは後述にある付箋と一致する。①箕面市有文書「横帳目録覚」1752（宝暦2）年6月14日，箕面市役所所蔵。②箕面市有文書「覚」1751（寛延4）年5月22日（箕面市史編集委員会編『箕面市史　史料編三』箕面市役所，1968）287-288 頁。
12) 箕面市有文書「番号目録」1874（明治7）年7月改，箕面市役所所蔵。
13) 山下有美「文書と帳簿と記録」『古文書研究』47，1998，7 頁。
14) 服部山・徳尾・しやうふ谷・じん田山・蚓谷・大谷川・兎山・笹尾・石ずミ川・高嶽・高山道・黒たげ谷・高道。
15) 箕面市有文書「字一筆限地図帳」1875（明治8）年7月，箕面市役所所蔵，など参照。
16) 1寸を3.03cmと設定した。
17) 奥村家（池田市）文書「差上ケ申一札之事」1747（延享4）年7月18日，池田市立歴史民俗資料館所蔵。

18) ① Kimio HIROOKA, 'Quaternary Paleomagnetic Studies in Japan', *The Quaternary Research*（第四紀研究）30：2（1991), pp. 151-160. ②内山高・兵頭正幸・吉川周作「溜池堆積物の古地磁気年代測定」『第四紀研究』(*The Quaternary Research*) 36(2), 1997, 97-111 頁.
19) 104 番には上記にあるように勾配に関する記載が認められる。その値をもとに傾斜角度を計算した場合，求められる値は約 51°と，非常に傾斜が急であったことがわかる。このことが，矛盾が生じたことと関係するかどうかは不明であるが記しておく。また，A 帳 1 番にも勾配に関する記述が認められるが，その内容から測量斜面以外に関するものと考えられるため省く。
20) 13.886 寸（② 199 番から 227 番の合計）×3.03 cm×1200
21) 7.324 寸（① 199 番から 216 番の合計）×3.03 cm×1200
22) 13.267 寸（① 216 番から 246 番の合計）×3.03 cm×1200
23) 西小路地区共有文書「為取替一札」1751（寛延 4）年正月（箕面市史編集委員会編『箕面市史　史料編四』箕面市役所，1970）177 頁。
24) 前掲注 5）① 326-327・601 頁。
25) 上止々呂美地区共有文書「恐乍口上」1752（宝暦 2）年 9 月 27 日（箕面市史編集委員会編『箕面市史　史料編四』箕面市役所，1970）48 頁。
26) ①『延享 5（1748）年版）改正増補難波丸綱目』「諸師芸術部」（野間光辰監修『校本難波丸綱目』中尾松泉堂書店，1977）155-156 頁。②『（安永 6（1777）年版）難波丸綱目』「諸師芸術部」（野間光辰監修『校本難波丸綱目』中尾松泉堂書店，1977）501 頁。また，ほかの職業として，前書「諸職名工之部」には「磁石針師」（169 頁）が，後書「諸職名工之部」の「眼鏡磁石日時計」（513 頁）の項目中に「磁石細工人」が認められる。
27) 深井甚三『図翁　遠近道印　元禄の絵地図作者』桂書房，1990，109-110 頁。同書において「難波丸綱目」に記載される町見分間絵図師については，既に指摘されており，延享以降，大坂で職業として分間絵図の作製が成立していたと述べられている。
28) ①大国正美「近世境界争論における絵図と絵師—地域社会の慣行秩序の展開にみる権力と民衆—」（朝尾直弘教授退官記念会編『日本社会の史的構造　近世・近代』思文閣出版，1995）57・62-63 頁。②新田中野部落有文書「出入丁間覚日記」1741（寛保元）年 8 月 4 日，伊丹市立博物館蔵。
29) 摂津国豊島郡上止々呂美村：幕府領小堀主悦代官所。同国鳴下郡高山村（豊能町高山地区）：高槻藩永井氏領。同国能勢郡川尻村（豊能町川尻地区）：幕府領石原清左衛門代官所。前掲注 5）① 326-327・347・724 頁。
30) 上止々呂美地区（箕面市）共有文書「（山論済口証拠絵図）」1837（天保 8）年 7 月，上止々呂美地区自治会所蔵。
31) 上止々呂美地区共有文書「山論一件諸書物写」（箕面市史編集委員会編『箕面市史　史料編四』箕面市役所，1970）74-83 頁。
32) ①石田誠太郎『大阪人物誌』臨川書店，1974（初版 1927，石田文庫），615 頁。②大阪市立美術館編『近世大坂画壇』同朋舎出版，1983，229・290 頁。
33) ①上野家文書「乍恐奉願上候」1835（天保 6）年 4 月 4 日（豊能町史編纂委員会編『豊能町史　史料編』豊能町，1984）445・446 頁。前掲注 31）。また，本章では検討を省くが，立会絵図作製に関与する絵師の居住地は，山論を担当する奉行所などの所在地とおおむね一致し，その関係が認められる。
34) ①松宮俊仍『分度余術』中之上のうち「一，周廻括田法」又用羅経度分法，1728（享保 13）年，九州大学附属図書館所蔵。②奥村増貤『量地弧度算法』附録のうち「野帳記方の事」1836（天保 7）年，九州大学附属図書館所蔵。③大蔵省編纂『日本財政経済史料 2』財政経済学会，1922，1177-1179 頁。④初編巻之三「分間　第九章」（大矢真一解説『江戸科学古典叢書 37 測量集成』，恒和出版，1982）61 頁。
35) 保坂与市右衛門尉因宗『磁石算根元記』1687（貞享 4）年，東北大学附属図書館所蔵（狩野文庫）。
36) ①『地方落穂集』巻之七のうち「大場之検地に大事ある事」（瀧本誠一編『日本経済叢書 9』日本経済叢書刊行会，1915）142 頁。②巻之四のうち「地境證文」（瀧本誠一編『日本経済叢書 14』日本経済叢書刊行会，1915）210 頁。③『量地図説』のうち「量地測器」の「野帳」（大矢真一解説『江戸科学古典叢書 10 町見弁疑/量地図説/量地幼学指南』恒和出版，1978）267 頁。
37) 前掲注 36）②。
38) 「分見術用器」の「野帳」（大矢真一解説『江戸科学古典叢書 37 測量集成』恒和出版，1982）31 頁。
39) ①『国図枢要　完』のうち「一，野帳」年次不詳，九州大学附属図書館所蔵。②『国図要録』のうち「野帳并弧径」年次不詳，九州大学附属図書館所蔵。③川村博忠『近世絵図と測量術』古今書院，1992，181 頁。

40) 大矢真一解説『江戸科学古典叢書9 量地指南』恒和出版, 1978, 244-245 頁。
41) ①『規矩元法別傳』のうち「規矩元器之働」年次不詳, 九州大学附属図書館所蔵。②『規矩元法図解　完』附録「元器之図」「小丸図」年次不詳, 九州大学附属図書館所蔵。③『国図枢要　完』のうち「一, 規矩元器」「一, 櫓」「一, 遠的并高下」年次不詳, 九州大学附属図書館所蔵。④『国図要録』のうち「用具」年次不詳, 九州大学附属図書館所蔵。⑤矢守一彦「江戸前期測量術史割記」『日本学報』3, 1984, 4-5 頁。
42) 前掲39) ③ 76-79 頁。前掲注41) ⑤ 12-19・22-26 頁。
43) ①松宮俊仍『分度余術』上巻のうち「用器第一」1728（享保13）年, 九州大学附属図書館所蔵。②『国図枢要　完』のうち「一, 杖石」年次不詳, 九州大学附属図書館所蔵。③渡辺慎述編「伊能東河先生流量地伝習録」のうち「磁石」（保柳睦美編著『伊能忠敬の科学的業績―日本地図作製の近代化への道―（訂正版）』古今書院, 1980（初版1974））337-340 頁。④佐藤甚三郎『明治期作製の地籍図』古今書院, 1986, 161・199-201 頁。⑤佐藤甚次郎『公図　読図の基礎』古今書院, 1996, 188-191 頁。
44) 前掲注34) ③, 1160 頁。
45) ①『伊奈家地方伝記』のうち「地普請之事」（大蔵省編纂『日本財政経済史料 10』財政経済学会, 1923）1051 頁。②児玉幸多・大石慎三郎編『近世農政史料集一 江戸幕府法令　上』吉川弘文館, 1966, 181。③「検地要具」のうち「水縄」（安藤博編『徳川幕府県治要略』柏書房, 1981）176 頁。
46) ①「間縄之用」（大矢真一解説『江戸科学古典叢書9 量地指南』恒和出版, 1978）270-271 頁。②「量地測器」のうち「間縄」（大矢真一解説『江戸科学古典叢書10 町見弁疑/量地図説/量地幼学指南』恒和出版, 1978）266-267 頁。前掲注34) ③ 1160・1204 頁。前掲注45) ①, ③。
47) 奥村増咘『量地弧度算法』附録, 1836（天保7）年, 九州大学附属図書館所蔵。
48) ①五十嵐篤好大人『地方新器測量法』のうち「用具」1856（安政3）年, 九州大学附属図書館所蔵。②渡辺慎述編「伊能東河先生流量地伝習録」のうち「水盛台　象限儀」（保柳睦美編著『伊能忠敬の科学的業績―日本地図作製の近代化への道―（訂正版）』古今書院, 1980（初版1974））341-343 頁。
49) 細井広沢（知慎）『秘伝地域図法大全書』乾巻上冊のうち「山図同式」および附録のうち「新定器用図式」1717（享保2）年, 九州大学附属図書館所蔵。
50) 松宮俊仍『分度余術』上巻のうち「用器第一」および上巻之下のうち「勾股小平舒縮度分法」など, 1728（享保13）年, 九州大学附属図書館所蔵。
51)『量地図説』巻之下のうち「全方儀」（大矢真一解説『江戸科学古典叢書10 町見弁疑/量地図説/量地幼学指南』恒和出版, 1978）307-315 頁。
52)（南部藩）御勘定吟味役阿部九兵衛編集「新田畑返引竿御検地作法書」1851（嘉永4）年（国税庁税務大学校租税資料室編『租税資料叢書　第1巻 南部藩検地検見作法書』霞出版社, 1986）131-182 頁。
53) ①石黒準太郎『石黒信由事蹟一斑』1909（明治42）年, 石黒準太郎, 46 丁。②富山県教育委員会編『高樹文庫資料目録―昭和52・53年度 歴史資料緊急調査報告書―』富山県教育委員会, 1979, 513 頁。③石黒信由「書籍出入留」（高樹文庫研究会『トヨタ財団助成研究報告書　石黒信由遺品等高樹文庫資料の総合的研究―江戸時代末期の郷紳の学問と技術の文化的社会的意義―第二輯』高樹文庫研究会, 1984）160-182 頁。

第4章 村における「廻り検地」の実践

第1節 はじめに

　前章では，18世紀中期の北摂山地南麓における山論絵図を対象として，主に測量帳を参照しながら，小地域での地図の作製技術に関わる測量技術の検討を試みた[1]。そして，その測量技術は当時，「廻り検地」と称される検地技術であったこと，「小丸」と呼ばれる，3°単位で方位角を測ることができる方位磁石盤を用いたほか，距離や傾斜角度も計測して，これらのデータなどをもとに山地における地図を作製していたことが明らかとなった。ただし，残された資料の制約から技術的な内容に議論が限定されたものとなり，測量の当事者は誰なのか，どのようにして作業が実施されたのかなど，具体的な地図測量の作業過程や内容を検討することができなかった。

　このような点から，先の議論の不足を補うため本章で検討を行うこととした。先に記したように，山論絵図そのものが多く残される状況に比べて，関係する測量帳をも残している事例というものは乏しいのが実情である。本章で検討したのは，北摂地域の山論絵図のなかで確認された4点の測量帳のうち，3番目に古い測量帳であり，前章で議論した事例と地域や時代が近いものとなっている。さらに測量帳のみが残されているのではなく，測量の経緯を記した日記も併せて残されていることから，これらの資料の検討を通じて測量行為の実態の復元を試みることができると考えた。こうして地図の作製に関わる人物を通して測量という行為を検討していくことは，近世の在地社会における技術や知識の蓄積を明らかにすることになると考えている。

第2節 山論の経緯

　今回検討する地域は，大阪府池田市のうち，箕面市に隣接した市域東側の畑地区を対象としている。論所となった字本庄裏山（以下では「裏山」と表記）と，その南方の字本庄前山（以下では「前山」と表記，両山を指す場合は「本庄山」と表記した）は，北摂山地に連なる五月山の東方に位置し，近世初期より畑村（摂津国豊島郡麻田藩領）を山元として周辺村々が山野資源（松木柴草）を入会利用する山であった[2]。なお，畑村の集落は本庄山南方に位置していた。

　この裏山では，1678（延宝6）年3月11日に尼崎藩主青山氏の担当のもと検地が実施され，前

山とともに畑村山野は高外地の税の対象地である小物成地として代官支配地に編入されている[3]。いわゆる延宝検地である。その検地帳によると，裏山は 124 町 8 反 3 畝 10 歩の芝山（1,070×350 間・年貢定米 3 石），前山は 8 町 6 反 3 畝 10 歩の柴山（370×70 間・年貢定米 1 石 3 斗）と地目を区別し表記されている。この前山は畑村の内林（松林や松山と表記されている）であるとともに，一部を複数村の林野資源（松木・下草）の利用に提供しており，その利用をめぐって元禄年間に争論が発生していた[4]。

一方，裏山では近世中期の度重なる用益権争いを通じ，山野資源の利用が次第に規定されていく。享保年間に東側に位置する牧（落）村（摂津国豊島郡旗本青木氏知行）の者が裏山内での新開（七町歩）を幕府巡見使へ願い許可されたことに対して，畑村は同様の願いを出し，そのほか裏山を入会利用する村々も用益（芝草の下刈りなど）の減少を恐れこれに反対した。結局，この地の開発は失敗し，1731（享保 16）年に才田村（摂津国豊島郡幕府領）と尊鉢村（同国同郡旗本渡辺 3 氏知行）へ「芝山」の宛山として譲渡され，その年貢米（1 斗 6 升 8 合）の負担を両村が引き継いだ。

一方，畑村内では，本庄山の利用に際して山株を設定し，山野資源の管理強化を試みていたことが認められる。その後，1749（寛延 2）年，1761（宝暦 11）年と本庄山における年貢定米の増米が決定され，それは芝山とされた裏山の林地化（小松・松木山 23 町歩）を主な要因とするものであった。宝暦期の年貢増米は，京都代官（小堀数馬）の小物成地巡見によるもので，巡見に際し畑村より京都代官所へ 1759（宝暦 9）年 4 月に地図（以下では「宝暦図」と表記）[5]が提出されている。この巡見時には，京都代官所の役人らも本庄山の地図（以下では「明和図」と表記）[6]を作製しており，その控が 1766（明和 3）年 8 月に畑村へ手交された。ちなみにこの明和図は，幕府方が統一的に「廻り検地」を実施して作製した測量地図の事例として非常に注目されるものであり，第 5 章でその検討を行っている。

今回検討する争論は，小物成地である裏山の松木伐採をめぐり畑村と才田・尊鉢村が 1782（天明 2）年ころから対立し，翌年 2 月 5 日の才田・尊鉢村（訴訟方）による大坂町奉行への提訴を受けて山論に発展したものである[7]。その論点の一つは，前山と裏山との境界筋の認識の相違によるものであった。この前山と裏山の境界について，訴訟方は，「本庄前山同裏山之境東手而ハ字ざんがい裏谷中程登ハ字鳩ヶ頭西手ニ而ハ字本庄塚と申谷間迄一円裏山と相心得候」と主張していたが，相手方は「東手者字東八ヶ圖木中程ニ而ハ字見返し谷西手ニ而者字三ッ石と申処迄見返し北手者山を裏山と相心得候」と異なる認識を持っていた[8]。つまり，相手方であった畑村は，訴訟方の主張した位置よりも北部に境界筋が位置していると理解していたことになる。そして，大坂町奉行所で論所を対象とした立会絵図の提出が指示され，両者で立会絵図（以下では「天明図」と表記）[9]を作製することとなった。この立会絵図は，1787（天明 7）年 12 月 11 日に完成し提出されている。

山論の解決は，勘定奉行支配普請役秋月嘉一郎の小物成地巡見などの影響を受けて遅れてしまうものの，双方の吟味や現地調査を経て，提訴から 9 年目の 1792（寛政 4）年 6 月に至ってようやく内済をもって成立した。その際，大坂城代や大坂町奉行に願い手交された地図（以下では「寛政図」と表記）[10]を用い内済証文を作製している。この寛政図は，裏書に記された作製の経緯など[11]か

ら，裁許絵図ではなく検使により作製された分検絵図の形式に近い図であると考えている。それは，図面の余白に「此色双方申口本庄前山同裏山境目」とする色分凡例を配し，訴訟方と相手方の主張する境界筋のいずれもを描くことにも示されている。

和談の内容をみてみると，まず前山と裏山の境界筋については，寛政図の図面に双方の境界筋を描くが，両山の塗り分けられた内容から判断して畑村側の主張が採用されたことがわかる。また，裏山のうち新開地七町歩に続く北東南側の芝山（9町歩程）は才田・尊鉢村，松木の生える地域は畑村の利用地と認定し，このほか8ヶ村の入会利用も存続させるなど，和談の内容は争論に関与した村々の用益をそれぞれ確保するものとなっていた。さらに山の管理についても，境目道や境界杭の設置，利用法などを細かく設定していた。それらの位置関係については，付帯する文献資料[12]とともに，寛政図に明示することによって共通の認識を形成することを試みている。

第3節　対象とする資料の紹介

以下では本章における議論の中心となった資料について紹介する。それらは，日記，測量帳，山論絵図となっている。

(1) 日記

本事例の山論に関連する日記として，「山論掛合覚日記」（1783（天明3）年）と「山論一件之日記」（1784（天明4）年）（以下では「日記」と表記）の2点が認められる[13]。いずれも畑村側（西畑村年寄新兵衛の執筆か）の作成した日記帳であり，現在までのところ関係する地域内においてほかに同種の資料は確認されていない。それらの資料形態は横帳で，紙こよりで綴じられる。日記に記載される内容は事柄のみを淡々と記すもので，他村も含めた関係者名も数多く列記することから，日記の内容は事実に即したものと判断できる。

日記の内容を簡単に紹介してみると，それは，畑村と才田・尊鉢村による争論の調整内容，訴訟過程における幕府や領主役人との交渉や周辺地域との関わりなど，畑村役人の動向を中心にして山論を巡る日々の出来事を主に記したものとなっている。また，立会絵図の作製に関する測量の経緯や絵師の雇用についても記述されているのもこの資料の特徴といえる。また，日記に記載されている期間は，1783（天明3）年1月20日から1785（天明5）年1月20日の2年間となっている。

(2) 測量帳（表4-1参照）

a．「分検間数覚日記」

「分検間数覚日記」は，論所絵図の作製のため，野帳に記した測量結果を畑村側で編集し直したものと考えられる。ただし，どの段階で編集されたものなのかは不明である。資料形態は横帳で，それがこよりで綴じられており，折り目は左側となっている。2冊の帳簿が存在しており，それぞ

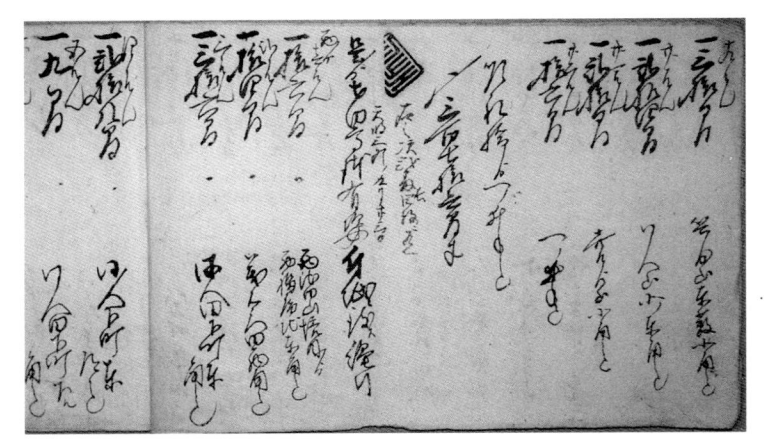

図4-1　天明3年「壱番 分検間数覚日記」より3丁裏，奥村家文書（池田市立歴史民俗資料館所蔵）

注）天明4年2月7日に実施した石澄川筋の測量の終了と，天明3年9月23日に実施した前山南端部の測量の開始した区間を記す。割判の左には「是ゟ才田尊鉢有姿付紙致ス縄引」と記し，そこから「西ゟ／壱ばん／一，拾六間／西池田山境目ゟ西福庵地東角迄」と1番以下の測量データを表記する。この区間は，才田・尊鉢村による測量の実施と図化の要求に対して，大坂町奉行所での審議を受け，絵図に描かず「付紙」とすることが決定されている。

れ表紙に「壱番」（以下では「①帳」と表記）[14]および「弐番」（以下では「②帳」と表記）[15]と記してある。図4-1は，①帳のうち，3丁裏を例示したものである。

後述するが，①帳には本庄山と畑村集落の接する山裾付近の測量データについて，②帳には本庄山周囲や境界筋など山間部の測量データを記している。さらに②帳については，前半に本庄山周囲の測量データ，後半に前山と裏山の境界筋の測量データと区分することができる。いずれも表紙に1783（天明3）年卯8月24日と，測量作業の開始した年月日を表記している。資料中にはこの日以外の年月日も記しており，それは1783（天明3）年の8月25・26日，9月22・23日，1784（天明4）年の2月7・8・26日，3月23・24・25・28日，4月1日の日付を確認することができる。これらより，合計で13日間の測量結果が記されていることが判明する。

次は資料の記載形式や内容をみてみる。図4-1に示されているように，形式は行列配列，つまり一つ書きの形式をとり，上段に番号と測量地点間の距離，下段に各到達地点の状況を記すことを基本としている。距離の単位は間数で記し，最小単位は半間となっている。また，交通施設（道・橋），生産施設（井手・溝・耕作地・採草地・林地など），宗教施設（寺社・墓所），居住施設，自然地形のほか，境界杭や目印となる事物（樹木・石・瀧など），各地の名称や所有者名など測量地域周辺の状況も詳細に記している。上記の測量データは連続する測量区間毎に配列して記載されており，各区間のはじめに測量開始と終了地点，測量を実施した年月日，境界を主張する側の村名などを示し，各区間の終わりに総間数を付記する。このうち①②帳と継続して表記される区間は双方に割判を施し，その接続が明示されるようにしている。

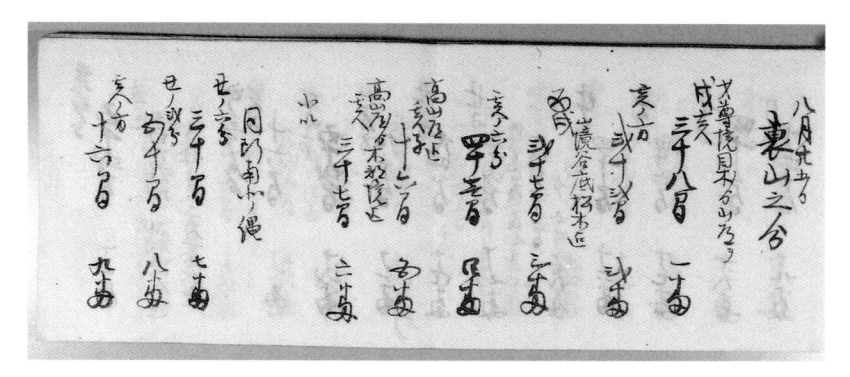

第 4 章　村における「廻り検地」の実践

図 4 - 2　天明 3 年「立会絵図分検帳」より 3 丁表，箕面市有文書

b．「立会絵図分検帳」

「立会絵図分検帳」（以下では「③帳」と表記）[16]は，その記載される内容から，論所の測量を実施する際，東方に隣接する牧之庄六ヶ村[17]がそれに立ち会い作成した資料とも考えられるが，詳細は不明である。資料の形態は横帳で，紙こよりで綴じられる。③帳には①②帳に記載された測量日のほか，天明 5 年 1 月 23 日，2 月 7・13・14・15・23・24・26・27 日，3 月 12・14 日に実施した 11 日間の測量結果も記す。これら天明 5 年度の測量作業は，「横縄」や「立縄（たつ縄）」と称される測量と，溜め池や畑村の管理下にある区域（草地・林地）に関する測量結果が記されている。

そのうち図 4 - 2 は，3 丁表を例示したものである。それをみると資料に記録される形式は，上段に距離，下段に番号を記し，その右に方位角や測量地点周辺の状況を示す形式がとられており，基本的な特徴は①②帳の内容に共通する。しかし相違する点も認められ，最も大きな違いは，①②帳で部分的であった方位角の表記が，③帳では大方の区間に記されていることである。また，測量した地域の状況について，①②帳では各施設の所有者として個人名を付記する場合が多いのに対し，③帳では個人名をほとんど使わず，地名や施設名など共有された呼称を用いていることが認められ，この資料を記録した人物の地域への関わりの相違が示されている。

このほか各測量区間の終了地点にはその総間数を記すとともに，分検数と称して総間数の 1,500 分の 1 の縮尺値も付記している。後述するようにこの縮尺値は，天明図における縮尺の値に一致するものであり，また資料中には「是ら絵図ニ成ル」と記載されるなど，①②帳に比べて③帳にはその後作製される図との関係を窺わせる内容が若干記されている。

資料の読み方について，図 4 - 2 をみてみよう。まず，これは，1783（天明 3）年 8 月 25 日に実施した本庄山西側境界筋の測量結果の一部について記したものであり，「八月廿五日裏山之分」から，「才尊境目木ら山道ヲ／戌亥／三十八間　一番」と 1 番杭以下の測量データを表記していることがわかる。例えば，4 番杭には「亥ノ六分」と，一支の 10 等分による方位角の表記が確認される。この値より，当事例の測量では，前章での事例と同様，小丸を使用していたことが判明する。この亥 6 という値は，磁北 0°を子 0 ＝亥 10 と設定した場合，348°に相当する方位角であった。そう

表 4 - 1　字本庄前山・裏山における測量データ

年	月日	測量箇所	測量経路	測量距離	測点	距離平均（短～長）	資料
天明3年	8.24	順礼道筋を西方へ（①順礼道筋筋石積川ら西行，③順礼道東西）	石住川土橋西詰(1)～大谷川石橋東詰～池田境堀切川(2)	626間	15点	44.7間（20～50間）	①/③
	8.24	北方の本庄前山南西部方へ（①川東帰りを行上ル，②調山谷ら上へ行，③西側大通リ・前山之分）	順礼道ヲ池田境堀切川(2)～谷端ヲ山裾～調山谷筋此縄西原ら東へ山際ヘすじかい，市郎兵衛山裾廻リ西へ(3)	289.4間	13点	24.1間（11～84間）	①②/③
	8.25	本庄裏山西側境界筋を北方へ（③裏山之分）	大津わ山南原東ノ角ら西へ行才田尊鉢之裏山目印ノ松(3)～高山道～中細大谷南原ノ上ノ三ッ石～寒風道通し松木山草場境目～七町歩新開ノ西定杭(4)	1,016間	33点	31.8間（4～56間）	②/③
	8.26	本庄裏山西側境界筋を北方へ，本庄裏・箕面・細郷山三ツ境目迄	七町歩新開ノ西定杭(4)～新開ノ（北）定杭～三ツ合とがりニ付(5)	1,002間	27点	38.5間（16～52間）	
	9.22	石澄川筋を北方へ（①石積順礼道橋杭ら川筋を行，③東側大通リ・順礼ら石住川ヲ北ヘ上ル）	川中ヲ土橋ノ北(1)～新稲領掛道(7)	198間	14点	15.2間（7.5～24間）	①/③
	9.23	本庄前山裾の御料私領付近を東方へ（①才田尊鉢有姿付紙致ス縄引，③前山裾通リ）	西池田山境目(6)～西福庵地東角～大谷川ノ中～天神前山道～吉祥庵ノ裏ノ西手～御下屋敷山ノ前原角～右橋一ノ井出(8)	1,072間	76点	14.3間（3～38間）	
天明4年	2.7	本庄前山・裏山東側境界石澄川筋を北方へ（②一ノ出ら奥へ行，③右之川筋）	新稲領掛道(7)～一ノ井出(8)～山道川筋北へ～一ノたき～三ノ瀧所才田尊鉢三岩見覚（新稲三ッ石）～三ノ瀧(9)	428間	22点	20.4間（4～47間）	①②/③
	2.8	本庄裏山東側境界石澄川筋を北方へ	三ノ瀧ノ肩(9)～（畑村）見通し～底池ノ東際（みろく池ノ下）(10)	307間	17点	19.2間（5～43間）	
	2.26	本庄裏山東側境界筋を北方へ（②池ノ東帰リヘ上ル，③みろく池ノ東原ら北へ上ル）	(10)～池ノ底東ノ蟻ノ尊谷一ばんノ杭（四嶋山境目杭）～新池ノ終～箕面山境三ツ合(5)	886間	27点	34.1間（7～52間）	
	3.23	訴訟方の主張する本庄前山・同裏山境界筋を東方へ（②才田尊鉢手印西大津わら東へ行，③西畑村ら山道ヲ大倒輪山ノ印木ら東へ打出ル）	大津わ東ノす(3)～本荘塚東原～宮山ヘ見通しはえきわ～鳩ヶ頭峠道(11)	253間	11点	25.3間（4～75間）	②/③
	3.24	3/23の続き，境界筋を東方へ	鳩ヶ頭峠道(11)～黒岩ノ谷川～千之瀧(12)	394間	32点	12.7間（4～100間）	
	3.24	3/24の続き，測量の改め（③改）	(12)～たぬき穴谷川(13)	180間	5点	45間（6～105間）	
	3.25	西谷川筋を北方へ（②西谷川筋眠谷池迄行，③立縄一番）	市右衛門谷ヲ北(14)～才田尊鉢ノ見通シニ当ル留ノ堤ヘ川ら越道渡所（是ら論所）～奥ノ畑渡所(17)	227間	14点	17.5間（5～30間）	
	3.28	相手方の主張する本庄前・裏山境界筋を東方へ（②西三ッ石ら是ら畑村見通し，③畑村見極境目）	西ノ三ッ石(15)～東藤八松～高山道～本庄塚松～東ノ峠ノ上池(16)	592.5間	19点	32.9間（8～105間）	
	4.1	3/28の続き，境界筋を東方へ石澄川迄	(16)～東藤八ヶ松～東川(19)	133間	15点	9.5間（2～26間）	
	4.1	3/25の続き，西谷川筋を北方へ	奥ノ畑渡所(17)～眠谷池樋落(18)	103間	11点	10.3間（3～22間）	

注）「分検間数覚日記」（①②帳）および「立会絵図分検帳」（③帳）より作成。「測量箇所」のカッコ内に示された各測量区間の名称と「測量経路」の各地名は，測量帳の記載に従い表記したものである。なお，「測量経路」に示す番号は図 4 - 5 や本文中の番号に対応する。また，「距離平均（短～長）」に示される距離のうち，前者は測量地点間（測点）間距離の平均値について，後者は測量地点間距離の最短値から最長値までについてをそれぞれ表している。

第4章 村における「廻り検地」の実践

年	月日	測量箇所	測量経路	測量距離	測点	距離平均（短〜長）	資料
天明5年	1.23	本庄裏山を西側境界筋より真東へ東側境界筋まで（③横縄一番）	七町歩南ノ杭筋山道(4)〜是迄草場〜みろく池ノ堤共東ノヨケ(10)	333間	12点	30.3間（9〜61間）	③
	2.7	本庄前山・同裏山内を山裾より北方へ（③たつ縄四番）	東峠ノ道筋ヲ東畑村土手打上ル内するへの池(20)〜谷川〜新堤〜才尊見通〜是ゟぜんかいノ裏通ヲ行〜東峠松ノ下東西へ小道ノ辻(21)	470間	31点	15.7間（6〜39間）	
	2.13	本庄裏山を西側境界筋より真東へ東側境界筋まで（③横縄二番）	七町歩北ノ定杭(22)ゟ百十四間南ニ而山道ゟ打〜中池ノ中程〜(23)	359間	20点	18.9間（6〜41間）	
	2.14	本庄裏山・同前山を西側境界筋より南方の山裾へ（③たつ縄二番）	高山道ト峠道ノ出合ノ辻(24)〜畑村見通し松〜峠松〜才尊見通し松（鳩ヶ頭）〜天神(25)前土手迄北池ノ端	826間	46点	18.4間（6〜51間）	
	2.15	本庄前山西側を北東方へ（③たつ縄三番）	大倒輪山ノ峰(26)〜丑寅へ〜高山道ト峠道トノ出合(24)	503間	6点	100.6間（36〜150間）	
	2.23	本庄前山・同裏山内を山裾より北方へ（③立縄六番）	西畑村西福庵ノ上(27)〜山道ヲ大谷ノ方へ〜東西へノ道辻〜才尊見通し谷〜大倒輪山才尊見通し松〜籠池ノ終リ〜上ノ土砂止メ〜高山道へ出ル辻(28)	488間	34点	14.8間（3〜42間）	
		本庄前山・同裏山内西部の草場周囲（③高山道ゟ西木部領境草場ノ囲）	池田領境(29)〜畑村見通し松〜中河原境与高山道ト出合(30)	374間	15点	26.7間（8〜50間）	
	2.24	本庄裏山の西側境界筋を真東へ東側境界筋まで（③横縄三番）	東山伊勢講山(31)〜三谷南ノ谷〜裾ゟ松林是ゟ初メ〜新池ノ亥ノ方林ノ終〜四嶋山道(32)	355間	15点	25.4間（6〜75間）	
		本庄裏山内の渋谷村新池付近	新池ノ尻（渋谷村溜池ノ尻）(33)〜西ノ袋池ノ尻ゟ出合溝(34)	95間	4点	31.7間（26〜42間）	
		本庄裏山内新池袋池の溝を南方へ	新池袋池ノ出合溝辻(34)〜川ヲ下モへ〜笠松ノ下リ(35)	271間	7点	45.2間（7〜150間）	
	2.26	本庄裏山の西側境界筋を真東へ東側境界筋まで（③横縄四番）	伊勢講山辰巳角ノ大松(36)〜東ノ山道迄境通(37)	265間	6点	53間（45〜67間）	
		本庄裏山の東側境界筋を真西へ西側境界筋まで（③横縄五番）	山道(38)〜高山道(39)	83間	3点	41.5間（23〜60間）	
		本庄裏山内の草場と林地の境筋（③当村之草場ト林ノ境目引）	高山道ト峠道ト出合之辻ゟ十六間南へ下リ(40)〜小道ヲ東へ〜種松(41)	619間	39点	16.3間（3〜36間）	
		本庄前山・同裏山内を山裾より北方へ（③立縄五番）	ぜんかいノ西裏見通し道ゟ打初メ黒岩ノ谷ゟ上ル(43)〜谷川ノ中ヲ打〜草谷黒岩ノ池〜土砂止メ〜草谷ノ終リ(44)	478間	21点	23.9間（6〜57間）	
	2.27	2/26の続き，草場林地境筋（③右之続弐番）	(41)〜新池ノ端（42付近）	316間	18点	18.6間（7〜29間）	
		本庄裏山内皿池の周囲（③皿池ノ囲）	北〜池ノ中程南北〜堤ノ東西〜新池ノ尻ゟ中池ノ水口迄（46周囲）	200間	5点	50間（23〜100間）	
		本庄裏山内中池の周囲（③中池ノ囲）	水口ゟ西側ヲ廻リ〜池ノ中程東西〜中程南北（47周囲）	179間	4点	59.7間（26〜120間）	
	3.12	新池袋池溝への谷川筋を南へ（③右谷川ヲ笠松之下モゟ南へ打下リ）	松ノ下モ(35)〜西畑村土手(45)	134間	9点	16.8間（9〜28間）	
		本庄前山・同裏山を北方へ（?）	当村ゟ山道ヲふじの棚(48)〜長右衛門裏〜領境〜畑村領〜村ノ入口垣崎〜順礼道迄峠道廻角(49)	870間	21点	43.5間（10〜59間）	
	3.14	本庄裏山内みろく池の周囲（③みろく池ノ廻り）	堤ノ東西〜東側〜北ノ端〜西側〜（50周囲）	301間	13点	25.1間（8〜50間）	
		本庄裏山内眠り池の周囲（③ねむり池ノ廻り）	西〜北〜東側〜南ノ堤東西（51周囲）	212間	8点	30.3間（9〜50間）	

してこの測量帳をはじめから読むと，1番杭から戌亥（315°）の方角へ38間（約69 m）の位置に2番杭が位置し，2番杭から亥（330°）の方角へ22間（約40 m）の位置に3番杭が位置していたことが知られるということになる。

(3) 山論絵図 （図4-3，図4-4，口絵3参照）

　天明図は，ここで検討する山論の公事訴訟の過程において，大坂町奉行所からの指示を受け，争論当事者が主体となって作製し，奉行所に提出した立会絵図の写しである。その裏書には図の内容を保証する文面として，次のように記されている。

　摂州豊嶋郡畑村領字本庄裏山争論ニ付、立会絵図被為　仰付、双方場所相改、分間百間四寸之積を以絵図仕立申候、尤論所双方申分有之処者、かふせ絵図ニ而奉申上候、右少茂相違無御座候ニ付、双方裏書連判仍如件
　　天明七年丁未十二月

（以下才田・尊鉢・畑村役人15名略）

　この文章から，天明図の縮尺は「分間百間四寸之積」，つまり1,500分の1であることがわかる。この値は，③帳の分検数の値に共通している。また，この裏書には立ち会いで「場所相改」とする作業を行ったことを記し，先の縮尺値に関する記述と併せて測量が実施されたことを示している。

　天明図の主な描写対象は本庄山である。ただし，南端部の畑村と接している山裾付近は描かれていない。山の地形は俯瞰図的に地貌線を描き，複数の山の斜面を連続させて配置する表現が取られ，そのなかを川筋や道筋，溜め池を配して谷や尾根筋を位置付けている。論山の南方に位置する争論当事者の各村は，小判型の村形に村名を記し，順礼道などの道筋や川筋とともにその位置を示す。図面の余白に記された色分凡例に従って図は彩色され，「道」（赤），「論所松木山」（黄＋樹木），「論所裏山」（黄），「池川」（青），「論所前山」（灰），「境目」（黒）と塗り分けられる。

　山内で最も多く描かれる図像は樹木である。その樹木は，マツ型のもののみを認めることができ，場所によって大きさを変え描き分けられている。例えば，前山と裏山との境界付近には大型の樹木を配し，境木として強調される。畑村の内林とされ，一部を他村の利用に供していた前山は，西側境界筋に接する一部地域を除く部分に樹木が疎らに描かれている。松山として一部林地化されていた裏山は，色分凡例に従って南東部にマツ型の樹木を描き，それと西側の樹木のない地域との境付近に境木として大型の樹木が配置される。享保年間に才田・尊鉢村の宛山とされた芝山は，裏山西部に「御請所　七町歩　才田村尊鉢村」としてその区画を明示し，その周囲には寛政期の和談で「芝地」と記された通り樹木を描いていない。このほか文字注記については，山内を中心として地名に関するものが多数確認される。

　天明図は立会絵図であるため，幾つかの表現法を採用して，相違する訴訟方と相手方の主張を同

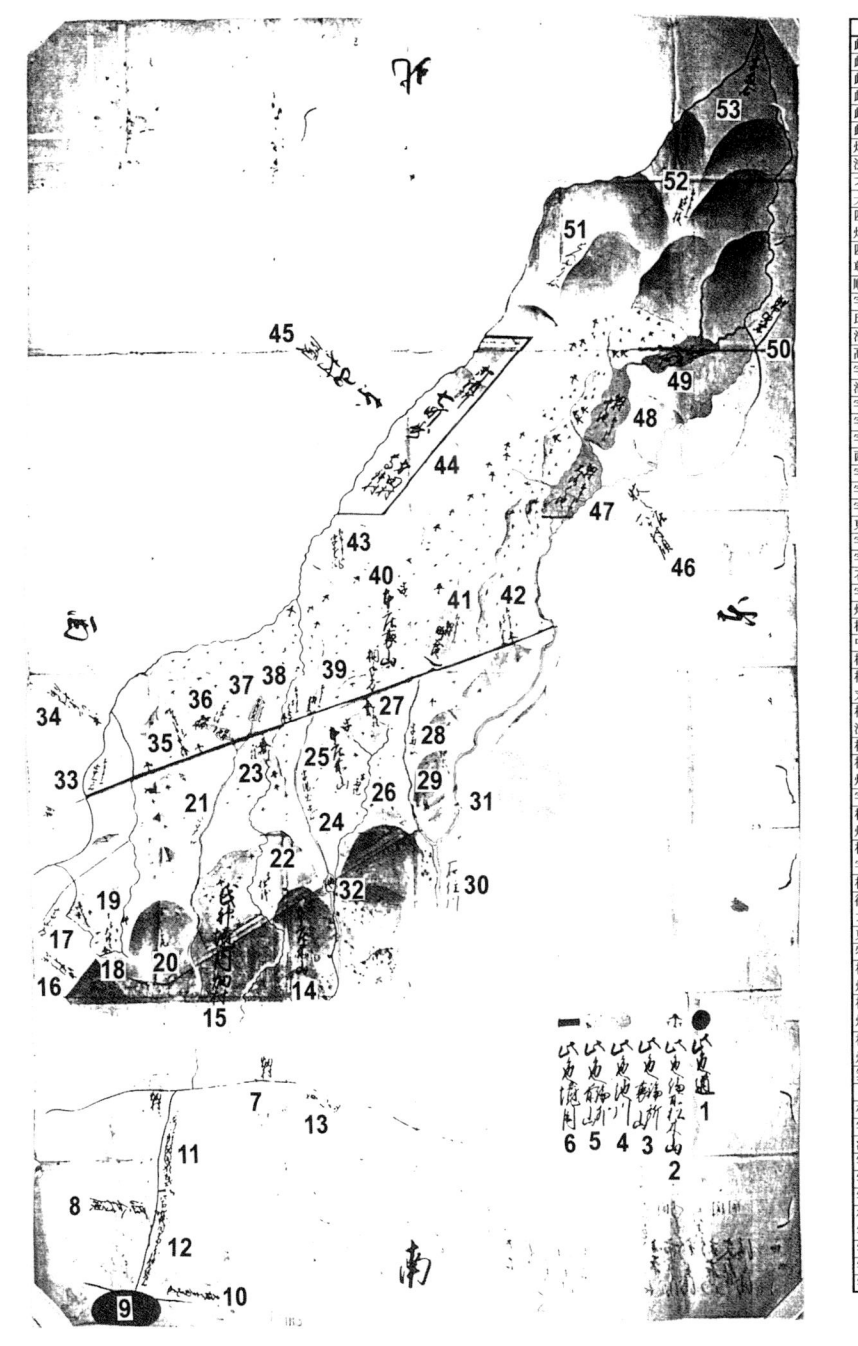

第4章　村における「廻り検地」の実践

文字注記	
此色道	1
此色論所松木山	2
此色論所裏山	3
此色池川	4
此色論所前山	5
此色境目	6
畑村	7
渋谷村領	8
才田村尊鉢村	9
大坂与多田院道	10
四百四拾弐間 畑村領順礼道迄	11
四百弐拾八間才田尊鉢領大坂道迄	12
順礼道	13
字本庄前山	14
氏神境内畑村	15
池田村領	16
高山道	17
字大津わ	18
池	19
字すへりが尾	20
字大谷川	21
字摺鉢	22
西峠松	23
字湯出し道谷	24
字本庄前山	25
字雨堤	26
東峠松	27
字西谷	28
字馬ヶ奥	29
石住川	30
字たぬき原	31
畑村池	32
相手方申口字三ツ石	33
中河原村領	34
相手方申口字本庄塚	35
相手方申口渋谷村丸尾池渋谷村池	36
相手方申口渋谷村新池	37
相手方申口字見返谷	38
相手方申口畑村黒岩谷池	39
字本庄裏山相手方	40
相手方申口畑村眠り谷池	41
相手方申口字東八ヶ圖木	42
相手方申候字寒風	43
御請所七町歩才田村尊鉢村	44
東山村領	45
牧之庄六ヶ村領	46
相手方申口畑村みろく池	47
相手方申口畑村中池	48
相手方申口畑村さら池	49
箕面山領	50
どんぶり谷	51
相手方申口字立板	52
字道合	53
池	54
字本庄塚	55
字大谷川	56
字鳩ヶ頭	57
相手方申口字湯出し道谷	58
字本庄裏山訴訟方	59
字せんかい浦谷	60
字西谷	61

図4-3　天明7年「〔字本庄裏山論所立会絵図〕」，岸本家文書（口絵3）

注）法量 236.5×134.4 cm（料紙9×3枚）。番号は表の文字注記に対応する。なお，図の作製に当たって池田市教育委員会生涯学習部社会教育課蔵の複写資料を使用した。

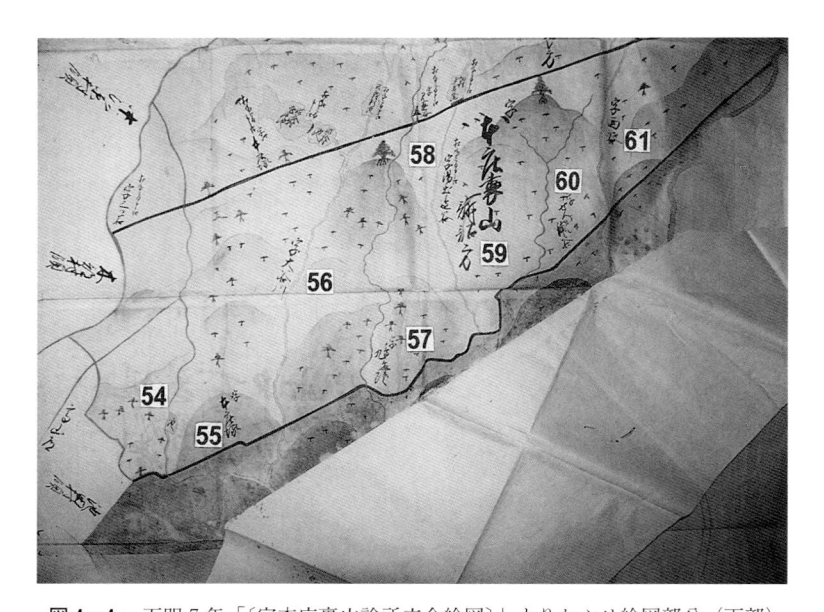

図 4 - 4　天明 7 年「〔字本庄裏山論所立会絵図〕」よりかぶせ絵図部分（下部）
注）下の墨線が訴訟方の主張する前山と裏山の境界筋，61 の「字西谷」と表記される川筋が立縄一番の測量を行った区間に相当する。番号は図 4 - 3 の表に対応する。

一画面上に示す工夫を施している。裏書にも記されている「かぶせ絵図」もそのひとつで，それは，両者の認識の異なる地域に対して，一方の認識を描いた別紙を図面に貼付する表現法である（図 4 - 4 参照）。天明図では，相手方の主張する境界認識が図化された別紙を図面に貼付し，それにより双方の主張の相違に応じた 2 本の裏山と前山との境界筋を明示している。

第 4 節　村での測量過程 —— 日記と測量帳の分析から ——

　ここでは，まず先述した日記の記述に従い，本庄山を対象に実施された 1783（天明 3）年から 1785（天明 5）年度の測量の過程について示していきたい。少し煩雑になるが日記などの記載から明らかになった経過について，基本的には関連するすべてのものを順に記述している。その際，特に測量行為に関わる表現については，日記の言葉をそのまま表記している。それは地図測量の実態を理解するうえにおいて，当時の表現を知る必要があると考えたからである。日記に記された測量の日程は，表 4 - 1 の通り測量帳の記録に共通するものである。ただし，1785（天明 5）年度の測量については日記にその記載を欠くため，③帳の記述のみを参照した。

(1) 測量作業の実施前

a．提訴

1783（天明3）年2月5日の大坂町奉行への才田・尊鉢村の提訴を受け，畑村は訴状の写しを領主の麻田藩主に差し出し，藩役人による畑村の作成した返答書の下書に関する内容の確認を経て，返答書を奉行所へ提出した。「地方御役所」（大坂町奉行所）での吟味の後，2月21日に大坂町奉行より立会絵図の作製が命じられ，村に戻って「神文」を双方で実施すること，絵師を選定した後は絵師も同様に神文を実施することが指示された。

この神文は立会絵図の作製時における不正行為の排除を目的に作成される起請文を意味しており，管轄奉行から下される誓詞案文と神文（もしくは罰文）より構成される。例えば，起請文前書とは「一　論所有躰ニ無相違双方立合壱枚絵図仕立可申事／一　論所江双方立合之節非儀不申懸有躰ニ可仕候勿論口論仕間敷事／一　絵師ニも御案文之通為誓詞可申事／一　此度論所之場所計絵図書可申候無用之所は書載申間敷候事／一　絵図之内申分相極不申所者絵図之内張紙ニ而御訴可申上事／附り双方とも無油断絵図仕置連り不申候様可仕事右之条々少しも相背に於ゐてハ」などという内容のものであり，これに罰文が付されている[18]。この双方による起請文は，3月6日に奉行所へ提出された。

b．絵師の雇用

立会絵図を作るために絵師を雇うこととなったが，畑村からは庄屋と年寄が参加し，3月13日に在郷町池田（摂津国豊島郡幕府領）へ向かった[19]。この池田村は，当時，町場として成立する地域であったことから，ここでは自治体史などの表記に従って「在郷町池田」と記している。日記には，在郷町池田に居住する絵師として近土（近大とも読める）という名が登場してくる。近土の来歴は不明であるが，職人が多数を占める在郷町池田の小坂前町には，1697（元禄10）年の段階で既に絵師が居住していたことが確認できる。

そして15日になって絵師が才田村を訪れ，翌日には双方で在郷町池田を訪ね絵師の神文を作成した。このように日記の記載では，絵師選定の過程に公儀の関与があまり確認されず，双方の村役人が主体となって絵師を選んでいたことがわかる。絵師の起請文については，18日に奉行所へ提出され，その後4月初旬にかけて村役人や絵師により絵料の設定などの話し合いが行われた。その際，世話人として在郷町池田の者も参加している。

c．現地の下見

測量の実施に当たって争論当事者や絵師は，立ち会いによる現地見分や測量箇所，作業内容に関する協議を行った。まず，4月7・8日にはじめて双方と絵師が，「山見分」と称して現地を訪れた。ただし，降雨のため昼飯後に中止し下山している。12日には「大廻り見改」と記す現地調査を実施している。13日以降も，用事で不参加の絵師を除いて同様の作業が実施された。その後，絵師は23日まで調査を休んだようである。その後，5月であるが15日にも絵師は暫くの休みを要

求している。

　4月24日になって双方が本庄山へ登るが，この時も雨天のため昼飯後に下山した。この作業は恐らく27日にも実施するが，意見の対立を生じ，29日に奉行所へ双方とも出向き判断を仰いでいる。その結果，地図の作製の方針として論所以外は書き流すこと，主張の相違する地域はかぶせ絵図にすることが指示された。先に天明図の特徴として，前山の南端部付近を描かないことや，かぶせ絵図の手法を採用していることを挙げたが，それはこの時の指示に一致するものである。

　同じころ，立会絵図が未完成のため奉行所への提出期限（「絵図切日」と表現される）の20日間の延長を申請しており，以後この種の願書は，立会絵図を提出するまで20日毎に繰り返し出されている。例えば，1783（天明3）年11月2日に双方の村役人より「乍恐口上」と題して「字本庄裏山出入ニ付，先達而双方立会絵図被　仰付奉畏候，然ル処先月十一日ゟ明朔日迄御日延被成下候得共，未絵図出来不仕候間，乍恐又々御日延被為成下候様奉願上候」と大坂町奉行へ願い出ている[20]。このことから，当初，奉行所は2ヶ月程で立会絵図が完成すると判断していたことがわかる。

　8月5日には双方が論山に登り，各自が主張する裏山と前山の境界筋の見通しや印を立ち会いで確認し，これを10日に奉行所へ報告した。しかし，この時も論所以外の測量作業が必要であるかどうかの判断で対立し問題化している。また，14日には裏山内の七町歩新開の境界筋を確認し，翌日奉行所へ報告した。ただし，前山の描写範囲については，一円を描写対象と主張する訴訟方に対し，相手方である畑村は明和図を参照すべきであると主張し意見が対立した。

　d．その間のトラブル

　その間，本庄山の用益（柴など）をめぐって双方で争いが度々生じていた。このうち前山で柴刈りをした畑村の者への才田・尊鉢村側の7月19日の暴力行為は，20日に京都代官所，22日に大坂町奉行所から役人が派遣され現地を見分する事態となっている。その一方で，他村の村役人を扱人とする仲裁活動も多数試みられていた。それは，1783（天明3）年5月以降，東山村（摂津国豊島郡幕府領）庄屋など，測量の開始後も瀬川村（同忍藩領）庄屋，桜井谷六ヶ村（同幕府領および岡部藩領）大庄屋，東市場村（同麻田藩領）庄屋などが和解を目指して仲介し，話し合いや論山の訪問を行っている。その一環として，現地で見分や扱人を介した協議を行うこともあり，その際双方より弁当や茶，敷物などが準備されていたという。

　双方の協議の過程で何らかの問題が生じた場合，すぐ関連の上位機構にうかがって指示を受けている。日記だけでも，訴訟を管轄する大坂町奉行所へは1783（天明3）年からの2年間ほぼ毎月のように，小物成地を支配する京都代官所へは1783（天明3）年度に4回，領主の麻田藩役所へは1783（天明3）年からの2年間で4回程訪れたことが記録されており，記載されなかったものも含めると恐らくはこれよりも多かったであろう。このほか，絵師や世話人が，金5両の前借りを恐らく絵料として1783（天明3）年7月中旬に要求しているが詳細は不明である。

（2） 測量作業の開始以後

a．天明3年度──測量の開始──

　本庄山で測量作業を開始するにあたって，日程の調整を1783（天明3）年8月22日，23日に行い，24日に作業を開始することが決定された。この日の測量については，日記に「東石すミ之橋ゟ西堀切迄縄引間数相改夫ゟ池田境目相改調山谷ゟ大寸ハ市郎兵衛山境目筋相改候」と記しており，畑村から年寄百姓代ら4名，才田・尊鉢村から庄屋年寄百姓代ら6名の計10名が作業に参加した。25日は「大津わ山取付ゟ七町歩新開定杭迄改候」，翌日には「七町歩新開南定杭ゟ奥箕面山細郷山三ッ境目迄改」と双方が立ち会いで測量を実施していた。しかし，9月1日については，才田・尊鉢村の意向で測量を中止し畑村会所において絵師の扱いを協議した。

　9月3日は，「山麓御料私領之境目筋縄引」，つまり山裾に当たる小物成地と麻田藩領畑村との境界筋を測量する予定で調山谷に集合したが，両者の間で境界の認識が相違して測量が行えず，「東石すミ順礼橋ゟ川をこえ大縄を入申候東さかんた迄改候」と一部のみの測量を実施した。ただし，この旨は測量帳に記載されていない。

　この境界筋の扱いに対して才田・尊鉢村は測量を要求し，領主の意向を受けた畑村は領地内との理由でこれに反対するが，9月中旬の地方役人（大坂町奉行所）による審議を経て，才田・尊鉢村の主張を採用することになった。その際，畑村は，口上書とともに証拠資料として添え書きを施した宝暦図を提出している。そして23日に「山裾之御料私料境目通り縄引仕候」とこの境界筋を測量することになるが，麻田藩主らの休養所である陣屋（「御下屋敷」）内の測量におよんで，藩側はその地の測量と図化に強く抵抗した。陣屋内の測量も求める才田・尊鉢村に対し，藩側は既に明和図の作製時に測量済みであることや，同所が論所地以外であることを理由に陣屋裏手通りの測量を主張，天明図に描くことを拒否した。その後，同藩役人も加わり大坂町奉行所で審議を10月から12月に行い，問題の境界筋は京都代官所が所持する明和図を参照することを決定した。この間，同藩役人が京都代官所にその経緯を報告するとともに，大坂町奉行所にて藩側の持参した「山絵図」（明和図であろうか）と京都代官所が保管する地図を比較している。

b．天明4年度──度々の延期，絵師の休養など──

　その後，すぐには測量を再開せず，1784（天明4）年2月初旬まで絵師や世話人と議論になり，絵料の減額，世話料や仲介者の拒否を村側は要求した。このころ，絵師は身体的不調が理由で休養し，「立会」と称する作業を度々延期する事態となっており，この休養願いは以後何度も要求されている。例えば，日記には，3月14日の「立会」予定に対して，絵師が「不快ニ付今日ハ延引致呉様」と延期を求める発言を記している。また，閏1月13日「御立会」の予定に対し，絵師は書状で「十三日，双方立会之儀も御掛合有之由ニ候へ共，私義痛所御座候ニ付，四五日之間御延引被下候様御断申上度候」と延期を要求しており，これは現地の測量作業に絵師も参加していたことを示す記述であるといえる。さらに，日記に記された絵師の発言をみると，2月6日の「近日之内，御勝手次第御立会被成候へハ，私義茂出勤可致候」や，5月10日の「明日迄ハ休論ニ御座候得共，

明後日ゟ御立会被成候哉，私義少[　]方へ一夜泊リに参度義御座候ニ付，御尋ニ参リ申候間，何卒御立会被成候哉御知らせ可被下」（[　]は判読不能）とする内容も，測量の作業への参加を示唆するものであった。絵師の測量への関与の程度は当事例で明確に示せないため，今後の課題としたい。恐らくそれは，時代によって変化していくものであったと考えている。

さて，こうした度重なる延期を受け，2月6日，絵師に近日中の参加を促し，翌日から立会の測量作業を再開することになる。そして，7日は「東ゟ川筋一ノ瀧ゟ三ノ瀧迄，縄引仕候」，翌8日は「三ノ瀧より下池迄，縄引仕候」と川筋の測量を畑村の庄屋年寄百姓代ら5名と才田・尊鉢村の5，6名と計10名程が参加して行い，26日にも「池之かわゟ奥帰リ迄縄引致候」と測量を実施した。しかし，27日の測量は畑村側の都合で中止している。30日に絵師へ絵料を納めているが，「才田尊鉢ニ申目印通リ，西ゟ縄入候，宮山ふろ山大道筋迄」について測量する予定は，「私領御料境界筋」や陣屋の扱いについて才田・尊鉢村から再び異議が出て中止になった。その後，大坂町奉行所で審議が行われ，畑村が主張した通りに陣屋や藩領内は地図に描かず，その測量結果は付紙とすることを決定しており，これも天明図の描写内容に一致していた。

その後は双方と絵師が申し合わせ，いずれかの都合で立会作業を度々延期している。3月23日に「才田尊鉢手印西大津わゟ東へ」，24日に「才田尊鉢ニ申鳩頭ゟ縄引仕候」，25日に「東三ッ石と申迄縄引仕」と測量を行い，引き続き同25日中に「市郎右衛門谷縄引致調山上迄縄引仕候」についても測量を行った。そして，27日に「見通し縄引仕候，西三ッ石ゟ東へ行候」，4月1日に「見通シ縄引東迄渡リ，夫ゟ調山ゟ奥へ縄引仕候」と立ち会いで測量している。

この間，畑村では，絵師が本庄山裾通りの描写を畑村の所有する明和図から写し取る作業を行うが，才田・尊鉢村はそのことを了承し，それに立ち会わなかった。そして，4月2日以降は「休絵図」と称して8ヶ月程作業が中断されている。

c．天明5年度——測量の再開——

1785（天明5）年1月23日に作業を再開し，「横縄一番」と称して「七町歩南ノ杭筋山道ゟ打」から「みろく池ノ堤共東ノヨケ迄」，2月7日には「たつ縄四番」として「東峠ノ道筋ヲ東畑村土手打上ルゆするへの池ゟ谷川」から「東峠松ノ下東西へ小道ノ辻」までを測量した。13日は「横縄二番」とする「七町歩北ノ定杭ゟ百十四間南ニ而山道ゟ打」，14日は「たつ縄二番」とする「高山道ト峠道ノ出合ゟ南へ打下リ天神前迄」，15日には「たつ縄三番」として「大倒輪山ノ峰ゟ丑寅へ」について測量が行われた。

また，23日は「立縄六番」とする「西畑村西福庵ノ上ゟ山道ヲ大谷ノ方へ打上ル」と「高山道ゟ西木部領境草場ノ囲」，24日には「横縄三番」として「東山伊勢講山ゟ三谷南ノ谷ゟ」から「四嶋山道マテ」と「大谷ノ上ゟ打下リ」および「両方池（新池・袋池）ノ出合溝辻ゟ川ヲ下モへ打下リ」（カッコ内は筆者）について測量を実施した。26日は「横縄四番」として「伊勢講山辰巳角ノ大松ゟ」から「東ノ山道迄境通」と，「横縄五番」とする「山道ゟ西へ打」から「高山道迄」を，27日には「立縄五番」とする「ぜんかいノ西裏見通しノ道ゟ打初メ黒岩ノ谷ヲ上ル」と，「皿池ノ

囲」や「中池ノ囲」について測量を行った。

　この 26, 7 両日には「当村之草場ト林ノ境目引高山道ト峠道ト出合之辻ゟ十六間南へ下リ小道ヲ東へ打」についても測量している。そして，3 月 12 日は「右谷川ヲ笠松之下モゟ南へ打下リ」と，「当村ゟ山道ヲ」から「順礼道迄峠道廻角迄」を，14 日には「みろく池ノ廻リ」と「ねむり池ノ廻リ」（眠谷池）について測量された。

第 5 節　測量された地域の確定

　①②帳および③帳に記されたデータは，日記との比較でもわかるように，当事例において本庄山で実施された測量の結果を記録したものである。ここでは，前章の検討を受けて，具体的に測量の対象となった地域をみていきたい。そこで，天明図や測量帳および日記の内容，地形図との比較から測量区間の比定作業を行うこととした。これは，当山論における地図の作製過程において何処を測量区間として選択したのかを示すことになる。以下の検討でみていくように，当事例の立会絵図を作る際に実施された測量は，地域的に(1)論所の周囲，(2)両山の境界，(3)論所の内側の 3 つに区分することができ，おおよそこの順番で山の測量が実施されていた。なお，各測量区間の詳細については表 4－1 を参照されたい。

(1)　**周囲の測量**（番号は表 4－1 および図 4－5 に対応）
　まず，最初に測量に着手した場所は本庄山南方の順礼道筋[21]であり，1783（天明 3）年 8 月 24 日，石澄川に架かる土橋の西側(1)から西方の堀切川(2)までを測量した。ただし，①③帳にはその測量結果として測点間の方位角を全く記載しない。このような方位角の表記を欠く区間は，ほかに 1 ヶ所認められ，9 月 23 日に測量した前山南端部（(6)→(8)）となっている。先述のようにこの両区間は畑村領内であり，いずれも測量の扱いを巡り問題化した地域に該当している。このうち順礼道筋は，日記に「縄引間数相改」とあるため，実施した測量は距離のみを計測するものであったと推測される。一方，境目筋は日記に「境目筋縄引」と記載して距離のみの測量に限定せず，加えて大坂町奉行所の審議内容でも方位測量の実施を示唆するが，方位角を測量帳に記載することはなかった。

　現地での測量作業に着手した 8 月 24 日には，本庄山西側の境界筋についての測量のため，順礼道筋(2)から北方の前山南西部(3)に向かっても測量している。この区間は日記に「境目筋相改」と記すよう方位角も計測されていた。翌 25 日には，続けて山裾から在郷町池田との境谷を北方の高山道に向かって登り，木部・中川原・東山村領境の尾根筋に沿って裏山における七町歩新開の南西定杭(4)までを測量している。そして 26 日にはそこから裏山北端となる三ツ境目(5)まで測量し，西側境界筋の測量作業を 3 日間で終えた。

　次に本庄山東側境界筋については，まず 9 月 22 日に，順礼道筋(1)から前山南東部に向かって，

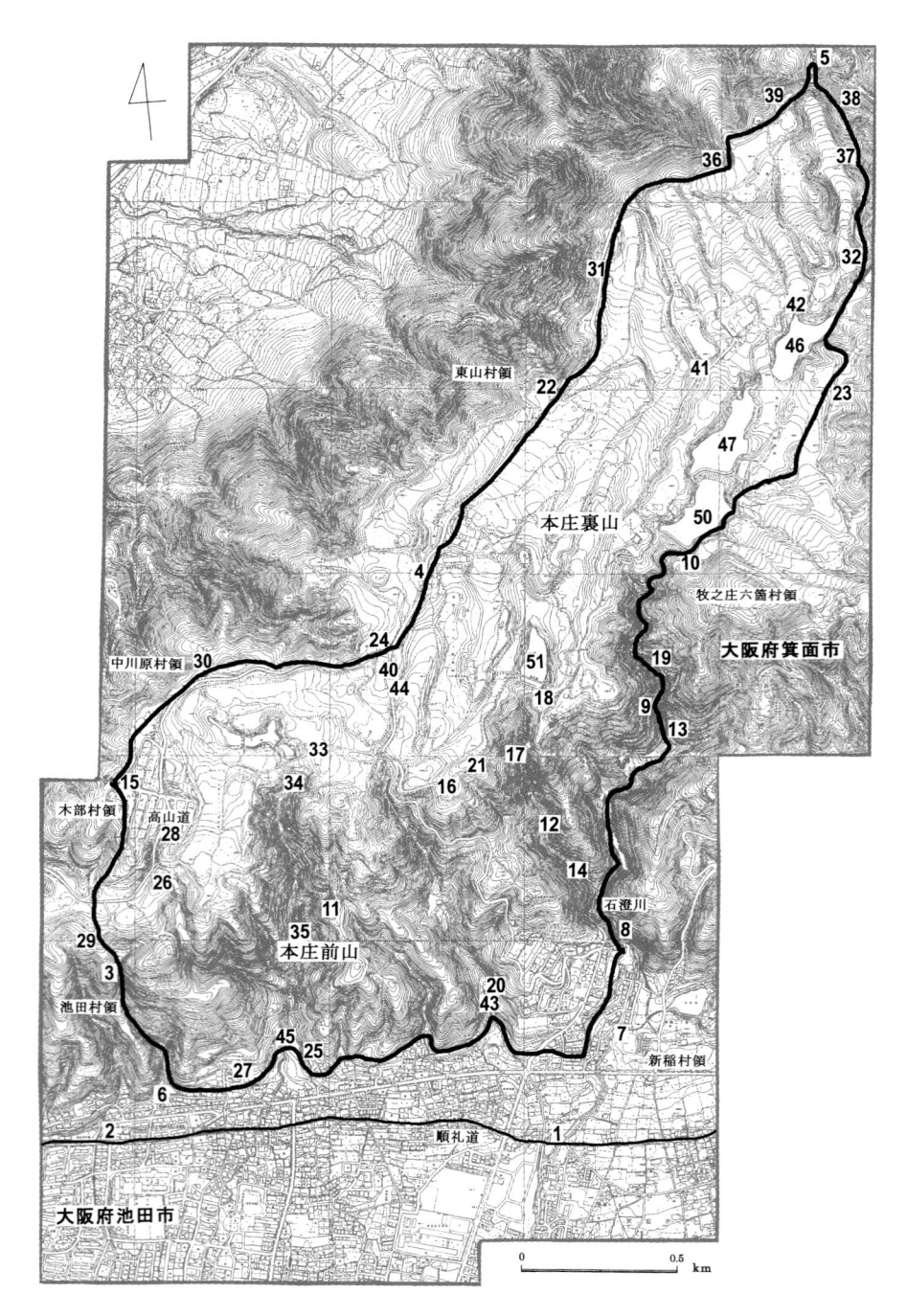

図 4-5　現地比定図

注）実線は測量が実施された区間のうち，本庄山周囲について推測される地域を示す。図中の番号は，測量の開始・終了地点，対象地のおおよその位置を示し，それは本文中や表 4-1 の番号に対応する。なお，ベースマップは平成 9 年度編集池田市全図を使用した。

第4章　村における「廻り検地」の実践

つまり石澄川沿いに新稲村へ通じる道(7)までを測量した。5ヶ月程の中断の後，翌1784（天明4）年2月7日に牧之庄六ヶ村との境川である石澄川筋をそこから上流の三ノ瀧(9)まで，8日には同じく川筋沿いに三ノ瀧からみろく池（底池）南端(10)までを測量し，これで石澄川筋の作業を終了した。この一ノ井出(8)からの石澄川筋の区間は，川沿いに複数の瀧が存在するなど谷深く険しい地形であった。26日には尾根筋沿いにみろく池南端から三ツ境目(5)までを測量し，これで東側の境界筋の測量作業も終えた。この区間の測量も西側と同様，距離と方位角を計測するものであった。

(2) 境界の測量

本庄山周囲の測量に続いて，前山と裏山の境界筋の測量作業を行っている。この測量作業は，距離と方位角の計測を基本としており，日記では「縄引」や「見通シ縄引」などと表現されていた。先述したように，この区間における認識の違いが論点のひとつとなっており，その結果，双方が主張する境界筋とも測量の対象に含まれることとなった。

才田・尊鉢村が主張した境界筋としては，まず，1784（天明4）年3月23日に本庄山西側の境界筋における大津和山の境木(3)から東方の鳩ヶ頭峠道(11)までを，24日に続けて千之瀧(12)まで，そして25日は石澄川(13)までを測量し，3日間でその作業を終えた。この区間は，南北に走る多くの谷や尾根を横断する険しい行程であったといえる。ただし，この区間の測量帳の記載をみると，②帳と③帳で内容が相違しており，前者は3月25日として55.5間に10ヶ所の測点を設定し，一方，後者では8月26日改として180間に測点を5ヶ所に設定し測量結果が記録されている。天明図と比べた場合，後者のデータの方が描写内容に近いことから，本文では，③帳の記録データの方を採用した。しかし，日付については，日記で確認することができないため，前者の日付を記しておくものとする。

一方，畑村の主張する境界筋の測量についても，その後すぐに作業に取り掛かっており，3月28日に本庄山西側の境界筋における境界石の三ッ石(15)から東方の東峠付近(16)まで，4月1日にはそこから石澄川(19)までと測量が実施されている。ただし，日記には，測量日を27日と記しているが，②および③帳には28日と表記していることから，ここでは測量帳の日程に従うものとした。こうして実施されたこの区間の測量は，訴訟方の主張する境界筋に比べ幾分険しくない地形であったことがわかる。

(3) 山内の測量

本庄山の周囲や境界筋の測量を終えると，次は論所の内側を対象とした測量が開始された。この作業の多くは1785（天明5）年の春に実施したもので，距離と方位角の測量を基本としている。ここで行われた測量は，対象や目的によって，「立縄」と称して谷や尾根筋などに沿って山内をおおよそ南北へ縦断したものと，「横縄」と称して真東西に山内を横断するもの，さらに土地の区画やその位置付けを目的とするものの3つに区分することができる。

「立縄」の測量は，一番から六番までが設定されていた。このうち「立縄一番」のみが，

1784（天明4）年度に実行され，3月25日と4月1日（⑭→⑰→⑱）に眠谷池㉛までの西谷川（市右衛門谷）筋を対象として測量が行われた。先述したように，この両日には，隣接した裏山と前山の境界筋についても測量が実施されており，本庄山において測量を行う場所を計画的に設定し，移動などで無駄が生じないように実施されていたことを示している。天明図では，相手方の主張する境界筋の北部に位置した眠谷池が，宝暦図や明和図では境界筋の南方と位置が異なって描かれている。測量された時期のこともあわせて，眠谷池の位置を確定することが境界筋の決定にとって大きな意味を有していたことを示している。つまり，この区間は係争上，重要な場所であったことを意味する。位置の修正は，畑村側の認識によるものと推測されるが，その結果，池の配置が変更されることとなったと考えられる。

以下は，残る立縄についてみてみる。まず，1785（天明5）年2月14日に「立縄二番」として高山道と峠道の辻㉔から南方の天満宮付近㉕まで，15日には「立縄三番」として大津和山の峰㉖から高山道と峠道の辻㉔までが測量された。また，2月7日には「立縄四番」として字湯出辺付近の池⑳から谷川沿いを北方へ東峠松付近⑯まで，27日には「立縄五番」として黒岩谷沿いに北方（㊸→㊹）へ向かって草谷の終わりまでが測量された。そして，「立縄六番」については，23日に西福寺付近㉗から北方の高山道に出る辻㉘までの測量が実施された。

「横縄」の測量は，一番から五番までが設定されていた。まず，1月23日に「横縄一番」として本庄山西側の境界筋にあたる七町歩新開地南の定杭④から真東のみろく池堤⑩付近まで測量が実施された。「横縄二番」については2月13日に七町歩新開地北の定杭㉒から真東へ本庄山東側の境界筋㉓まで，24日には「三番」として東山伊勢講山㉛から真東に四嶋山道㉜までを測量している。そして，26日に「横縄四番」と「五番」を合わせて実施し，四番としては伊勢講山南東部の大松㊱から真東へ本庄山東境界筋㊲まで，五番としては同境界筋㊳から逆方向の真西へ高山道㊴までの測量が行われた。

本庄山内の土地区画やその位置付けに関して実施された測量をみると，それは，林地や草地を対象としたものと，溜め池に関わるものとに大別することができる。前者としては，2月23日の立縄六番の後，まず本庄山南西の境界筋に接する草地の東側境について，池田領の境㉙から北方の中河原村の境へ高山道の交差する地点㉚までの測量が行われた。横縄四番，五番の実施されたのと同じ26日には，裏山の林地と草地の境について本庄山西側の境界筋付近㊵から種松㊶付近まで，27日にもそこから続けて新池の端㊷までの測量が行われた。この日は，立縄五番や後にみる溜め池の測量も実施されている。一方，溜め池などに関してみると，それは，まず2月24日に裏山の渋谷村新池南㉝から西方の袋池の用水溝との合流地点㉞まで，そこから南方の笠松㉟までの測量を行った。その後，3月12日に笠松から南方へ西畑村の土手㊺までも測量している。また，裏山の溜め池を対象として周囲測量を実施していたようで，まず2月27日に皿池㊻と中池㊼について，そして3月14日にはみろく池㊺と眠谷池㊼についてそれぞれ作業が行われていた。

第 4 章 村における「廻り検地」の実践　　　　113

第 6 節　測量法の復元

(1)　図の復元とその比較

　測量帳に記録された測量データをみると，当事例で実施された測量は，測量地点間毎の方位角と距離を順次測り進めていく作業を基本とするものであったことがわかる。これは，盤針術などと当時呼ばれた測量技術に相当するものであり，基本的には「廻り検地」と同じ測量法であった。このようにして実施した測量のデータをもとに，天明図が作製されたのであった。このことは，石澄川筋の一ノ井出以北の測量について③帳で「是ゟ絵図ニ成ル」と記載している通り，天明図でも同所以南の石澄川筋を彩色していないことに示されている。

　前節の検討から，論所のうちで測量が行われた区間を明らかにすることができた。それは，まず，順礼道筋と前山南端部の 2 区間，本庄山西側と東側境界筋の 2 区間，前山と裏山の境界筋の 2 区間，そして立縄の 6 区間と横縄の 5 区間，最後に溜め池や土地区分に関連した 8 区間を挙げることができた。その検討の結果，本庄山の立会絵図を作製するうえで，全部で 25 の区間の測量が実施されていたことがわかった。

　次に，前章で行った検討と同じように，測量帳に記録された方位角と距離のデータをもとに，各区間の図を作製してみた。そして，そうして復元された図と天明図や地形図との比較を行い，その関連を検討することとした。それはこうした復元の作業を通じて，当時の測量技術の一端を明らかにできると考えるからである。このうち順礼道筋と前山南端部の 2 ヶ所については，測量帳に方位角を記録していないため復元図を作製することができていない。

　図 4 - 6 は，測量帳のデータをもとに，堀切川橋(2)から七町歩新開の南西における定杭(4)までを復元した図である。その復元図と天明図の形状（図 4 - 3，口絵 3）を比較すると，完全には一致しないが，屈曲の有り様など多くの共通する点を認めることができる。このほかに，測量区間ごとに作製した本庄山周囲の復元図についても，これと同様に天明図の形状と概ね共通する内容を示していた。しかし，これらの各区間の復元図をすべて接合してみた場合，本庄山周囲の形状は東西の幅が極端に狭い図となり，天明図に描かれた内容とはかなり相違する結果になってしまった点は注意しなければならない。

　さて図 4 - 7 は，訴訟方の主張する前山と裏山境界筋（(3)→(13)）を復元した図であるが，その形状は，天明図（図 4 - 4）のものとほぼ一致し，天明図の描写内容や文字注記についても測量帳の記録に合致する。一方，相手方側の境界筋（(15)→(19)）を復元した図は，寅卯（75°）へ進んだ後に卯三（96°）の方角に直進して一部屈曲する形状を示している。これは，北東方向への直線として描かれる天明図のものと若干相違しているが，測量帳にみられるほかの記載内容は天明図の描写や文字注記に合致する結果となった。

　立縄の復元図は，いずれも天明図に描かれた道や谷筋など，該当する箇所の形状と概ね一致する結果となった。例えば，立縄一番（(14)→(18)）の復元図（図 4 - 8）は，天明図（図 4 - 3 および図 4 -

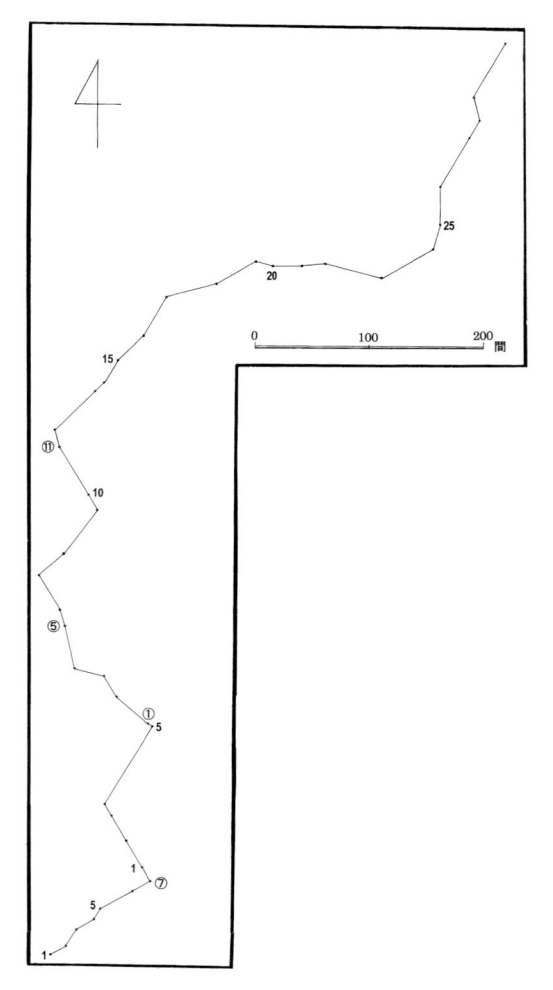

図 4-6　復元図 1（1783（天明 3）年 8 月 24・25 日測量，堀切川橋より七町歩新開の南西における定杭まで）
注）⑦谷端ヲ山裾迄（③帳より），①才尊境目木ゟ山道ヲ（同），⑤高山道迄（同），⑪西ノ三ッ石ゟ（同）。図中の黒点は測量地点を示し，その番号は測量帳に記された番号に対応する。なお，測量区間の方位角および距離のデータは③帳のものを参照し（図 4-2 に示された測量データは，①以北の一部），その際磁北 0°を子 0＝亥 10 と設定した（以上は図 4-7 および図 4-8 についても同様）。

4）における字西谷筋の屈曲する道筋の形状や周囲の状況，境界筋の交差する位置などの描写の内容に合致している。ただし，天明図の方が復元図よりも緩やかな形状として屈曲が描かれており，この傾向はほかの区間についても共通するものである。ちなみに，この立縄の位置関係は本庄山内の東側から一・四・五・二・六・三番の順となっている。また，測量の実施順も一・四・二・三・六・五番となっており，番号順とはなっていない。

横縄の復元図は東西にまっすぐ延びる直線となっており，このことはすべての横縄に共通する形

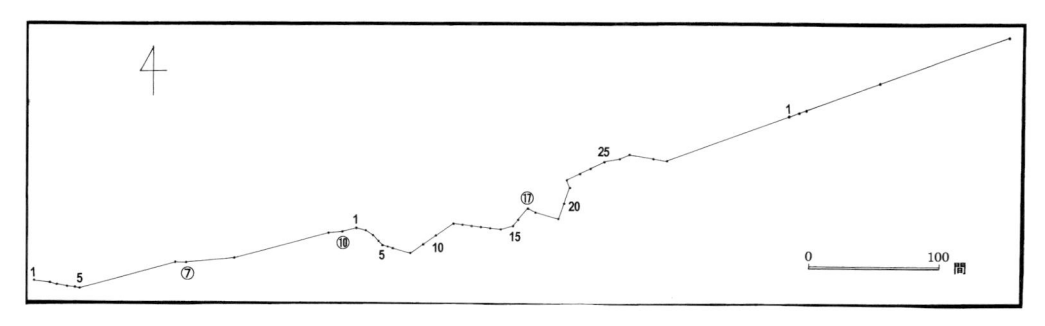

第4章　村における「廻り検地」の実践　　115

図4-7　復元図2（1784年（天明4）年3月23・24・25日測量，訴訟方の主張する前山と裏山境界筋）

注）⑦本庄塚東原（③帳より），⑩鳩頭宮山大道迄（②帳より），⑰黒岩ノ谷川迄（③帳より）。なお，測量区間の方位角および距離のデータは②帳のものを参照した（東端の180間分については③帳による）。

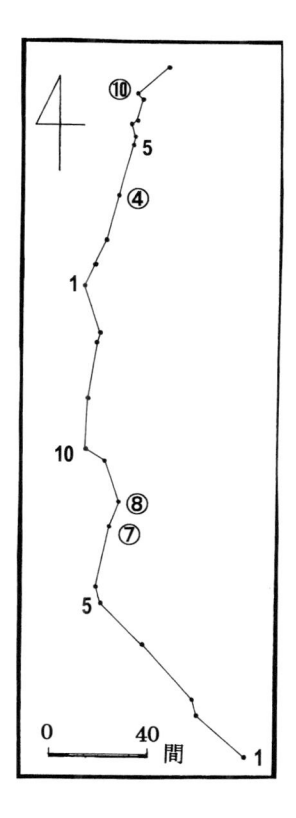

図4-8　復元図3（1784（天明4）年3月25日，4月1日測量，立縄一番）

注）⑦才田尊鉢ノ見通シニ当ル留ノ堤へ川ゟ越道渡所迄（②帳より），⑧是ゟ論所（③帳より），④市右衛門ノ谷ノ稲瀧ノかた迄（②帳より），⑩眠谷池樋落迄（②帳より）。この図において⑧の位置する場所は，天明図（図4-4）で字西谷筋と訴訟方の主張する前山と裏山境界筋が交差する地点とほぼ共通している。ただし，形状の共通性は実際の地形の方が強く認められる（図4-5における14から18の谷筋について）。なお，測量区間の方位角および距離のデータは②帳のものを参照した。

状である。横縄の測量は，一番の実施された地点以北の裏山北部地域を対象とし，最南端の一番から北方に向かって番号順に配置されている。この測量の結果そのものを天明図に直線として描き込むことはないが，測量帳に記される周囲の状況については，境界杭や道，溜め池の位置や植生の変化など天明図の描写内容にすべて一致する結果となった。

　土地区画の測量についてみると，本庄山南西部の採草地東側筋（㉙→㉚）と，裏山の松木山西側筋（㊵→㊷）の復元図に関しては，ほかの復元した図に接合しないものの，天明図に描かれる林地の区域の形状やその内容に一致する結果となった。一方，溜め池の周囲や位置（㉞→㊺），㊻，㊼，㊾，㊿の復元図は，いずれも天明図の描写内容と一致しないばかりか，測量帳に注記される周囲の状況とも矛盾する形状となってしまった[22]。この理由については明らかにすることができなかった。

　上記で検討してきたように，測量帳に記録されたデータをもとに作製した復元図と天明図の形状を比較してみると，個々については一致する区間の多いことが明らかとなった。また，測量帳に記される測量地点の状況も，天明図において該当した場所の描写内容や文字注記に共通する結果となっている。このことは，測量帳に記録される測量結果と天明図の関連を示すものであると考えられる。つまり，測量帳のデータを参照して天明図が作製されたということである。ただし，両者の共通性は大まかなものであるうえ，むしろ復元図の方が実際の地形に近い場合もあり，その点は考えてみる必要がある。

(2) 測量の方法と技術
a．測量の方法──「廻り検地」の実施──

　本庄山は，南北に3km，東西に1km程の南北に細長い山である。この山の立会絵図を作るため実施した24日間の測量作業の総距離は，測量帳に記録されたデータだけでも15,367.9間と約28kmにおよんでいる。測量作業を開始する前には，争論当事者や絵師が「山見分」や「大廻り見改」と称して現地を調査するとともに会合を開いて双方の意見を調整しており，これらの行為は測量を開始した後も度々確認される。こうした事前の調査については，「見及」「見取」などと表現される場合もあった。

　測量という行為に関する語彙としては，日記や測量帳などの資料において基本的に「縄引」ということばで記しているほか，「縄入」や「縄」とも表現していた。そして，測量や検地を意味する「縄」という語に由来し，「打初メ」「打出ル」「打上リ（下リ）」や「引初メ」などと単に「打」や「引」とだけとした表現も多く認められる。このほか，「間数改」や「改」と記す場合もあった。

　順礼道筋の東端からはじまって，合計25の区間で実施された測量は，本庄山裾付近から本庄山の周囲，そして本庄山の内側へとおおよそこの順で作業が進められていった。その際における測量のおおよその方向性をみてみると，それは，低所から高所へ，西から東方へ，そして時計廻りに実施されるものであったことがわかる。これら測量の実施時期は，農繁期を避けて行うことを基本としており，例えば，日記には次のような記載も確認される。1784（天明4）年9月の部分には，

第 4 章　村における「廻り検地」の実践

「同廿日双方申合，絵師近土方へも秋取入之間休被呉候様申遣候」と記されていた。

　こうした地図の作製においては，対象とした土地の区画を正しく描くとともに所在する地域に位置付ける必要が生じてくる。そのような論所絵図を作製する場面において，「廻り検地」と称する周囲測量が近世中期以降広く採用されていったであろうことはこれまで議論してきたことである。当事例で行われた測量は，論所の南端部の測量は諸々の事情から距離のみに限られ既存のデータを参照することとなったが，基本的には「廻り検地」として実施されたものであった。ただし，南端部の測量が限定されたことは，正確な地図を作るうえで支障をきたす問題であったようである。つまり，測量データより作製した図に大きな歪みが生じていた可能性が指摘され，そのことは，測量データより復元した図に歪みが生じていたことにも示されている。

　そうした状況を受けて，東西間の距離や位置の確定のために行った横縄と称する測量は，その歪みを解消することを目的として試みられたと推測する。それは，横縄が，争論に直接関係しない地域について実線として図化されない区間の測量であったからである。また，立縄や土地区画に関する測量は，谷や尾根筋，溜め池や林地など，本庄山内における描写対象を図上に位置付けるために行われたもので，本庄山の東西両側や前山と裏山の境界筋など，ほかの測量区間と交差させることにより，横縄と同様，図の正確さの向上にも寄与していたと考えている。これら論山の内側で実施された測量は，地図の歪みを正す技術として，当事例を特徴付ける工夫のひとつといえる。また，図化された論所部分を地域に位置付けるために，順礼道筋を基軸に道の東西両端を基点とし，そこから本庄山東西両境界筋へ方位角と距離の測量を行う手段が採用されていた。争論に関わる村々も，これと同じように順礼道筋との関係で位置付けられる。ただし，この順礼道筋も距離のみの計測であり，前山南端部に同じく明和図も参照するものであった。

　測量帳に記される方位角は，一支の 10 等分，つまり 3°単位で表記されており，この方位角の値から，当事例の測量では「小丸」[23]と呼ばれる方位磁石盤を使用していたことが推測される。また，距離の計測は，「縄」の表記にみられるように水縄（間縄）や間竿を用いていたと推測される。それらを用いて計測した測点間の距離は，測量帳の記載によると 2 間から 150 間の範囲を示すものであった。この間縄（水縄）の長さは，通常 60 間や 30 間に設定される場合が多いので，150 間の距離を一括して計測したかは不明である[24]。最短値の 2 間は，間竿の長さに等しく，間竿が使用されたことが推測される。測量地点間の距離の値は，これまでみてきた事例と同様，自然数となる場合が多い。これは目標地点への方角に向かって距離を測り，区切りの良い箇所に測量地点を設定した結果によると考えられる。ただし，端数を省いた結果とも考えられ，距離を測る手順については今後検討する必要があるといえる。

　山地で測点間の距離を測る際，正確な図面を作製するためには，その間の斜度も計測し三角関数より水平距離を求める必要が生じてくる。しかし，当事例においては，前章の事例で実施が確認されたようなこの種の作業を実施した形跡を確認することができない。このほか，作図のため図幅寸法に応じた縮尺を設定し，距離の縮尺値を計算する必要があり，③帳の分検値はその一部と考えられる。すべての計算結果を記録する資料は確認されないが，必要性からその種の資料は作図段階

で作成していたとみなされる。

そして、これらのデータや現地調査などを参考にして絵師が、分度器や定規、針などの器具を用いて天明図を描いたと想定される。その作業に実際要した日数については不明であるが、天明5年度の春に測量作業を終了後、2年以上も経た天明7年度の冬に立会絵図を大坂町奉行所に提出しており、結果として作図に多くの時間を費やすこととなった。

b．測量の速さ——地形との関係——

最後に各測量区間の測点間距離やその平均、1日当たりの測量距離を求め、実施した測量の速さと地形の関係をみてみたい（測量区間毎の各値は表4-1参照）。

まず、距離のみを計測した測量区間についてみてみると、順礼道筋（(1)→(2)）では、多くが50間と一定の間隔に測点を設定しており、その平均距離は40間台と長い。一方、前山南端部（(6)→(8)）は、測点間の平均距離が10間台と短く、山裾の屈曲に従って測点を細かく設定し計測したことが示されている。この測量は、1日で1,072間すべてを計測し終えたことがわかる。

次に示す測量区間は、距離とともに方位角に関しても計測したものである。本庄山の周囲について、西側境界筋（(3)→(5)）における測点間の平均距離は30間台となっており、一方、東側の境界筋においては、石澄川筋（(1)→(10)）で20間以下、底池以北（(10)→(5)）で30間台となっている。つまり、東西両側境界筋における測量のうち、地形的に緩やかな尾根筋のうえを主な対象とした測量は測点間の平均距離が30間台となり、1日当たり測量距離も968間と長くなった。これに対して川筋の測量は、測点間の平均距離が20間台以下、測量距離も1日当たり311間と短くなり、起伏や屈曲の険しい地形で実施された状況と対応する。

前山と裏山の境界筋は、訴訟方側の測量（(3)→(13)）において測点間の平均距離が10間台、相手方の主張する境界筋の測量（(15)→(19)）で20間台となっている。双方の測量は、南北に走る谷や尾根筋を東西に横断するものであったが、訴訟方側が険しい地形のため1日当たりの作業距離が323.5間と短くなっているのに対して[25]、相手方側は、前者より緩やかな地形をほぼ直線に進行したものであったため、1日当たりの測量距離も592.5間と長くなっていた[26]。このことは、測点間の平均距離と同じ傾向を示している。

立縄における測点間の平均距離は、緩やかな地形で直線的に測量した三番のみが、100間以上と長い結果となった。しかし、それ以外の一・二・四・五・六番については、険しい谷や尾根筋を測量したため10間台と短い値を示すこととなる。一方、横縄における測点間の平均距離は、10から50間台といずれも統一した値を示していない[27]。

また、土地区分に関する測量（(29)→(30)、(40)→(42)）について、その測点間距離の平均は、地形的に類似した立縄と同様に10間台と短い値となった。溜め池に関わる測量（(33)→(35)、(35)→(45)、(46)、(47)、(50)、(51)）では、測点間距離の平均が、30間台と比較的長い値となっている。ちなみに、これらの測量は単独でなくほかの測量区間と同一日に実施されたものであるため、1日当たりの測量距離は求められなかった。

ここで検討した測量と距離の関係は，当然のことながら測量区間の地形的特徴を反映する結果となった。川や谷筋など険しい地形や，居住区域などに接した区間での測量の場合，測点間の平均距離は，複雑な形状や高低差のある地形に対応してほぼ20間以下と短くなった。そして，1日当たりの測量距離についても川や谷筋においては短い結果となっている。一方，尾根筋のうえなど，比較的緩やかな地形において実施された測量は，その逆の結果を示すこととなり，測点間の平均距離がほぼ30間以上，1日当たりの測量距離も長く，最長で1,000間程となっている。

第7節　村における地図と測量の位置

(1)　測量における村役人と絵師の役割

「廻り検地」の作業は，これまでみてきたように，測量，作図，求積の3つに大別される。このうち地図の作製と関わる作業は，測量と作図である。特に前者の測量作業は，論所を対象として盤針術の作業を実施するため，作業を分担するだけの人員を複数確保しなければならない。境界筋を確認するために当事者が現地に立ち会う必要のあることはいうまでもないが，距離を測る水縄（間縄）や間竿を扱う人，測量地点の目標となる梵天竹などを持つ人，その目標への方位角を計測する方位磁石盤を扱う人，そして測量結果を野帳に書き留める人など，測量を実行するためには，関連する知識や技術をある程度習得した人物が数多く要求されることとなる。

当事例における測量の作業は，先述したように事前調査も含めて争論当事者の村役人らと絵師のみが参加して行い，それ以外の機関や人物の存在は確認できない。1783（天明3）年8月24日以降の測量作業への参加者は，係争する村々の村役人らの名前しか認めることができなかった。つまり，現地で行った「廻り検地」の測量は，参加した双方の村役人らが分担して遂行したということを示している。しかし，日記の解釈によっては絵師の関与も想定される。この場合，絵師の測量作業への関与の程度が，主体的であったのか，従属的なものであったのかは不明である。先述のように測量の参加者として日記に絵師は記されないが，その前後に絵師の参加を示す記述が確認される。このことは，日記の著者が絵師の測量作業への参加を前提として認識し，絵師の名を一々記さなかったとする理解も可能である。今後の検討が必要である。

しかし，これまでの検討内容や参加人数の点から考えてみて，測量作業は村役人らが主体的に担当したと考える方が無難であろう。この作業に参加した村役人は，主に庄屋・年寄・百姓代で構成されており，構成員を幾分変化させながら，測量日ごとに10人前後が集合し作業を行っていた。測量作業の進行には複数の人員が必要である。仮に絵師を中心に作業が進行したとしても，絵師単独では実現できない状況であったからである。地租改正など明治初期の土地改革事業では，原則的に区長や戸長などの村役が，現地の測量や地図作製作業を担当したことがこれまでの研究から知られている[28]。この時の測量作業は，近世と変わらない技術や道具が用いられており，近世との連続性を示すものであった。つまり，それらの村では，近代以前より地図測量技術を蓄積していたとい

図 4-9 宝暦 9 年「〔畑村本庄山小物成絵図〕」，西畑町内会管理文書
注）法量 111.0×55.9 cm（料紙 3×2 枚）

うことになる。こうした点からも，当事例は，村役人らが主導的に測量したといえ，「廻り検地」に代表される地図測量の知識や技術が，1700年代なかごろの北摂地域の在地社会にまで浸透していたことを示す。

　例えば，当事例の以後，麻田藩領では遅くとも近世後期から算額の奉納を確認することができ，特に幕末の岩田清庸の存在により和算の隆盛した地域として知られるようになっていく[29]。岩田清庸（七平）は麻田村の大庄屋で，福田金塘・理軒の門弟として活躍した人物であり，周辺地域の村方階級の数学的な教育水準の向上に寄与した。この福田理軒は，幕末の測量術書として最も体系的なテキストである『測量集成』（1856（安政3）年）を執筆した人物である。これらのことは，直接1700年代の状況を示すものではないが，地域への和算の広がりを窺わせる現象であり興味深い。

　村絵図など小地域を対象とした地図の作製に関し，これまでの研究において提示されてきた絵師や絵図師像は，作図者のみならず測量技術者としての側面を示すものであった[30]。ただし，それらは主に近世前期の事例を議論したものが多いのも事実である。このようにみていくと村絵図と絵師

第 4 章 村における「廻り検地」の実践　　121

をめぐる技術的な関係は，近世を通じて大きく変わっていったといえそうである。第 2 章でみたように，当事例を含む北摂地域では近世を通じて数多くの山論絵図が作製されるが，18 世紀前期以降から測量の実施を明確に示す事例を確認できるようになってくる[31]。その結果，測量によらない見取図（見及図）の作製では，全般的に絵師が関与することが可能であったが，測量地図の登場やその増加にともない，絵師は測量と現地調査による記録をもとに，分業的に作図作業のみを担当するようになったのではないだろうか。近世中期以降，都市部においては「町見分間絵図師」という分間絵図を描く職業絵師が存在していたことは先に紹介した通りである。この種の職業絵師の存在が，在地社会における測量地図の主体的な作製を可能とするものであったと考えられる。当事例の立会絵図で検討してきたように，摂津国の北部の場合，遅くとも 1780 年代ころから，都市部の周辺地域にも同様の絵師が存在し，都市に同じく活躍していたことを示すことができた。農村の地図測量技術を考えるうえで，これは重要な変化である。ただし，在地で測量地図を作製するようになった後も，対象や状況に応じて見取図の作製を選択する場合が近世を通じて主流であり，絵師の担う作業内容が完全に変質したというわけではないことも忘れてはならない。

　加えて測量の作業を実行していくうえでは，測量道具の存在が不可欠である。こうした地図測量の技術が，在地で実践される段階では，盤針術の測量を可能にする方位磁石盤などの測量器具を村で所有していたことが推測される。これらのことは，道具そのものが広く普及する段階にあったことを示すとともに，使用する測量器具への信頼が，対立する村々の間で共有されるほど確立される段階に達していたことも示している。

(2)　測量技術の位置付け ── 天明図の評価を通じて ──

　本庄山を対象とした地図は，18 世紀後期の 30 年程の間で 4 種類もの事例を確認することができる。これは，山の利用情勢をめぐる変化の大きさを示すものでもあるが，同一地域で短期間にこれだけ多くの地図を作製したのは珍しいことといえる。地図を作るということは，資金や労力的にも大きな負担を強いるものであったからである。また，これら 4 種類の地図のうち，3 事例までもが「廻り検地」を実施して作られたものであると同時に，幕府側と村落共同体側が測量したそれぞれの事例を含んでおり，貴重な資料群として注目できる。そこで各図を比較しながらその特徴をみていくこととしたい。

　先述のように宝暦図（図 4-9）は，京都代官の小物成地巡見の際，畑村が 1759（宝暦 9）年に代官所へ提出した地図の控えである。この時期，当地域では，これまでみてきたように在地で「廻り検地」を実施して地図を作製できる段階にあったが，宝暦図は見取図として作製されたものであった。そのため，宝暦図における山の描写は，絵画的な地図として表現される傾向が強く，特に川や谷筋にそれは著しい。また，畑村の位置する南方の低地に視座を設定し，そこから北方に向かって俯瞰図的な視覚を用いることで，本庄山を位置付けていることが認められる[32]。その結果，宝暦図では，手前に当たる山の南側斜面が連続して描かれることとなった。

　これに対して宝暦図と同じころに作られ，1766（明和 3）年に畑村へ手交された明和図（図 4-

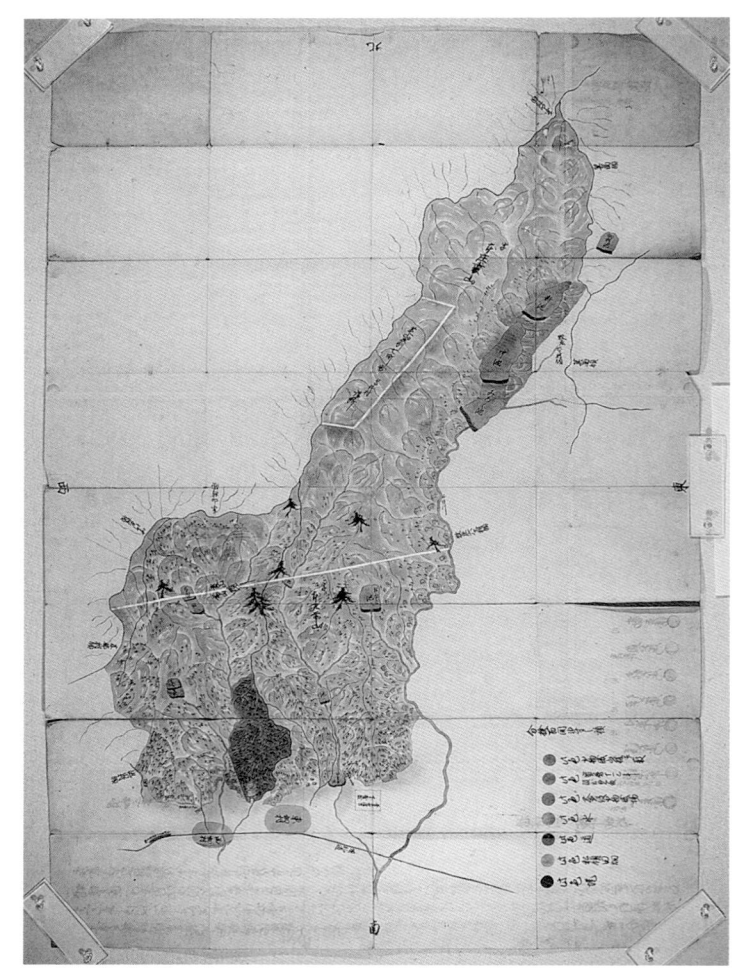

図 4 - 10　明和3年「摂津国豊嶋郡畑村御小物成場絵図」，岸本家文書
注）法量 114.1×79.4 cm（料紙2（＋2）×3枚）

10）は，「百間弐寸」(3,000分の1) の測量地図として作製された地図であった[33]。この図は，小物成所の再調査を行った京都代官である小堀数馬の一行が現地を見分したうえで作製したものであるが，小丸を用いた「廻り検地」を実施して作製した図であった。この見分時には，絵師を帯同していたことが確認されている[34]。この図の詳細については次章に譲るが，その描写内容について簡単にみておくと，この図における本庄山の描写は，外周の形状が宝暦図に比べて実際の地形に近く，また，山内の谷や尾根筋の描写内容も平面図的な傾向が強いものであったことがわかる。

　この明和図の存在が，天明図の作製に大きな影響を与え，特に前山南端付近の扱いは大坂町奉行所での審議を経て，明和図を参照することが決定されたことは先に指摘した通りである。例えば，両図を比較してみると，いずれも相手方が主張する境界を同様の直線として描いており，測量結果

図4-11　寛政4年「〔本庄山山論和談済口絵図〕」，西畑町内会管理文書
注）法量 225.5×161.5cm（料紙7×6枚）

よりも明和図を参照したことが示唆されている。この決定を導く理由のひとつは，明和図の確かさが共有される段階にあったからと考えられ，その支持される根拠のひとつは地図測量技術に由来するものといえる。もちろん，この判断には麻田藩の政治的な主張も強く作用していたと考えられるが，それも問題となった区間は，明和図の作製段階で測量が済んでいたという，やはり技術的な事柄に由来していた。それゆえ天明図の作製では，既存の測量地図としての明和図を参照することが可能となり，方位を測らない区間が生じたと考えられる。

　天明期の測量内容について，区間毎の復元図が，全体として統合できないことは先に指摘した通りである。絵師は，測量結果をもとにして地図を作る際，現地の見分内容や明和図を参照しながら，全体を考慮して各区間を組み立て，矛盾を修正しつつ地図を描いたと想定される。そのため，この部分は絵師の技量に左右される作業であったとみなされる。先述のように天明図は見取図的な描写傾向を示す測量地図であり，また測量結果を厳密に復元したものでもなかった。その相違のある部分は，作図者によるものと考えられる。つまり，絵師や絵図師ごとにみられる癖や，表現図法の知識と技術力の優劣の差によるものである。

　寛政図（図4-11）は，山論が和談に至る段階で作製された地図と考えられる。これは，検使として派遣された代官手代らが「御分間御改」，すなわち現地の測量を行い，扱人とされる大坂徳井町絵師大岡藤二が作図したものであった。この大岡藤二については第6章で簡単に紹介するが，現地で実施された測量はやはり「廻り検地」であった。論所の盤針術による測量は，基本的に本庄山

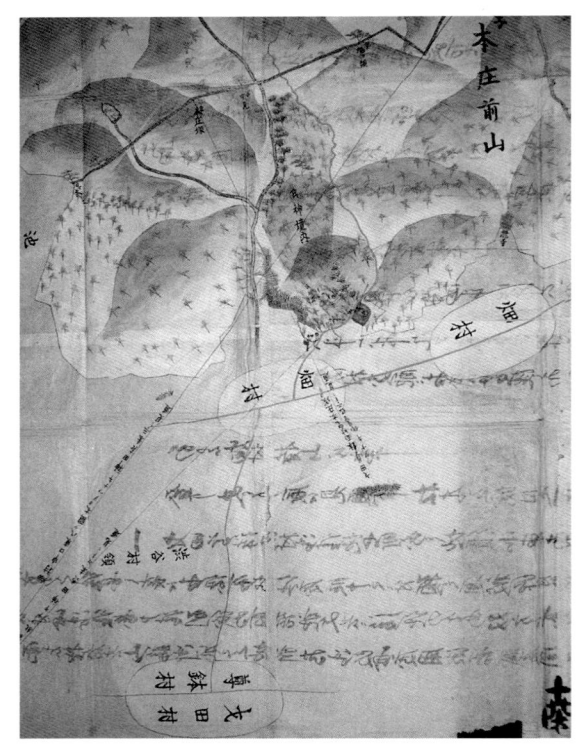

図 4 - 12　寛政 4 年「〔本庄山山論和談済口絵図〕」より前
　　　　　山と繋の一部

注）繋は相手方境界筋上の本庄塚より仏日寺までについて示す。
　　また，前山南端部の形状の複雑さが確認される。

の周囲を対象としたほか，山内の才田・尊鉢村利用地，両者の主張する境界筋と谷川筋も測るものであった。実行された周囲測量は，「御分間杭」とした杭を設置して，本庄山の南西部を基点に時計廻りに進められていった。この寛政図は，4種類の地図のなかで，本庄山や土地区画などの輪郭が最も正確な図といえる。しかし，山の描写は俯瞰図的な傾向を示すものであり，視座が本庄山周囲に設定されていたことがわかる。

　また，かなり遠方の周辺にまで繋を設定して測量を実施していたことも特徴的である（図4 - 12）。繋は，先述の通り，土地の周囲から外側もしくは内側に設定した目標に対して方位角を計測するというものである。全部で6ヶ所ある繋は，本庄山周囲と前山裏山境界筋の測量杭から位置付けられており，杭から対象への方位角も記している。図4 - 13および図4 - 14に位置関係を示したように，その方位角を列記してみると，21番杭からは申2分（246°）に向かって六甲山（兵庫県神戸市），65番杭からは戌1分（303°）に向かって大船山（同前三田市），100番杭からは丑6分（48°）に向かって勝尾寺（大阪府箕面市）と設定されている。また，図4 - 13に示したように，相手方境界上からは巳2分（156°）に向かって仏日寺（同前池田市），228番杭からは未5分（225°）と，訴訟

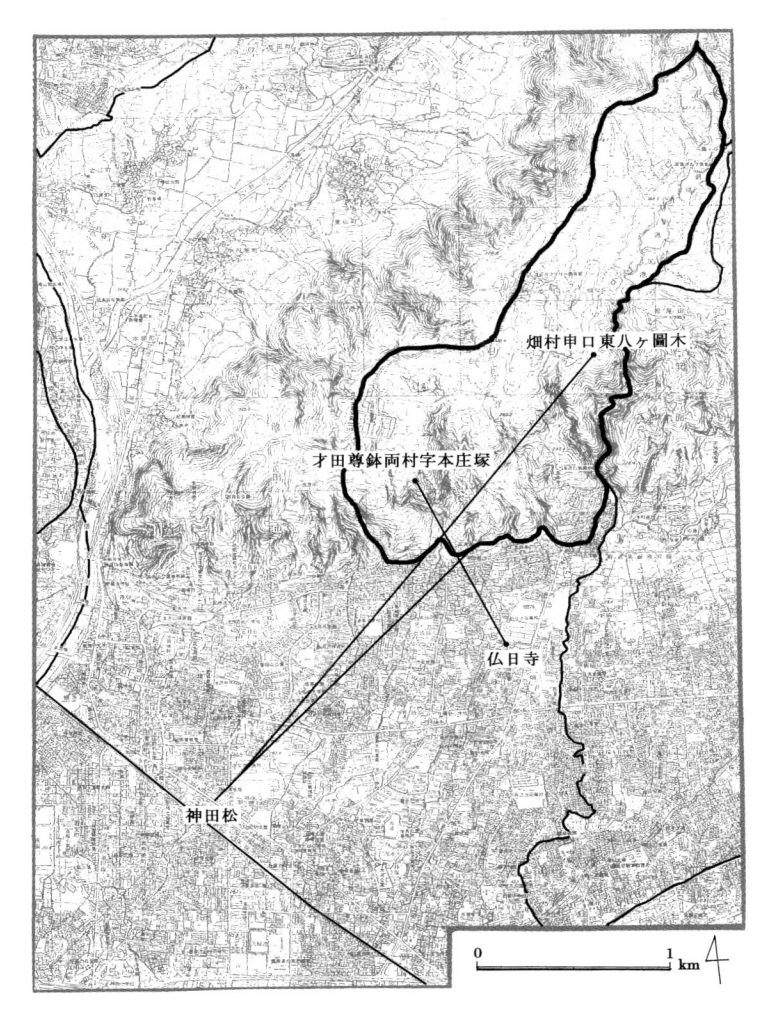

第4章　村における「廻り検地」の実践　　　　　　　　　125

図 4 - 13　寛政図における繋の復元 1
注）実線は繋への方位線を表す。図 4 -14 も同じ。ベースマップは 10,000 分の 1
　「池田市全図」（1997（平成 9 ）年 8 月編集 2,500 分の 1 池田市全図を縮小編纂）
　を使用。

方境界上は未 3 分（219°）に向かって神田松（池田市）が設定されていたことがわかる。ここに記した繋の方位角は，一支の 10 等分，つまり 3°単位となっており，これは天明図の値に等しいことがわかる。このことは，寛政図を作製するうえで実施した「廻り検地」は，天明図と同様，小丸と称する方位磁石盤を使用していたことを意味している。しかし，両図を比較してみると，同じ性能の精度を有する測量道具を使用しながら，地図としての正確さに差が生じる結果となった。ちなみに，天明期の測量結果をもとに相手方の主張する前山と裏山境界筋の形状を復元してみると，その形状は，寛政図の描写に類似する結果となっており，分業される「廻り検地」の仕事のうち，作

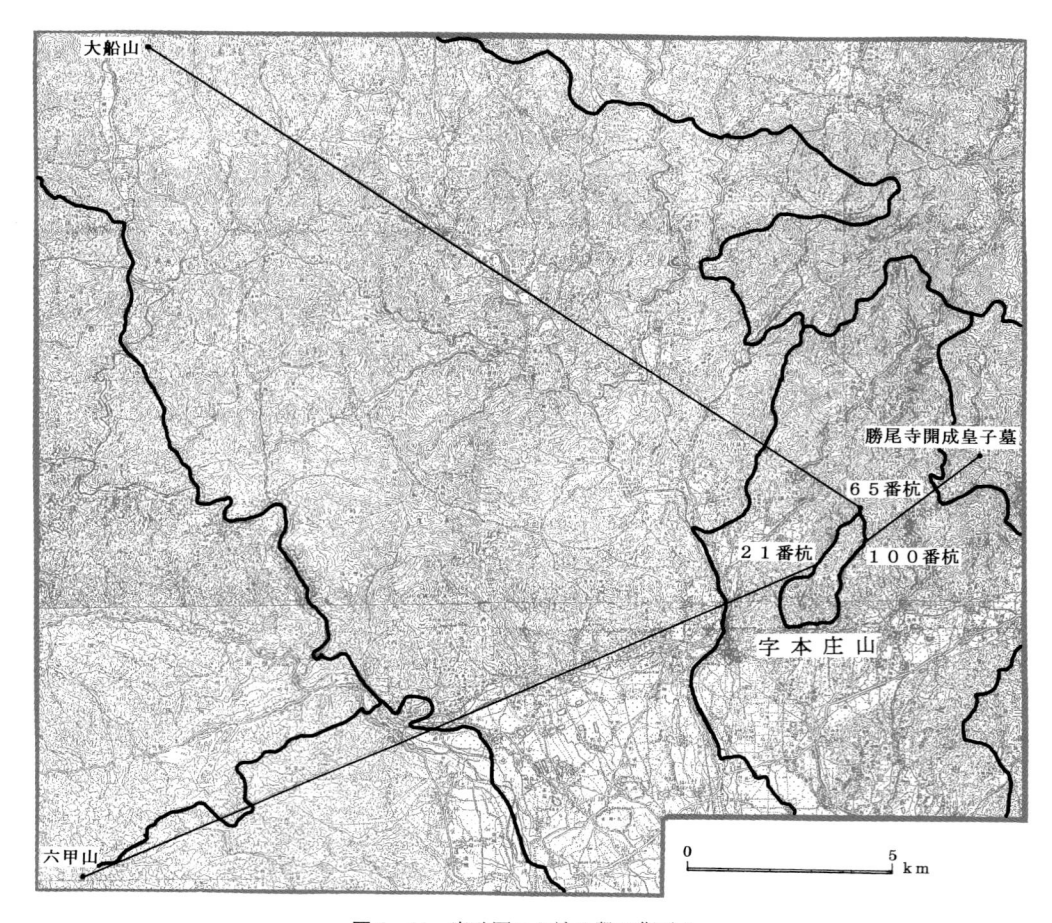

図 4-14　寛政図における繋の復元 2

注）ベースマップは 50,000 分の 1 地形図「三田」「広根」「大阪西北部」
　　（1909（明治 42），1910（明治 43）年測図，1914（大正 3）年一部修正測図，1916（大正 5）年印刷発行）を使用。

図内容に差が生じていたことを示している。

　このように天明図，寛政図，明和図は，いずれも「廻り検地」によって作製された地図であったが，図の正確さに順位がつく差が生じてしまった。その差異の原因は，測量道具や測量法のほか，測量内容の未熟さ，つまり測量担当者の技術力の差と絵師の技量差による部分も大きいと考えている。具体的に述べると，村役人と代官手代という測量技術者の身分の相違であり，また，都市とそれ以外に居住するという絵師の地域差に由来するものといえる。ただし，これら表現を巡る相違は，それぞれに意図して選択された図法とも判断され結論は出せない。

第 8 節　小　結

　小物成地である本庄山の林野資源は，18世紀後期にかけて，裏山の一部宛山化や林地面積の拡大，全体的な用益の増加など，利用をめぐる情勢が大きく変化し，改めて資源管理の体制を整え直し，また資源の配分を考え直す必要があった。このような過程のなか，その資源利用を巡って争われた山野争論の訴訟で作製した立会絵図が天明図である。当事例における地図測量は，山野争論で問題となった場所，つまり資源管理の観点から重要と認識されていた地域を選択し，その主題の必要に応じて複数の区間を設定し実施されるものであった。それは，立会絵図に描かれる樹木などの図像の選択についても同様の判断がなされている。

　実施された測量は，基本的に小丸を用いた「廻り検地」であった。本庄山を地図のなかで位置付けていくために，順礼道筋を基軸として東西両境界筋の測量を行い，加えて境界や谷川筋，対象物を位置付ける必要から山内の測量も行った。おおよそこの順に測量の作業が進められている。それらの測量は，真東西に実施した横縄のように測量区間を交差させることで，地図の正確さを高める工夫を施すものであったことは注目される。しかし，その測量技術のレベルは，傾斜を考慮しないなど，最低限必要な内容を保証するものと判断し選択したものであった。と同時に，測量結果の不整合さや俯瞰図的傾向の強い地形描写など，幕府役人の代官手代や都市に居住する町絵師らが作製に関わった明和図や寛政図に比べ，測量地図としての完成度がやや劣る側面を有しているのも事実といえる。

　この測量作業は，争う村々の村役人が10名程集まり，近隣の絵師も参加して行ったものである。そして，彼らが様々な問題に直面し，緊張関係を持続させながらも慎重に協議を重ね，計画的に測量を行っていたことを確認することができた。このことは，地図測量の過程が，論所裁判を進めるうえでも重要な役割を果たしていたことを示している。つまり，地図を作る行為として共同で測量作業を実行していくということは，双方の合意形成を探っていくという意味からも意義深いものであった。

　測量区間の設定と測量の有無や限定をめぐっては，度々対立が生じていた。その際には，個々の領主の意向をうかがいつつ，大坂町奉行所で審議を行っている。このことは，境界の確定やその地図化にとって測量が，当然のことながら極めて政治的，社会的な問題と認識されていたことを示している。当事例で論所絵図を作製する際，双方の協議や上位機構の審議を経て測量する場所や内容が決定されていった。それは，測量が必要と判断された区間に限るものであり，それ以外は明和図を参照するなどと定められた。それゆえ天明図の描写内容は，測量を巡る審議や協議内容を大きく反映した表現となっている。

　このような経緯で実施された測量や作図作業が，村役人や在町絵師[35]の担うものであったことが明らかになったことは極めて重要である。つまり，当事例は，在地社会への地図測量技術の普及状況を示すものであり，測量作業を主導したと想定される争論当事者の村役人層は，遅くとも18

世紀中期以降には地図測量に関する知識や技術を彼らのうちに蓄積させていたと判断される。そして，それらの技術を駆使するために方位磁石盤などの信頼できる測量器具を所持し，論所での測量作業を実践した。

　一方，在町絵師は，事前調査も含めた測量行為に参加するとともに作図作業を担当していたことも明らかとなった。都市部では18世紀中期には既に町見分間絵図師が登場していたように，これらのことは，様々な絵画を生業とする町絵師にとって測量データから地図を作るという技術が，一分野として専門化され，そして修練される特殊技術となっていたことを示している。当事例で在町絵師が求められた地図を作製するうえでの役割は，18世紀後期と時期は若干遅れるものの，こうした都市部に居住する絵師らと同様の状況にあったことを意味する。

　このように今回検討した事例は，日本近世における「廻り検地」の実施をめぐる実態について，その歴史的な展開の一端を示し，その在地社会への広がりを明らかにするものであった。特にそれは，畿内の村々に居住する村人や絵師による測量地図の作製が，近世中期以降には技術的な課題を含みつつも体現可能な社会状況にあったことを示している。しかも，さらに重要なことは，この当時，村役人層らが実施した地図測量技術が，幕府方の手による測量と基本的には同系統かつ同レベルであったことが明らかになったことであろう。つまり，村と幕府は，土地の地図を作るうえで，小丸などといった同性能の測量器具を用いて同じように「廻り検地」を実施していたということである。次章では，この時期に幕府方が実施した「廻り検地」の具体例をみていくこととする。

注

1) 鳴海邦匡「近世山論絵図と廻り検地法―北摂山地南麓における事例を中心に―」『人文地理』51(6)，1999，19-40頁（本書，第3章）。
2) ①池田市史編集委員会編『新修池田市史　第二巻　近世編』池田市，1999，739＋24頁。以後も同書を参照した。ほかに，②奥村家（池田市畑地区）文書「山論口書留」1789（天明9）年2月19日，池田市立歴史民俗資料館所蔵（以下略）。③奥村家文書「山論下済為取替證文之写」1792（寛政4）年6月。④岸本家（池田市畑地区）文書「山論書物」年欠，岸本家所蔵。
3) 奥村家文書「摂州豊嶋郡畑村開方并御小物成所検地帖」1678（延宝6）年3月11日。
4) 岸本家文書「取替シ申一札之事」1692（元禄5）年6月3日，岸本家所蔵。
5) 西畑町内会（池田市畑地区）管理文書「〔畑村本庄山小物成絵図〕」1759（宝暦9）年4月，西畑町内会所蔵。
6) 岸本家文書「摂津国豊嶋郡畑村御小物成場絵図」1766（明和3）年8月，岸本家所蔵。
7) 奥村家文書「乍恐御訴訟同返答」1783（天明3）年2月。なお，才田・尊鉢村は畑村の南南西の方向に位置していた。
8) 前掲注2)③。
9) 岸本家文書「〔字本庄裏山論所立会絵図〕」1787（天明7）年12月，岸本家所蔵。
10) 西畑町内会管理文書「〔本庄山山論和談済口絵図〕」1792（寛政4）年6月，西畑町内会所蔵。この他，小山家文書および東畑実行組合文書中にも同様の地図を確認することができる。
11) 奥村家文書「差上申済口之事」1792（寛政4）年6月17日。前掲注10)。
12) ①奥村家文書「才田尊鉢為取替證文之写」1798（寛政10）年4月。②小山家（池田市）文書「為取替一札之事」1798（寛政10）年4月，小山家所蔵。
13) ①奥村家文書「山論掛合覚日記」1783（天明3）年。②奥村家文書「山論一件之日記」1784（天明4）年。
14) 奥村家文書「壱番　分検間数覚日記」1783（天明3）年8月24日。
15) 奥村家文書「弐番　分検間数覚日記」1783（天明3）年8月24日。

第 4 章　村における「廻り検地」の実践

16) 箕面市有文書「立会絵図分検帳」1783（天明 3）年 8 月，箕面市役所所蔵．
17) 摂津国豊島郡のうち，平尾村（旗本青木氏知行），西小路村（旗本青木氏知行），牧落村（旗本青木氏知行），桜村（旗本青木氏知行および上総飯野藩保科氏領），半町村（武蔵岡部藩安部氏領），瀬川村（武蔵忍藩阿部氏領）に相当する．
18) 布施弥平治編『百箇條調書　第一巻』新生社，1966，164-165 頁．
19) ①池田市教育委員会編『北摂池田―町並調査報告書―』池田市教育委員会，1979，32-47 頁．②池田市史編集委員会編『新修池田市史　第二巻　近世編』池田市，1999，739＋24 頁．
20) 奥村家文書「才田村尊鉢村最早ゟ凡懸合写」1793（寛政 5）年 5 月．
21) 順礼道とは勝尾寺（箕面市）から中山寺（兵庫県宝塚市）までの道のことをいう．
22) ただし，3 月 12 日の測量のうち「当村ゟ山道ヲ」進む経路は，現地比定が困難なため検討から省く．
23) 大矢真一解説『江戸科学古典叢書 9　量地指南』恒和出版，1978，244-245 頁．
24) 大石慎三郎校訂『地方凡例録　上巻』東京堂出版，1995，81 頁．
25) 同所は 3 月 25 日にも残る区間の測量を行うが，この日は他にも立縄一番の測量も行っているため計算に含めなかった．
26) 同所では 4 月 1 日に残る区間の測量を行っているが，立縄一番の測量もこの日に実施されていることから含めなかった．
27) 立縄と横縄は各区間の測量を 1 日で終えるか，ほかの区間と同一日に行う場合が多いため，1 日当たりの測量距離を求めなかった．
28) ①佐藤甚次郎『公図　読図の基礎』古今書院，1996，153-212 頁．②木全敬蔵「地租改正地引絵図作成技術とその伝習について」（桑原公徳編著『歴史地理学と地籍図』ナカニシヤ出版，1999）9-22 頁．
29) ①桑原秀夫・山田悦郎・岩田秀一編『美しい幾何図形シリーズ 28　浪速の算学者岩田七平清庸』日本数学史学会近畿支部，1976，53 頁．前掲注 19）②563-567 頁．
30) ①木村東一郎『村図の歴史地理学』日本学術通信社，1978，71-91 頁．②千葉徳爾『愛知大学綜合郷土研究所研究叢書Ⅱ　近世の山間村落』名著出版，1986，170-199 頁．
31) 鳴海邦匡「近世山論絵図の定義と分類試論―北摂山地南麓地域を事例として―」『歴史地理学』44(3)，2002，1-21 頁（本書，第 2 章）．
32) ①今橋理子『江戸絵画と文学』東京大学出版会，1999，209-229 頁．②木全敬蔵「江戸時代地図の山地表現法」『地図』32(2)，1994，1-6 頁．
33) この縮尺値は，図面表の色分凡例右に「分検百間弐寸之積」と記されるほか，裏書中にも「表書之百間弐寸分検絵図仕立扣絵図一通リ村方ニ所持仕」との記載が認められる．この小物成場絵図は，他地域にも複数存在し，巡見先の村々で作製していたことが確認できる．京都代官所による宝暦期の巡見は，小物成地を対象とする周囲測量による統一的な地図作製事業として実施したものであり，在地への技術的影響も含め興味深い．現在までに確認された事例については，次章を参照のこと．①豊中市立岡町図書館編『内田村中川家文書目録』豊中市立岡町図書館，1981，85 頁．②箕面市役所総務部文書広報課『箕面市地域史料目録集一　箕面市有文書目録』箕面市役所総務部文書広報課，1984，60 頁．③箕面市役所『箕面市地域史料目録集一〇　中井家文書目録』箕面市役所，1988，75 頁．
34) 日記には，8 月 15 日として「畑村ニハ宝暦年中小物成所御改ニ付，小堀数馬様御手代衆御見分之上御絵師被召連分見絵図相認差上候，則扣絵図村方所持有之候絵図ニ而何卒御糺被下候様申上候」と記載されている．
35) 地図作製に関わる町絵師について，個々の技術的な程度差を生む要因のひとつは，先述したように地域性に由来するものと想定される．このことから，より地域差を強調するため，在郷町池田に居住する職業画人を示す言葉として「在町絵師」と仮に表記し，都市的な意味での町絵師とする表現と区別した．

第5章　幕府権力による村の「廻り検地」
　　　　　——京都代官による「御小物成場絵図」を事例に——

第1節　はじめに

　検地[1]は，領主によって所領内の耕地や屋敷などを丈量したものであるが，土地を測るという行為は，地域を支配するうえで最も基礎となる体制を形作るものといえる。本書で検討してきた「廻り検地」は，こうした検地技術のひとつである。この検地技術は，耕地の押押，新開地の開発，論所や樹林地の再調査など，環境利用のあり方が大きく変わる時，その変化を把握するために実施された技術であった。この測量法の特徴は，地図を作る技術であったということがいえる。

　これまでの検討から，この「廻り検地」の技術は，遅くとも1700年代のなかごろまでに畿内の村々へ浸透していたことが判明してきた。それは，「小丸」という方位磁石盤を用いた盤針術による測量であったが，前章で若干触れたように，同じ頃に幕府側が主体となって作製した地図も同等の技術を用いて作られていたことがわかってきた。以下では，この事例について検討を行い，村落共同体側ではなく，幕府側が実施した「廻り検地」の内容についてみていくこととしたい。こうした議論は，「廻り検地」という測量法が，当時の社会，特に地方支配に直接関わる階層において広く共有されるものであったことを示すことになると考えている。

第2節　対象とする地域と資料について

　本章で課題とした明和3年8月「御小物成場絵図」は，前章で検討した摂津国豊島郡における天明期の山論の分析を通じて知ることとなった地図である[2]。この山論は，畑村（摂津国豊島郡，麻田藩領）の北部にある字本庄前山・同裏山において，そこでの林野資源の利用を巡り争われたものであった。両山は，1678（延宝6）年3月に実施された検地により，幕領として代官の管理する地に編入されることとなっている。そして，本庄前山は，8町6反3畝10歩（370×70間，年貢定米1石3斗）の柴山として，本庄裏山は，124町8反3畝10歩（1,070×350間，同3石）の芝山としてそれぞれ登録されるに至った。

　この山論は，畑村と，裏山に入り会う村々のうち，才田村（豊島郡，幕府領）および尊鉢村（豊島郡，旗本渡辺氏（3家）知行）が，同所での松木伐採を巡って対立したことに起因するものであっ

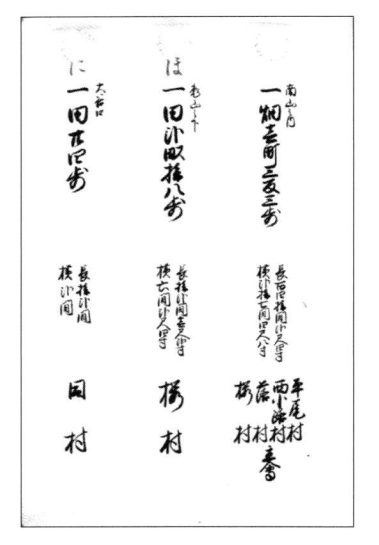

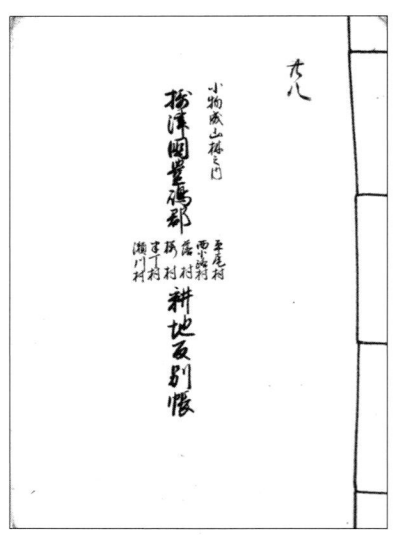

図5-1　宝暦11年「小物成山林之内摂津国豊嶋郡平尾村西小路村落村桜村半町村瀬川村耕地反別帳」のうち表紙（右）および1丁表（左），箕面市有文書

た。この山論の詳細については，既に自治体史[3]などに記されるほか，前章でも述べてきたので省略することとし，ここでは当事例でみる地図との関連から整理することとしたい。簡単に経緯に触れると，京都代官所による調整などの後，1783（天明3）年2月，才田・尊鉢村が大坂町奉行所へ提訴し，係争する村々で論所の立会絵図を作製することとなった。そして立会絵図は，1787（天明7）年12月に至って大坂町奉行所に提出されている。

　この立会絵図[4]については，裏書に「分間百間四寸之積」と記されているように，縮尺1,500分の1の測量地図であることがわかる。測量帳や日記などの検討から，地図を作製する際，小丸や間縄などを用いて，論山の周囲や谷筋などを対象に方位角や距離の測量を行っていたことが判明し，「廻り検地」が実施されていたことがわかった。そして，この作業は，双方の村役人や在町絵師が担うものであった。こうしたことは，これまであまり指摘されてこなかった点であり，測量にもとづく地図を作製するうえでの村役人層らの技術的な貢献の高さが明らかとなった。

　論山の測量をめぐる対応は，場所によって様々であったが，特に南側で平地に接する山裾部分は特に異なる対応がとられていた。ここは，ちょうど小物成山としての幕府領と畑村としての麻田藩領が接していた部分に相当している。畑村庄屋らが，1784（天明4）年3月5日付で大坂町奉行所において述べた口上書[5]の内容をみてみたい。それによると，「才田村尊鉢村ゟ論外前山麓ゟ分見絵図ニ可致段被申候」と論山全域を測量すべきであると主張する才田・尊鉢村側に対して，「御料私領境目之儀者古来ゟ急度相分リ有之」などの理由とともに，「先年，小堀数馬様御小物成所御改之節，絵図御書下ヶ等有之……前山裾通リ之儀，論外之儀ニ付小堀数馬様絵面通リニ以可相認旨被

仰渡奉畏候」と反論している。つまり、この領境については、かねてより明瞭であったということ，京都代官小堀数馬らが小物成地の再調査のおりに作製した地図が既に存在しているということを挙げて、麻田藩側はその地域の測量に反対した。

こうした畑村側の「乍恐何卒小堀数馬様ゟ被下置候山絵図ヲ以墨引仕候」という願いは、測量帳の記録や立会絵図の描写内容から判断して実際に採用されたとみなされる。このことは、重要な訴訟資料である山論絵図の内容が、同じ時期に幕府の作製した地図によって規定されることがあることを示している。つまり、公の要素を含んでいたということを示している。以下では、この地図の作製に至った「小堀数馬様御小物成所御改」の概要について触れるとともに、そうした地図の特徴についてみていきたい。

第3節　宝暦期の豊島郡における小物成年貢の増徴

いわゆる延宝検地は、畿内近国を中心とした幕領地域において、延宝期に施行された検地のことを指す。この検地は、田畑や屋敷地の丈量のみならず、山野や、その地における開発の場をも対象に含めるものであった。そうして実施された検地の結果は、土地台帳である検地帳に記され、村にも保管されることとなる。先にみた字本庄前山と裏山も、この検地帳[6]に丈量の結果が記載されていた。

ところで、この検地帳には、1761（宝暦11）年10月付の小堀数馬による附紙が添付されるのが確認できる。その内容は、小物成地のうち、小物成山に対してのみ賦課された年貢定米の増額を指示したものであった。畑村の場合をみると、前山で開発された耕地6畝24歩（見取場）と、裏山に造林された松林23町歩がその評価分に概ね相当していたことがわかる。つまり、多様な土地利用が認められる小物成地のなかでも、ここでは小物成山の地のみを対象として増税されたということである。

このことは、先の天明期の山論において、畑村側が本庄山の来歴として、「宝暦十一巳年、小堀数馬様豊嶋郡弐拾九ヶ村御小物成一統御改之節、当村領御小物成三石四斗五升八合増米被　仰付、分検絵図并御検地帳面ニ御附紙被　成下」[7]と記す内容に一致している。それは、宝暦期に豊島郡のうちで小物成地支配に関わる29ヶ村を対象として統一的に実施されたものであるが、注目されるのは、その過程で「分検絵図」と検地帳面への「御附紙」を村に下したという事実が示されていることである。

ここで挙げられた豊島郡の29ヶ村のうち、畑村以外での延宝期の検地帳をみてみた。これまで調査できた範囲内ではあるが、1761（宝暦11）年の附紙の添付という共通した内容を確認することができた。例えば、桜井谷六ヶ村[8]における1678（延宝6）年3月16日付の「立会開方御小物成所検地帳」[9]にも、1761（宝暦11）年10月付の小堀数馬による附紙が添付されていた。その附紙には、山林とされる東山（41町6反6畝20歩）と西山（18町歩）について、両山で開発された耕地へ

の年貢の賦課額と，耕地面積分を引いたうえで，両山への年貢定米の増加額を指示するというものであった。小物成山で開発された耕地への年貢は，新開場であったゆえに見取によるものとして設定されていた。

そのほか，1678（延宝6）年3月13日付の牧之庄四ヶ村[10]における「立会開方御小物成所検地帳」[11]や，同年同月16日付の長興寺村（上総飯野藩保科氏領）における「開方并御小物成所検地帖」[12]についても，同じ様に附紙が添付され，いずれも山とその地に開発された耕地に限定して，それらの年貢負担額の増加を指示していた。

これらのうち，山内に開発された耕地に関しては，「耕地反別帳」[13]と名付けた帳簿を，附紙と同じ1761（宝暦11）年10月に新たに作成している。これは，小物成山内に開発された耕地に賦課された年貢（見取米）を管理する帳簿に相当する。その内容は，一筆毎に，字名，耕地の種別（田畑），面積，請人などを記して管理を行うものであった。そして，それぞれの区画毎には，「いろは」などとする記号が付されていた。この記号は，後述するように明和3年8月「御小物成場絵図」に書き込まれた文字の注記に対応しており，地図上の場所を指示する記号であった。牧之庄六ヶ村の反別帳をみると，8筆分，計1町8反5畝15歩が計上されている。その内訳は，田地が7筆で5反5畝12歩，畑地が1筆で1町3反3歩となっており，筆数は田地が多いものの，耕地面積は1筆の畑地が大きい内容となっていた。

この帳簿の一筆毎にも附紙が付せられている。これは，30年以上も後の1798（寛政7）年，見取場の扱いから正式に村高に編入された際に付せられたものである。付箋には，例えば「此田三畝拾弐歩寛政七卯年御高入ニ成除之」と記されていた。この年には，小物成山内の新田についての検地が実施されていた。その際，新たに「立会新田検地帳」[14]という帳簿を作成して村々に下していた。調査の担当は，京都代官小堀縫殿である。この帳簿には，一筆毎に，字名，耕地の等級と面積，大きさ，負担者，年貢額について記されていた。牧之庄六ヶ村の場合，記された耕地はすべて「下々田」であり，その筆数は25筆にもおよぶが，個々の面積は狭く，総計で8反1畝歩しかなかった。

さて，議論を再び宝暦の頃のはなしに戻すが，では，こうした小物成山の年貢定米の増額は，どのような経緯で行われたのであろうか。それは，桜村の九郎右衛門（上組（飯野藩領分）庄屋）と北野村（西成郡，幕府領）の弥治兵衛の2名が，1769（宝暦9）年2月に，代官小堀数馬の管轄下にある豊島郡の小物成山の開発を願い出たことに起因すると考えられる[15]。両名の請地による開発の願いが，小物成年貢の増米や冥加金の付加を条件としたことから，開発の実施を前提に京都代官所において審議が進められることとなった。これに対して，これまで小物成山を利用してきた村々は，肥料や飼料などのための林野資源の採集量に不足が生じるとして開発に反対した。

結局，この広域におよぶ開発の願いは，弥治兵衛の病気を理由に実現されなかったという。しかし，この開発をめぐる交渉の過程で豊島郡の村々は，開発の願いを取り下げさせるために，小物成山の「御改」の実施と，それによって確定される年貢定米の「増米」という条件を受け入れることとなったようである[16]。

表 5-1 明和 3 年 8 月「御小物成場絵図」一覧

標題	年月	寸法（料紙）	縮尺	特徴的な色分凡例	差出	宛所	文書
摂津国豊島郡平尾村西小路村桜村落村半町村瀬川村御小物成場絵図	明和3.8	南北159.2×東西110.4cm（2(+3)×3(+1)枚）	百間弐寸之積	「小物成山林」「古新開」「宝暦十一巳年改出見取并藪」	牧之庄六ヶ村庄屋年寄百姓代	小堀数馬様御役所	箕面市
摂津国豊島郡桜村御小物成場絵図	明和3.8	南北63.8×東西49.6cm（2(+1)×1(+1)枚）	百間五寸之積	「改出シ開発場」「小物成藪并改出之内芝地」	桜村庄屋年寄百姓惣代	小堀数馬様御役所	中井家（箕面市）
摂津国豊島郡畑村御小物成場絵図	明和3.8	南北114.1×東西79.4cm（2(+2)×3枚）	百間弐寸之積	「小物成山林并藪」「宝暦十一巳年改出見取」「茶役小物成場」	畑村（東西）庄屋年寄百姓惣代	小堀数馬様御役所	岸本家（池田市）
長興寺御小物成場絵図	明和3.8	南北79.7×東西116.2cm（2(+1)×2(+1)枚）	百間五寸之積	「宝暦十一巳年改出見取田畑」「延享三寅年改出見取畑」	長興寺村庄屋年寄百姓惣代	小堀数馬様御役所	長興寺村（豊中市）
摂津国豊島郡柴原村小路村内田村野畑村南刀祢山村北刀祢山村御小物成場絵図	明和3.8	南北139.5×127.3cm（3×4枚）	百間弐寸之積リ	「宝暦十一巳年改出見取畑」「小物成山并宝暦十一巳年萱地改出芝山雑木林」「小物成所江入交候桜井谷村々分」	桜井谷六ヶ村庄屋年寄百姓惣代	小堀数馬様御役所	内田村中川家（豊中市）

注）ただし，池田市立歴史民俗資料館に所蔵される「摂津国豊嶋郡西市場村御小物成場絵図」（西市場（大阪府池田市）村文書）については，調査した時期（2003年6月）に展示されていたことから，直接調査を行うことができず，サイズや紙背のデータなどが得られていないため記していない。

　こうした経緯は，増収を目的とした新田開発と年貢増徴という享保期の改革を引き継ぐものであったといえる。そして，このことは，小物成山を開発の対象地と位置付けた代官所の認識にも反映されているといえる。しかし，こういった小物成地の検地は，当地において18世紀なかごろから断続的に実施されていたことが確認されるのも事実である。ただし，今回検討した明和3年8月「御小物成場絵図」の作成に起因する検地ということからすれば，地図の裏書にも記されている通り，1761（宝暦11）年の検地が直接の要因であったといえる。

　これらのことから，「御小物成場絵図」は，検地，特に新開地を対象とした調査を実施するという状況において作製された地図であることがわかった。これは，先の『地方凡例録』の検討でみた「廻り検地」を実施する状況のうち，耕地の再調査という場面に相当するものである。以下では，再検地の過程で作成された地図というテーマに焦点を絞り，明和3年8月「御小物成場絵図」をみていくこととする。

図 5-2　牧之庄六ヶ村における明和 3 年 8 月「御小物成場絵図」より紙背表題部分，箕面市有文書
注）法量：南北 159.2×東西 110.4 cm（料紙 5×4 枚）

第 4 節　明和 3 年 8 月「御小物成場絵図」について

　本章において紹介する地図は，明和 3 年 8 月「御小物成場絵図」と題される地図である。地図の表題は，紙背裏書によっている。この表題は，いずれも紙背の左下角に記されている。それは，折り畳んだ状態で一番上部にこの表題が位置するように意図していたからである。それらの表題の文言は，摂津国豊嶋郡何村と付記して「御小物成場絵図」と記すものであった（図 5-2）。
　この地図は，摂津国豊島郡における宝暦期の「小堀数馬様御小物成所御改」という事態に際して作製されたもので，その後，京都代官所（本紙）と関係村（控）で所持されることとなった「分検絵図」と判断される資料である。以下に示した裏書の形式から，これらの地図は，村方で作成されたものが代官所に提出されたものと従来考えられてきたようである。しかし，その内容をよく読んでみると，むしろ逆の現象，つまり代官所で作製された地図が村々へ手交されたという過程を想定することができる。
　こうした地図については，現在までのところ，表 5-1 に示したように 6 事例を確認することができた[17]。地図には，基本的には類似した内容の裏書が記され，「小堀数馬様御役所」を宛所として，関係する村の庄屋，年寄，百姓惣代の連署が載せられている。そして，料紙の継ぎ目には，村方によって印が捺されていた。例えば，先述した牧之庄六ヶ村の小物成地を描いた「摂津国豊嶋郡平尾村西小路村桜村落村半町村瀬川村御小物成場絵図」（図 5-3）の裏書は，次のように記されている。

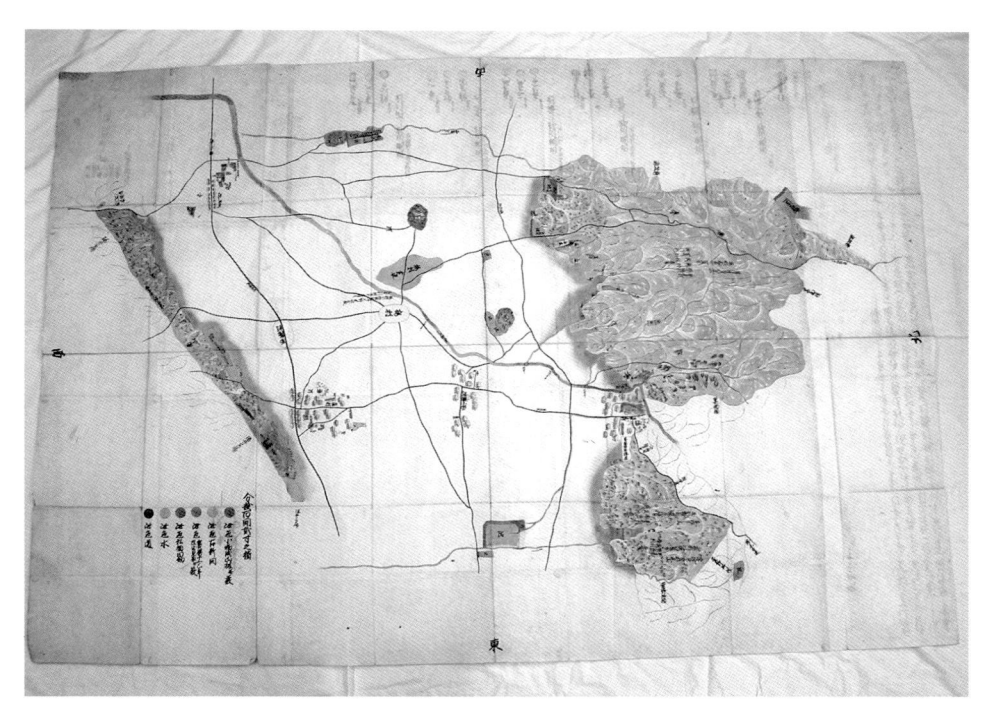

第 5 章　幕府権力による村の「廻り検地」

図 5 - 3　牧之庄六ヶ村における明和 3 年 8 月「御小物成場絵図」，箕面市有文書
注）法量：南北 159.2×東西 110.4 cm（料紙 5×4 枚）

表書之摂津国豊嶋郡平尾村西小路村桜村落村半町村瀬川村持添法恩寺松尾山、平尾村西小路村落村桜村持添法恩寺松尾山、ほうし山、南山、半町村一村持添南山、延宝六午年青山大膳亮様御検地御小物成山林、宝暦十一巳年御役人中被遣、御見分御吟味之上、御改出御見取米藪御年貢等被仰付、惣躰御小物成場与他村境当村之御私領地境共逐一御案内仕、御改を請、表書之百間弐寸分検絵図仕立、扣絵図一通り村方ニ取持仕、以来地面紛敷儀無之ため案内庄屋年寄百姓惣代之者連印仕差申所、仍如件
　　　明和三年戌八月
　　　　　　　　　　　　青木九十郎殿知行所
　　　　　　　　　　　　　　摂津国豊嶋郡平尾村
　　　　　　　　　　　　　　　　庄屋　　　徳兵衛（印）
　　　　　　　　　　　　　　　　年寄　　　善兵衛（印）
　　　　　　　　　　　　　　　　百姓惣代　伊兵衛（印）
　　　　　　　　　　　（以下 5 ヶ村分の庄屋・年寄・百姓惣代名は省略。）
　　　小堀数馬様
　　　　　御役所

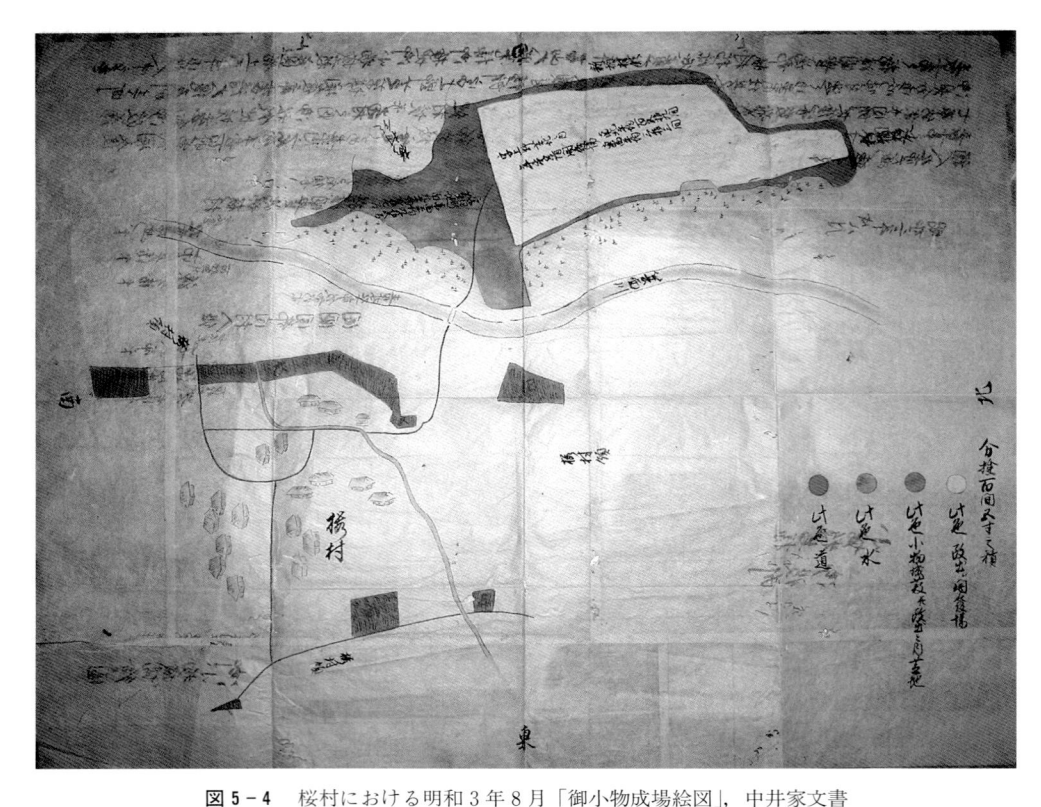

図 5-4　桜村における明和 3 年 8 月「御小物成場絵図」，中井家文書
注）法量：南北 63.8×東西 49.6 cm（料紙 3×2 枚）。字上野の芝草場は，この図では上部に位置することとなる。

それらの記載内容によれば，1771（宝暦 11）年に小物成地（山林・新開地・藪）に派遣された京都代官所の役人は，現地で「御見分御吟味」を実施したうえで該当する地域の反別を改め，新たな年貢額を算定したという。こうした作業を通じて小物成地の境界をあらためて確認するとともに，それらの確定した内容については，作製した「百間弐寸」（縮尺 3,000 分の 1）か「百間五寸」（同 1,400 分の 1）の分間絵図で提示され，その控えが村々でも所持されることになったという。また，ここで指摘しておきたいのは，このような過程を経て村々に配された小物成場の測量地図が，「地面紛敷無之」を目的としていたことである。

次にみる「摂津国豊嶋郡桜村御小物成場絵図」（写，図 5-4）の裏書は，基本的な内容はほかに類しているが，小物成地である藪や芝地の調査に加え，先にみた開発願人のうち，九郎右衛門のみによる字上野における芝草場の開発（鍬下年季）もその対象に含んだ結果，幾分異なる内容を示すこととなった。

表書之摂津国豊嶋郡桜村持添延宝六午年青山大膳亮様御検地御小物成藪、宝暦十一巳年御役人中被遣御見分御吟味ニ付、追々御案内仕、是又、同村九郎右衛門此度願ニ付、請所字上野芝草場開

発年季請、大縄反別壱町七反歩余、并同断地続開発難成芝地御小物成年季請所八反歩とも、他村境并当村之内御私領境委細御改を請、表書之百間五寸分検絵図仕立、扣絵図一通リ村方ニ所持仕、以来地面紛敷儀無之ため案内庄屋年寄百姓惣代開発願人九郎右衛門連印仕差申所、仍如件
　　明和三年戌八月

　　　　　　　　　保科越前守殿領分
　　　　　　　　　摂津国豊嶋郡桜村
　　　　　　　　　　庄屋　　九郎右衛門　印
　　　　　　　　　　同　　　市郎兵衛　　印
　　　　　　　　　　百姓惣代　源兵衛　　印
　　　　　　　　　（以下，下組の庄屋・年寄・百姓惣代名は省略。）

小堀数馬様
　　御役所

　地図の裏書のなかに記された「大縄反別」という言葉は，おもてに描かれた地図の作製過程を伝える表現である。この大縄については，第1章で説明した通り，『地方凡例録』の「新田切添之事」[18]の項目において大まかな説明がなされている。繰り返しになるが，そこには次のように記されていた。それは，新開の申請が許可された場合，「先づ大縄反別とて，其場処の総廻りを分間し，障るべき地所・用水路・堤敷・道敷等ハ除きて分間絵図歩詰を以て，総反別何程と取極め」と記しているように，開発地の面積を算定するために「廻り検地」を実施して測量地図を作ったことが明記されている。このことから，少なくとも桜村の明和図を作るうえで，開発の対象地であった字上野の芝草場は，「廻り検地」による測量を実施していたことが判明する。
　ここで取り上げた桜村の小物成場絵図をみてみると，字上野の芝草場は，地図面の西側，箕面川の西岸の位置に相当した場所に描かれていることがわかる。さらにこの芝草場は，開発可能地と周辺の開発が困難な芝地に区別して表現されており，色分凡例に従って，開発地を桃色（「改出シ開発場」），開発困難地をほかの小物成地と同じ緑色（「小物成藪并改出シ之内芝地」）で彩色して区別していた。
　さて次は，地図の図面の内容についてみてみたい。調査することができた「御小物成場絵図」をみてみると，当然のことではあるが，年貢の賦課される小物成場を中心に描いていた。小物成地は，対象となる村の領域内において，該当する場所に位置付けてそれのみが描き出されており，村域内すべての土地利用状況を連続して描くわけではない。つまり，小物成場以外は，空白とされる割合が高い。ぽっかりと浮かぶ島のように描かれた小物成地は，道筋，川筋や池，集落や寺社など，村の配置を示している基本的な地理情報として描き込まれた図像と結び付けることで該当する地に位置付けていく表現がとられている。
　地図の縮尺は，先述したように2種類を認めることができる。そのふたつを比べてみると，表現される地域の範囲に応じて縮尺値を選択していることがわかる。それは，広範囲を対象としたもの

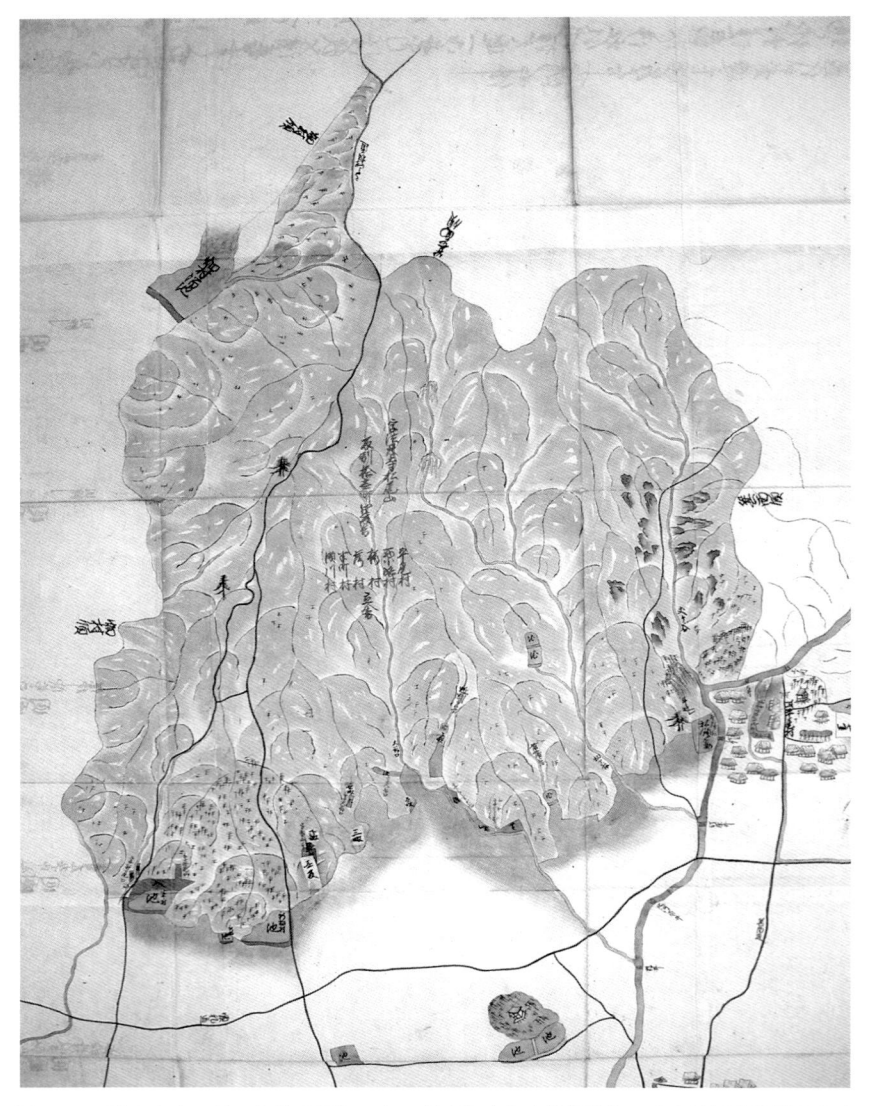

図 5-5　牧之庄六ヶ村における明和 3 年 8 月「御小物成場絵図」のうち法恩寺松尾山部分

は「百間弐寸」で描き，逆にある程度狭い地域のものは「百間五寸」で描かれるというものであった。

　主要な描写対象が小物成地，特に宝暦期の再検地に関連したものであることは，図面の余白に示された色分凡例の内容にも示されている。それらについて，小物成地と関わる凡例を挙げると，牧之庄六ヶ村の場合は「小物成山林」と「宝暦十一巳年改出見取并藪」，桜井谷六ヶ村の場合は「宝暦十一巳年改出見取畑」と「小物成山并宝暦十一巳年萱地改出芝山雑木林」，長興寺村の図の場合は「宝暦十一巳年改出見取田畑」と「延享三寅年改出見取畑」，桜村の図の場合は「改出シ開発場」

と「小物成薮并改出之内芝地」，畑村の図の場合は「小物成山林并薮」と「宝暦十一巳年改出見取」と「茶役小物成場」となっており，1761（宝暦11）年の「改出」が主題となっていることがわかる。

さて，これらの凡例をみていると次のことに気がつく。それは，尊敬の接頭語である「御」の表現が認められないことである。例えば，「御小物成山林」ではなくて「小物成山林」と表記されるといった具合にである。通常，村方で作られた地図の場合，幕府など公儀についての表現は，「御」を付すのが通例とみなされる。このことは，表書きの地図面が，村方で作製されたものではないことを示すものである。やはり，裏書に示されているように，表側の地図は，公儀方，この場合は代官所で作製されたものと判断されるべきであろう。ちなみに，裏書では，村方が差し出した文書の形式に従って「御」を付して表記されており，図の表題も同様である。つまり，地図の表と裏とでは，資料の方向性が違うことを示している。

描き出された小物成地は，例えば山についてみると，その周囲の境界筋の形状が，かなりの程度で実際の地形と近いものになっていることが確認される[19]。例えば，これまで検討してきた牧之庄六ヶ村の入会山である法恩寺松尾山や，畑村の入会山であった本庄裏山・前山の論所裁判の際，それぞれの山について「廻り検地」によって作製された山論絵図の表現と比べてみたい。論所であった入会山は，両地域の明和図にも描かれているが，その山域の形状は山論絵図のものよりも正確に描かれているといえる。図5-5は，牧之庄についての明和図のうち，法恩寺松尾山を描いた部分であるが，北部に突起状の表現が認められるなど，18世紀なかごろに村方の測量した山論絵図（図3-5）よりも実際の土地区画の形状に近い表現となっていたといえる。

また，山地の地形に関わる表現としては，単に仰見図として山形が地貌線で描かれるのではなく，尾根筋を線で結ぶことによって，山内を平面図的に描く工夫が施されているのも確認される。こうして表現された小物成山内には，今回の検地改めにおいて登録された耕地や，山中の溜め池などが描き込まれており，いずれもその形状の表現が，山の周囲の描写と同じく詳しい。このような表現のいずれもが，「廻り検地」が行われたことを示すものだと考えられるが，それでは具体的にどのような作業が実施されたのであろうか。次節では，その過程について検討したい。

第5節　地図の作製法

「御小物成場絵図」の裏書に記された「御見分」や「御吟味」といった作業は，耕地の作柄や山野の植生を調査するほかに，対象となる地域の測量を行ったうえでそれらの範囲を確定し，その面積を測るというものであったと考えられる。文献中においては，そうした作業を「御縄引」と記す場合もあった。

例えば，宝暦における小物成山の再検地の一連として境界を確定するにおよんで，桜井谷六ヶ村の小物成山（東山）と西・東稲村（豊島郡，武蔵国忍藩阿部氏領）持山との境をめぐって協議される

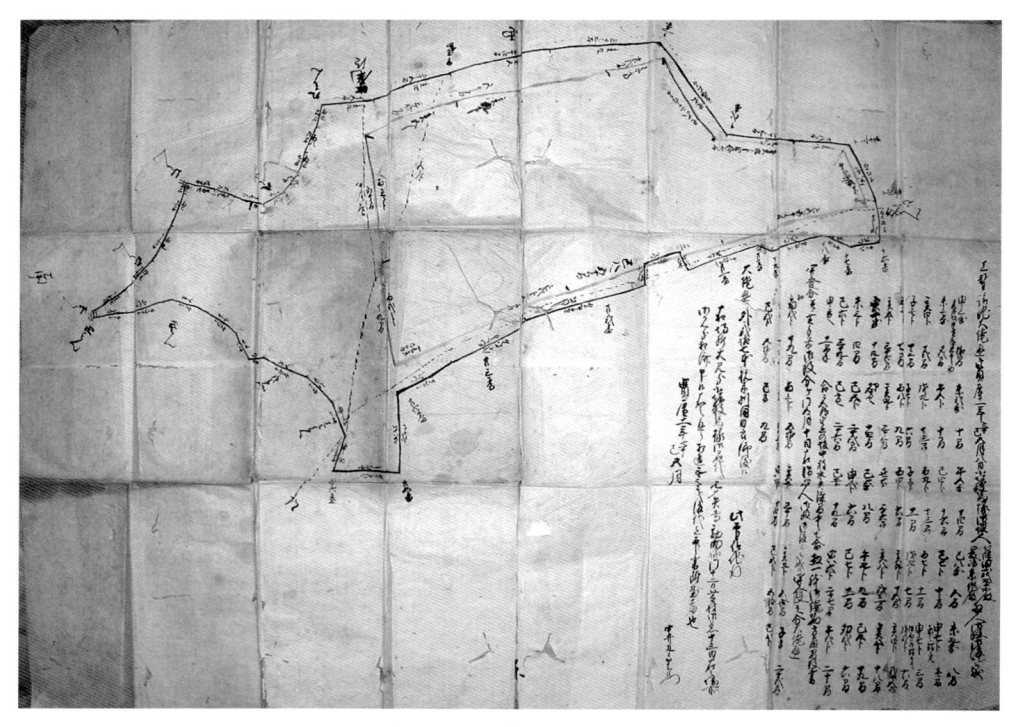

図 5-6　宝暦 11 年 5 月「〔分間絵図〕」，中井家文書
注）法量：南北 94.7×東西 67.0 cm（料紙 2×2 枚）

こととなる。この境界筋について和談となり，その内容に従った見分の実施を要望し，双方より 1760（宝暦 10）年 6 月付で京都代官所へ願書を提出しているが，その見分のことを文書中では，「御見分御縄引」と表記していた[20]。

　こうした小物成地周囲の境界は，宝暦の再検地を通じて確定された場合も多かったようである。例えば，牧之庄六ヶ村と畑村との間でも，「御小物成所御改御見分」という事態に際し，東西に隣り合う双方の小物成山の境界筋を巡って争いが生じている[21]。この境界については，その確定を目的として 1761（宝暦 11）年 3 月に和談が取り交わされているが，その際，草山に位置する双方の境界筋を明示するため杭を設置していた。これらのことは，宝暦の検地における現地の見分や吟味の過程で小物成場の境界を改めることが，対峙する村境の明示を強いるとともに，場合によってはそれを巡る争いを顕在化させるものであったことがわかる。様々な理由が想定されるが，いずれにせよこの時期にいたってようやく境界が確定されることとなっていった事実は興味深い。

　さて，この時の作業について，天明期の山論における畑村側の日記では，「宝暦年中小物成所御改ニ付，小堀数馬様御手代衆御見分之上，御絵師被召連，分見絵図相認差上候」[22] と記している。すなわち，その記述によれば，代官手代らの実施した現地見分は，「御絵師」，つまり御用絵師を伴って行ったとしており，これらの調査が，当初より，地図の作製も目的に含むものであったこと

第5章　幕府権力による村の「廻り検地」

を示している。

　図5-6は，前節でみた桜村における明和3年8月「御小物成場絵図」（図5-4）との関連が想定される測量結果を図化した下図[23]である。この宝暦の測量地図は，桜村の明和図と比較してみると，九郎右衛門が開発を願い出た字上野の芝草場の形状と同じであることがわかる。この図を所蔵する中井家は，九郎右衛門の子孫に当たる家系であり，この資料を代々引き継いできた。ただし，この図は，九郎右衛門による控えであったためか，図の筆写も大まかで歪みも大きく，「御小物成場絵図」の描写と完全に一致するものではないが，基本的には同様の内容と判断してよいであろう。こうした下図の類の資料は，今のところほかに確認できないが，桜村の場合は，描写対象に鍬下年季による開発地を含むという特殊な事情から，このような前段階的な資料が村側にも所持されることとなったと考えている。

　桜村における明和図の裏書には，小物成藪の見分と同時に，九郎右衛門による開発願いが出された字上野についても，1761（宝暦11）年に京都代官所の役人が見分を実施した旨が記されている。この時，字上野の芝草場で実施された測量結果を書き写した資料が，この宝暦の下図に相当する。図5-6にみられるようにこの資料は，上部に描かれた地図と，下部に本来なら測量帳に記されたであろう測量結果のデータの部分で構成されている。

　字上野の芝草場についての測量データの記録の前には，次のように記されている。

　上野請地大縄通、宝暦十一年幸巳五月八日、小堀数馬様御役人　篠田式九郎殿　岡崎東作殿　両人御改渡シ被成

これによると，まず5月8日に，京都代官所役人である篠田式九郎，岡崎東作らは，請所となる芝草場全体の見分や測量を実施することとなった。そして，この文面の後に，「申三歩　拾間，未弐歩　十間，午八歩　十四間，巳八歩　吾間……」などと芝草場周囲の測量データを記録し，次の文に移ることとなる。

　開発分并柴手米御改分ヶ、同五月十日、右御役人御改御渡被成候、開発分大縄通

このように，10日には，篠田，岡崎の両名らが，今度は開発地分についての測量を実施していた。その測量データについては，この文章の後に，先と同じように記録している。また，この日には，「大縄通リ外弐拾七本杭木別同日被仰渡候」と付記しているように，字上野の外側に設置するための杭木が渡されている。そして，最後に5月13日には，京都代官所役人の矢守勘助（元締）が最終的な見分を行い，同所の調査が終了したという。

　この資料に示された図や測量結果は，こうした見分を経て得られたデータを開発願人である九郎右衛門に対して提示したものであったと考えられる。恐らく，この見分時には，この開発場とともに桜村の小物成藪についても，同様に測量を伴った見分が実施されていたとみなされる。こうした

作業は，ほかの地域における明和図の場合についても基本的には同様の状況であったと考えられ，同じように該当する地所の測量が実施されたのであろう。

　さて，話を宝暦の下図に戻したい。この下図を作るうえで実施された測量は，図や測量データの内容から判断して「廻り検地」に間違いないことがわかる。測量データは，行列配列される野帳の形式としてこの地図に記録されるとともに，図中にも個々に対応する場所に付記される形で注記していた。測量データを読んでみると，その内容は，字上野とその内側の開発予定地の周囲を対象として，方位角と距離を測り進むものであり，前者については46地点，後者については12地点に測量ポイントがぐるりと設定されていたことがわかる。設置された測量地点の番号から判断して，実施された測量は，いずれも南東の地点から時計回りに測り進むものであった。

　この「大縄通」と記される「廻り検地」の測量作業は，表記される方位角の値から小丸を用いて計測されていたことが確認できた。例えば，記載される方位角をみてみると，「戌九分」（もしくは「歩」とも表現）などと，いずれも一支を10等分する値で表示されていた。また，計測された距離の値は，最大で50間となっており，間縄の長さとして通常示される60間内におさまっていることもわかる。これらのことから，18世紀なかごろの畿内の幕府領における再検地では，「廻り検地」を実施し，その際には小丸を用いて方位角を計測していたことがわかってきた。こうした測量を行った結果，字上野の芝草場の形状は，それまでの地図に表現されていたものと比べて劇的に変化し，より現状に近い図が作られることとなった。それとともに，その正確に象られた図は，これ以後に作製された同地域における地図の表現を規定していくこととなった。

　ところで該当する場所の輪郭を測量し，その土地区画の地図を作製した場合，次の段階の作業として，その図を周辺も含めた地域に位置付けていく必要が生じてくる。つまり，桜村の明和図の場合でいうと，字上野の芝草場を，桜村の領域内のどこに位置しているのかを図化し，小物成地を管理するうえで明確にしておかなければならないということである。この下図の場合は，字上野を通る複数の道（宮道，山道，中尾道など）や溝を描き込み，それらを輪郭線と交差させることによって，桜村内に位置付けることを試みており，こうした手法はこれまで「廻り検地」の実践例として検討してきた地図の表現に通じるものである。

　このように測量された土地区画の地図は，描かれた地域内を通る道や水系と関係付けることで位置付けるとともに，集落や寺社などのランドマーク的な事物との相対的な関係のなかで配置されていたことがわかる。そうした描写対象の地域への位置付けのあり方は，すべての「御小物成場絵図」にも確認される表現であった。こうして小丸を用いた「廻り検地」を実施して得られたデータを基に，見分に帯同した御用絵師が，現地での調査内容も踏まえて，「御小物成場絵図」を統一的に描いたのであった。

第 6 節　小　　結

　本章では，京都代官小堀数馬による明和 3 年 8 月「御小物成場絵図」の概要について紹介してきた。この事例は，18 世紀後期の畿内において，幕府方が実施した地図測量の実態を明らかにするものであった。これら一連の「御小物成場絵図」は，近世中期の段階で統一的に山野や藪などを測量して作製されたという点から，優れた資料のひとつとして評価することができるであろうし，日本の地図史を検討するうえで貴重な事例と位置付けられるといえる。

　当地域の延宝検地における検地条目によると，小物成地とされた山野の検地作業は，基本的には実施することと規定されているが，その実施が困難な時には作業を省く旨も付記されている[24]。恐らくそのような場合は，太閤検地に同じく村からの指出に応じて年貢高を決定したと考えられ，検討した地域の事例をみても，延宝の検地帳に示された山野の範囲が，実際の面積よりも狭い場合が多いのは，厳密な意味での測量が実施されなかったことを示唆する。

　これに対して，およそ 80 年後の宝暦期に実施された小物成地の再検地は，山野の測量という点からみると著しく異なる段階に入っていることを示したものであり，その見分や吟味は，対象となる場所の周囲について「廻り検地」を実施して測量し，そうして得られたデータから分間絵図を作製するという作業を伴うものであった。もちろん，この「御改」が，小物成地における新たな新開地の統一的な把握を目的としていたことはいうまでもないが，豊島郡における村々が，大幅な小物成年貢の増徴という事態を受け入れた要因のひとつは，「廻り検地」に代表される測量に対する信頼があるとともに，こうした測量技術を背景として作られた「御小物成場絵図」の存在があったと考えられる。このことは，裏書に「扣絵図一通リ村方ニ取持仕以来地面紛敷無之ため」と記されていることにも示されている。

　京都代官所が実施した 18 世紀後期の畿内における再検地は，「廻り検地」にもとづく地図の作製を行うものであった。その過程で実施された測量では，小丸という 3°単位で方位角を計測できる方位磁石盤が使用されていた。このことは，これまでの検討で明らかになったように，村で実施されていた「廻り検地」による測量と同一の精度で幕府方の検地測量が実施されていたことを示している。このことは非常に重要な点であると考えており，つまり，小丸を用いて「廻り検地」を行うという行為が，18 世紀なかごろの段階において，在地レベルのみならず，いまだ幕府側にとっても，土地を測るひとつの技術として信頼される段階にあったということを示すものであった。

注
1) 神崎彰利『検地―縄と竿の支配―』教育社，1983，261 頁。
2) 鳴海邦匡「「復元」された測量と近世山論絵図―北摂山地南麓地域を事例として―」『史林』85(5)，2002，35-76 頁（本書，第 4 章）。
3) 池田市史編集委員会編『新修 池田市史 第二巻 近世編』池田市，1999，346-348 頁。
4) 岸本家（大阪府池田市）文書「〔字本庄裏山論所立会絵図〕」1787（天明 7）年 12 月，岸本家所蔵。

5) 奥村家（大阪府池田市）文書「才田村尊鉢村最早ら凡懸合写」1793（寛政5）年5月，池田市立歴史民俗資料館所蔵．
6) 奥村家文書「摂州豊嶋郡畑村開方并御小物成所検地帖」写，1678（延宝6）年3月，池田市立歴史民俗資料館所蔵．
7) 岸本家文書「山論書物」1789（寛政元）年カ，岸本家所蔵．
8) 桜井谷六ヶ村とは，野畑村（武蔵岡部藩阿部氏領・幕府領），小路（武蔵岡部藩阿部氏領・幕府領），内田村（同武蔵岡部藩阿部氏領・幕府領），柴原村（武蔵岡部藩阿部氏領・幕府領），南刀祢山村（武蔵岡部藩阿部氏領・幕府領），北刀祢山村（武蔵岡部藩阿部氏領）を指す．
9) 浅井家（大阪府豊中市）文書「摂州豊嶋郡柴原村小路村内田村野畑村南刀祢山村北刀祢山村野寺村立合開方御小物成所検地帳」1678（延宝6）年3月16日，豊中市立岡町図書館架蔵．
10) 牧之庄四ヶ村とは，西小路村（旗本青木氏知行），（牧）落村（旗本青木氏知行），平尾村（旗本青木氏知行），桜村（上総飯野藩保科氏領・旗本青木氏知行）であり，これに瀬川村（武蔵忍藩阿部氏領），半町村（武蔵岡部藩安部氏領）を加えて，牧之庄六ヶ村とも呼ばれる．
11) 浅井家文書「摂州豊嶋郡西少路村落村平尾村立会開方御小物成所検地帳」1678（延宝6）年3月13日，豊中市立岡町図書館架蔵．
12) 長興寺村（大阪府豊中市）文書「摂州豊嶋郡長興寺村開方并御小物成所検地帖」1678（延宝6）年3月16日，豊中市立岡町図書館架蔵．
13) ①長興寺村文書「小物成山林之内摂津国豊嶋郡長興寺村耕地反別帳」1761（宝暦11）年10月，豊中市立岡町図書館架蔵．②浅井家文書「小物成山林之内摂津国豊嶋郡柴原村少路村内田村野畑村南刀祢山村北利祢山村立会耕地反別帳」1761（宝暦11）年10月，豊中市立岡町図書館架蔵．③箕面市有文書「小物成山林之内摂津国豊嶋郡平尾村西小路村落村桜村半町村瀬川村耕地反別帳」1761（宝暦11）年10月，箕面市役所所蔵．
14) 箕面市有文書「摂津国豊嶋郡平尾村西少路村桜村落村半町村瀬川村立会新田検地帳」1798（寛政7）年5月，箕面市役所所蔵．
15) ①豊中市史編纂委員会編『豊中市史　第二巻』豊中市，1959，169-172頁．②豊中市史編纂委員会編『豊中市史　史料編三』豊中市，1962，100-115頁．③松井重太郎編著『桜井谷郷土史　後編・中巻』豊中市教育研究会『豊中の歴史』部会，1990，4-69頁．
16) 藤田達生「小物成の成立に関する一視点—近世初頭の山支配を素材として—」『年報中世史研究』20，1995，143-167頁．
17) 確認される事例は以下の通りである．①岸本家文書「摂津国豊嶋郡畑村小物成場絵図」岸本家所蔵．②箕面市有文書「摂津国豊嶋郡平尾村西小路村桜村落村半町村瀬川村小物成場絵図」箕面市役所所蔵．③中井家（大阪府箕面市）文書「摂津国豊嶋郡桜村御小物成場絵図」中井家所蔵．④内田村中川家（大阪府豊中市）文書「摂津国豊嶋郡柴原村小路村内田村野畑村南刀祢山村北刀祢山村御小物成場絵図」豊中市立岡町図書館架蔵．⑤長興寺村文書「摂津国豊嶋郡長興寺御小物成場絵図」豊中市立岡町図書館架蔵．⑥西市場（大阪府池田市）村文書「摂津国豊嶋郡西市場村御小物成場絵図」池田市立歴史民俗資料館所蔵．
18) 大石慎三郎校訂『地方凡例録　上巻』東京堂出版，1995，104-106頁．
19) 鳴海邦匡「近世山論絵図と廻り検地法」『人文地理』51(6)，1999，19-40頁（本書，第3章）．
20) 中川家文書「以書附御断奉申上候」1760（宝暦10）年6月，豊中市立岡町図書館架蔵．
21) 箕面市有文書「為取替証文之事」1761（宝暦11）年3月，箕面市役所所蔵．
22) 奥村家文書「山論掛合覚日記」1783（天明3）年正月より，池田市立歴史民俗資料館所蔵．
23) 中井家文書「〔分間絵図〕」1761（宝暦11）年5月，中井家所蔵．
24) 宮川満「太閤検地論　第Ⅲ部　基本史料とその解説」御茶の水書房，1963，331-334頁．

第6章　コンパスからみる近世日本の地図史

第1節　はじめに

　本書で設定した課題は，近世日本の在地社会における地図測量技術の実態と，その普及過程の一端を明らかにすることであった。それは，技術が普及していく過程において在地社会が，地図を作製するための測量技術として何を必要として選択し，技術が受容されていったのかをみていくことであったといえる。そのためには，同時にこうした技術が，どのような階層に受容されていったのかについても考えることが必要であった。しかし，こうした課題については，これまでの研究をみても，あまり重要な問題として扱われてこなかったようであり，検討すべき多くの余地を残しているものであった。

　本書では，こうした課題を解くにあたり，「廻り検地」という盤針術による測量法をひとつのキーワードとして検討をすすめることとした。その検討をすすめていくなかで，近世日本の農村を舞台に地図を作製する技術として，いわゆるトラバース測量の一種である盤針術としての「廻り検地」が広く採用されていたことが明らかとなってきた。第1章で指摘した通り，この「廻り検地」は，測量するうえで方位角の計測が重要であったということ，測量データを一時的に書き留める必要があるということが特徴であったといえることから，方位磁石盤と測量帳の存在に議論の過程で注目していくこととなった。そのうち本書で実施した具体的な事例の検討は，測量データとして数値や文字情報を記した測量帳を素材に研究を行うものであった。

　とはいえ，これまでの検討で得られた成果は，在地社会における地図測量技術の普及過程のごく一部についてを明らかにしたにすぎない。これらの技術の発祥や受容の歴史など，まだまだ検証すべき課題は残されていると考えている。そこで，本章では，話をまとめる前に残された課題を少しでも明らかにすることを目的に，地方への地図測量技術の広がりを位置付けるため，もうひとつの「廻り検地」の特徴である方位角に注目し，方位磁石盤の精度の変遷について議論を進めていくこととした。それは，その変遷の歴史から，「磁石算」とも称される「廻り検地」の普及過程を，さらに明らかにできないかと考えたからである。具体的な作業としては，17世紀の後期には遅くとも登場したとされる「廻り検地」が，どのような方位磁石盤を使って実践されてきたのか，そして，それが，近世を通じてどのように変化していったのかということについてみていくこととした。

表6-1 方位磁石盤一覧

No.	年	地域	標題	方位角：干支の分割	最小単位	方位磁石盤名	関係者など
1	元和4(1618)		『元和航海書』	360°の1/16分の1/2	11.25°		池田好運
				360°の1/36分の1/2	5°		
2	寛永18(1641)		『紅毛火術録』			クワトロワン	
3	明暦3(1657)以後	江戸	明暦江戸測量図			クワトロワン，方圓分度儀（磁石）	北条氏長
4	寛文期(1661-73)	上野国	上野国絵図	一支の1/2	15°	ふりかね	藩
5	寛文5(1665)	宇和島・吉田藩	目黒村二郎丸村山論立会絵図木形	一支の1/10	3°		藩
6	延宝6(1678)		『町見書』			振矩（ふりかね）：（廻り）検地	
7	貞享4(1687)	下野国	『磁石算根元記』	一支の1/2の1/10	1.5°	磁石：廻検地	保坂与市右衛門尉因宗
				一支の1/2の1/10の半	0.75°	磁石	
8	元禄12(1699)	福岡藩	元禄十二年御国絵図分間絵図	一支の1/10の1/10	0.3°（18′）	丸規	藩（星野助右衛門・高畠武助）
9	元禄10-11(1697-8)	対馬藩	元禄国絵図	360°の1/96の1/4	0.9375°	方位盤	藩
10	元禄・享保(1688-1736)		『国図枢要』			規矩元器	清水流伝書
						杖石（磁石）	
						見盤：廻り検地（小池など）	
11	元禄・享保(1688-1736)		『国図要録』			規矩元器（磁石）	清水流伝書
						杖石（磁石）	
						小丸	
12	元禄・享保(1688-1736)		『規矩元法図解 完』	一支の1/10の1/10	0.3°（18′）	規矩元器（磁石）：廻り検地（邦図）	清水流伝書
				一支の1/10の1/10	0.3°（18′）	大圓	
				一支の1/10	3°	小丸	
13	宝永8(1711)	加賀藩	『町見便蒙抄』	一支の1/4	7.5°	知方：廻り検地	有沢永貞
				一支の1/40	0.75°	知方（大）	
14	享保2(1717)		『秘伝地域図法大全書』	180°の1/8の1/3の1/16	0.46875°	玄黄全儀（クハトロワン）：廻り検地	細井広沢（知慎）
				360°の1/24の1/6	2.5°	杖頭乾針（クハトロワンに付く）	
15	享保13(1728)		『分度余術』	一支の1/20	1.5°	羅経（ジシャク）：廻り検地（磁石算根元記）	松宮俊仍（観山）
				一支の1/3の1/10	1°	小圓	
				360°の1/360	1°	大圓分度（方圓分度儀）	
						羅経杖（ジシャクヅエ）	
16	享保19(1734)		『規矩元法町見弁疑』	一支の1/10	3°	小丸（圓）規矩元器	島田道恒
				一支の1/30	1°	大圓	

出典）(1)池田好運（与右衛門入道好運）編『元和航海書』写，請求記号 06-07/ケ/01 京都大学電子図書館貴重資料画像。(2)・(3)石岡久夫『日本兵法史』上巻，雄山閣，1972，395-397頁。木全敬蔵「江戸初期の紅毛流測量術」『地図』36(4)，1998，20頁。松宮俊仍『分度余術』1728（享保13）年，九州大学附属図書館所蔵。(4)・(6)高木菊三郎『日本に於ける地図測量の発達に関する研究』風間書房，1966，40-41頁。日本学士院編『明治前日本鉱業技術発達史（新訂版）』臨川書店，1982（初版1958），179-183頁。永原慶二・山口啓二代表編者『講座・日本技術の社会史 第五巻 採鉱と冶金』日本評論社，1983，154-156頁。山田叔子「姫路市熊谷家文書「國圖要録 全」」『双文』7，1990，47-96頁。(5)木全敬蔵「愛媛県松野町に伝わる17世紀作成の地形模型について」『地図』31(1)，1993，27-33頁。(7)保坂与市右衛門尉因宗『磁石算根元記』1687（貞享4）年，東北大学附属図書館所蔵（狩野文庫）。(8)小林茂・佐伯弘次・磯望・下山正一「福岡藩の元禄期絵図の作製方法と精度」（小林茂・磯望・佐伯弘次・高倉洋彰編『福岡平野の古環境と遺跡立地』九州大学出版会，1998）267頁。(9)川村博忠「国絵図と伊能図の測量術比較」（東京地学協会編『伊能図に学ぶ』朝倉書店，1998）128-129頁。(10)～(12)『国図枢要 完』1797（寛政9）年9月写，九州大学附属図書館所蔵。『国図要録』年次不詳，九州大学附属図書館所蔵。(13)有沢武貞『町見便蒙抄』1711（宝永8）年，東北大学附属図書館所蔵。(14)細井広沢（知慎）『秘伝地域図法大全書』1717（享保2）年，九州大学附属図書館所蔵。(15)松宮俊仍『分度余術』1728（享保13）年，九州大学附属図書館所蔵。(16)大矢真一解説『江戸科学古典叢書10 町見弁疑/量地図説/量地幼学指南』恒和出版，1978，189-190頁。(17)安里進「近世琉球の地図作製と戦前作製の琉球諸島地形図」（清水靖夫・浅井辰郎・小林茂・安里進著『大正・昭和 琉球諸島地形図集成 解題』柏書房，1999）35-47頁。(18)鳴海邦匡「近世山論絵図と廻り検地法」『人文地理』51(6)，1999，19-40頁。(19)大矢真一解説『江戸科学古典叢書9 量地指南』恒和出版，1978，246頁。(20)・(24)川村博忠「河岸低地における境界線

No.	年	地域	標題	方位角：干支の分割	最小単位	方位磁石盤名	関係者など
17	元文期 (1737-50)	琉球	乾隆（元文）検地：間切絵図	一支の1/2の1/2の1/2の1/4	0.9375°	分度盤（：廻り検地）	藩
18	延享4 (1747)	摂津国	法恩寺松尾山山論立会絵図	一支の1/10	3°	小丸：廻り検地	村
19	宝暦4 (1754)		『量地指南』後編	一支の1/10の1/10	0.3°（18′）	大丸	村井昌弘
				一支の1/10	3°	中丸	
				一支の1/10	3°	小丸	
				360°の1/16	22.5°	貨度轤輪（くハとろわん）	
				360°の1/16分の1/2	11.25°	羅宇坐（らうぎ）	
20	宝暦 (1751-64)	筑前国	筑前国・筑後国国境争論	一支の1/10の1/10	0.3°（18′）	方円合測器	高畠武助
21	明和3 (1766)	摂津国	御小物成場絵図	一支の1/10	3°	小丸：廻り検地	幕府
22	天明3 (1783)	摂津国	字本庄前山・裏山山論立会絵図	一支の1/10	3°	小丸：廻り検地	村
23	寛政4 (1792)	摂津国	本庄山山論和談済口絵図	一支の1/10	3°	小丸：廻り検地	幕府
24	寛政 (1789-1801)	筑前・筑後国	筑前秋月領・筑後久留米藩領境界争論	一支の1/10の1/10	0.3°（18′）		（藩か）
25	享和2 (1802)	和泉国	船岡山山論立会絵図	一支の1/30	1°	：廻り検地	村・絵師（大岡）
26	享和2 (1802)	加賀藩	『測遠要術』	一支の1/2	1.5°	：廻検地，規矩術	石黒信由（第一期）
27	享和2-弘化2 (1802-45)	徳島藩	阿波・淡路国分間村・郡・国絵図				同藩測量方岡崎三蔵
28	寛政文化 (1789-1818)		『伊能東河先生流量地伝習録』	一支の1/30（の1/6）	1°（目読で10′）	小方位盤（杖先羅針）	伊能忠敬
						中方位盤	
					10′	大方位盤	
					10′	半円方位盤（対角線目盛付き）	
29	文化文政 (1804-30)	肥後藩	御領内街道海辺測量分見絵図他	一支の1/6	1°（10′）		池部長十郎ほか
30	文政2-8 (1819-25)	加賀藩	三州測量（文政11年『測量法実用』）	一支の1/10の1/10	1°（遠測は器具附で6′）	軸心磁石盤	石黒信由（第二期）
31	文政5-7 (1822-24)	仙台藩	分間村絵図	一支の1/10	3°	小丸	絵図仕立師など
32	文政11 (1828)	加賀藩	御次御用金沢十九枚御絵図	一支の1/300	0.1°（6′）	三千六百方之磁石盤	藩
33	天保7 (1836)		『量地弧度算法』	一支の1/30（の1/3か）	1°（20′か）	見盤：廻検地	奥村増坻
34	天保8 (1837)		『算法地方大成』			小方儀	秋田十七郎義一
						大方儀	
35	天保11 (1840)	備中国	窪屋郡下林村両村窪所分間絵図	一支の1/3	1°（目測で20′）	小方儀：廻り検地	小野光右衛門
36	嘉永5 (1852)	常陸国笠間藩	『量地図説』	一支の1/30	1°	全方儀	甲斐駒蔵
37	安政3 (1856)		『測量集成』	一支の1/2	1°（30′）	経緯儀：廻り検地	福田理軒
38	安政4 (1857)		『地方新器測量法』	360°の1/360		：廻り検地	五十嵐篤好人
39	明治5 (1872)		『測量新式』	360°の1/4の1/90の1/2	30′	羅針盤（ソルベイコンパス）	福田半

設定の一事例」『人文地理』24(3), 105-114 頁。小林茂・佐伯弘次・磯望・下山正一「福岡藩の元禄期絵図の作製方法と精度」（小林茂・磯望・佐伯弘次・高倉洋彰編『福岡平野の古環境と遺跡立地』九州大学出版会, 1998）261・267-268 頁。21)鳴海邦匡「京都代官小堀数馬による明和三年八月『御小物成馬図』について」『待兼山論叢』37 日本学編, 2003, 1-17 頁。22)・23)鳴海邦匡「「復元」された測量と近世山論立会図」『史林』85 (5), 2002, 35-76 頁。25)泉佐野市史編さん委員会編『新修泉佐野市史 第 13 巻 絵図地図編（解説）』泉佐野市, 1999, 160-168 頁。山下潤一家所蔵文書「山論立会絵図野帳」1800（寛政 12）年 4 月, 泉佐野市史編さん委員会所蔵（複製）。山下潤一家所蔵文書「山論地改ニ付分間合帳」1806（文化 3）年 2 月毎日, 泉佐野市史編さん委員会所蔵（複製）。26)・30)・32)矢守一彦「『御次御用金沢十九枚御絵図』とその作製過程について」『人文地理』31 (1), 1979, 77-88 頁。高樹文庫研究会編『トヨタ財団助成研究報告書　石黒信由遺品等高樹文庫資料の総合的研究—江戸時代末期の郷紳の学問と技術の文化的社会的意義—』・『同前　第二輯』高樹文庫研究会, 1983・1984, 128＋17・182 頁。神027進一「石黒信由の測量術」『測量』419, 1986, 41-44 頁。27)羽山久夫「徳島藩の分間村絵図・郡図について」（徳島地理学会論文集刊行委員会編『徳島地理学会論文集　1993』徳島地理学会, 1993）33-46 頁。平井松午「阿波の古地図を読む」（徳島建設文化研究会編『阿波の絵図』徳島建設文化研究会, 1994）89-106 頁。羽山久夫「徳島藩の分間郡図について」『史窓』26, 1996, 2-25 頁。28)大谷亮吉編著『伊能忠敬』岩波書店, 1917, 302-314 頁。保柳睦美編著『伊能忠敬の科学的業績 訂正版』古今書院, 1980（1974 初版）, 337-339 頁。29)荒尾市史編集委員会編『荒尾市史　絵図・地図編』荒尾市, 2001, 132-133 頁。31)金野静一『絵図に見る藩政時代の気仙』熊谷印刷出版部, 1981, 97 頁。付録「解説」・付録 1「文政 5 年 6 月名取郡北方根岸村・平岡村入合絵図」・付録 2「文政 6 年 9 月名取郡北方湯本村絵図」・付録 3「文政 7 年 2 月宮城郡国分苦竹村全図」・付録 4「文政年間名取郡北方柳生村絵図」（仙台市史編さん委員会編『仙台市史　資料編 14　近世 3　村落』仙台市, 2000）。33)奥村増坻『量地弧度算法』1836（天保 7）年, 九州大学附属図書館所蔵。34)秋田十七郎義一『算法地方大成』1837 年（天保 8）, 九州大学附属図書館所蔵。35)小野家文書「窪屋郡下林村窪所分間絵図」1840（天保 11）年, 金光教本部所蔵。36)甲斐駒蔵『量地図説』（大矢真一解説『江戸科学古典叢書 10 町見弁疑/量地図説/量地幼学指南』恒和出版, 1978）294-302 頁。37)大矢真一解説『江戸科学古典叢書 37 測量集成』, 恒和出版, 1982, 60-64 頁。38)五十嵐篤好大人『地方新器測量法』1856（安政 3）年, 九州大学附属図書館所蔵。39)福田半『測量新式　第一本』・『同前　第二本 真数八線表』萬青堂, 1872, 61・47 丁。

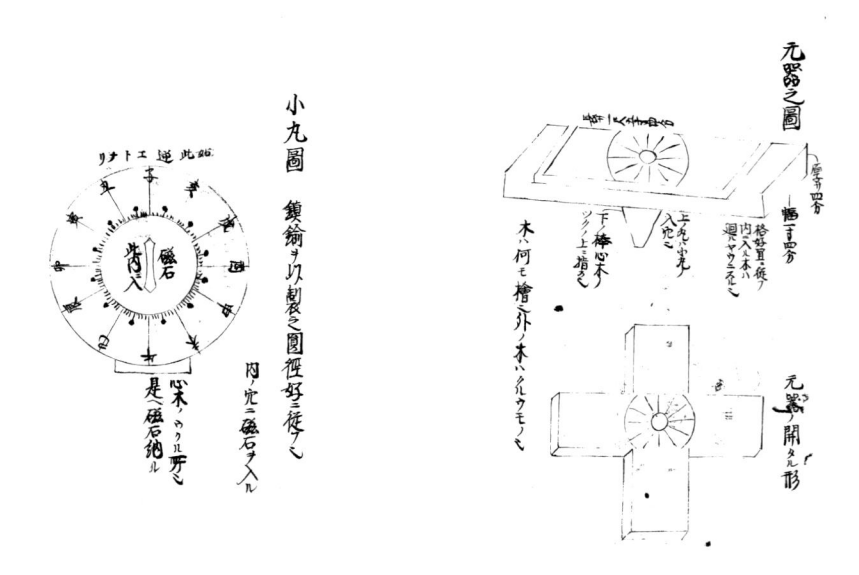

図 6-1 『規矩元法図解　完』より「規矩元器」・「小丸」の図，九州大学附属図書館所蔵

　さて，方位磁石盤の精度を検討していくうえでは，以下の点に注目すべきであると考えている。それは，計測可能な最小単位をみていくのみならず，どのような法則で方位を分割しているのかという点についてである。これまでみてきたように多くの方位磁石盤は，主として干支（十二支）を利用して方位を分割することを基本としていた。例えば，小丸で計測できる方位角の値は一支を10等分したものとなっていた。

　以下の検討は，主に表6-1をみながら進めていくこととしたい。この表は，現在までのところ近世を通じて確認することができた方位磁石盤の例について年代順に並べたものであり，これまで確認することができた測量術書や地図の事例をもとに作成されている。表の項目の説明としては，「標題」が該当する書物名，争論名，地図名などについて，「方位角」が干支の分割の仕方と計測される最小単位について，「方位磁石盤名」が使用されたコンパスの名称と確実に「廻り検地」が実施されたものについてを記したものとなっている。この表に従いながら，近世を通じてどのような方位磁石盤が採用されていったのかを時代をおってみていくこととする。その過程は大まかに述べると，様々なタイプの方位磁石盤が登場するなか小丸が代表的な位置を占めるようになっていき，その後，一支を30分割するタイプの磁石盤へと移り変わっていくというものであった。まずは，これまでみてきた小丸を中心に検討をはじめていきたい。

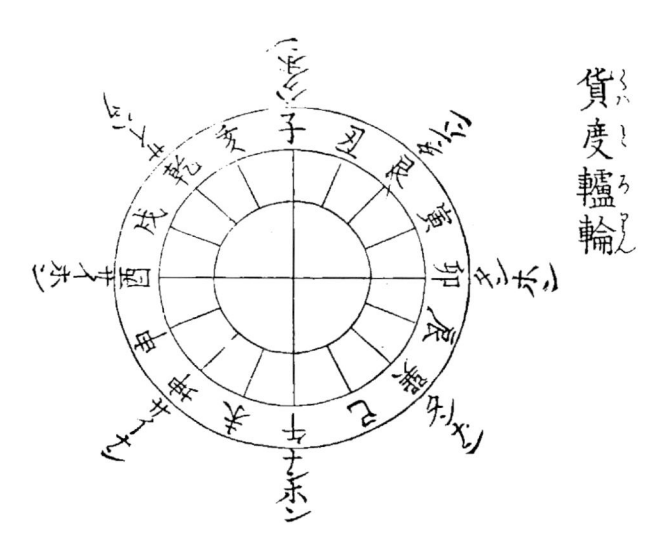

図 6-2 「貨度轆輪」(くハとろわん)の図,『量地指南』後編,巻之一,「雑品解」より
出典)大矢真一解説『江戸科学古典叢書 9 量地指南』恒和出版,1978,225頁

第 2 節 「小丸」の登場

　「小丸」は,一支を 10 等分した目盛り,つまり 3°単位の値で方位角を計測することができる磁石盤である。この「小丸」は,これまでの議論で 18 世紀なかごろの中心的な方位磁石盤として登場してきたものであったが,それがはじめて日本の地図史上に登場してくるのは 17 世紀の後期のことであった。それは,まず,幕藩体制側が実施した盤針術のなかで確認することができ,しかも比較的広域の地図測量を対象とするものであった。つまり,登場した当初は,第 3 章や第 4 章で検討してきたような在村の技術として位置付けられるものではなかった。例えば,第 1 章で触れた 1660 年代の伊予国での藩境をめぐる争いでは,付帯する測量帳に記録された測量データから判断して,山間部の論所における測量の際に「小丸」を使用したであろうことが想像される(No. 5)[1]。これは,「小丸」の使用が確認される最も古い事例のひとつであったといえる。

　この「小丸」が近世日本社会において大きく注目されるようになっていくのは,第 1 章でみてきたように国絵図を作製するうえで必要不可欠であった「規矩元器」という清水流測量術の測量器具が登場する 17 世紀の後期以降まで待たなければならなかったようである(図 6-1)。しかし,こうした技術を村が享受できるようになるのは,後述するが,やはり 18 世紀のなかごろ以降であったと現時点では判断され,それまでは為政者側のみが行使することのできる技術であったと評価される。ところで「規矩元器」の話題に入る前に,まずは,それ以前の 17 世紀,特になかごろまでの状況を確認しておくこととしたい。この時期は確認される事例が乏しいのも現状であるが,登場

する方位磁石盤の名前をみていくと，元来の使用が土地の測量を目的とするもの以外の方位磁石盤が主流を占めていたことがわかる。例えば，西洋の航海用羅盤にルーツがあると考えられる「くわとろわん」（No.2，3）[2]や，鉱山開発で使用されたと考えられる「ふりかね」（No.4，6）[3] などの名前を挙げることができる。

　このうち「貨度轤輪（くハとろわん）」については，『量地指南』後篇に次のように書かれている（図6-2）。それは，巻之一「雑品解」のうち「旧器之号」[4]，すなわち古いタイプの器具を紹介した項のなかで，「十六方位なり模写の器なりといふ按ずるに新制の小丸大丸等の用法に同き事」と記されており，「くわとろわん」が，新しいタイプの器具である「小丸」に先立つ測量器具であったと位置付けられている。こうした方位を4，8，16，32と4の倍数で分割する法則を持つ方位磁石盤の系統は，西欧における航海術用コンパスに由来があるものであるという[5]。それは，『元和航海書』（No.1）[6] にこの系統の方位磁石盤が掲載されていることからも確認される。ちなみに「小丸」については，同じ「巻之一」のなかでも区別して「新器之号」の項において解説されているのが認められ，村井昌弘が新製の測量器具であると位置付けていたことがわかる。

　1687（貞享4）年の『磁石算根元記』にはじまり，それから享保期までの測量術書においては，「廻り検地」のことを記載するようになっていくことは先述した通りであるが，その多くは「小丸」とは異なるタイプの方位磁石盤を使用していた。それらの方位磁石盤についてみてみると，十二支を利用して一支を2もしくは4に分割したもの，航海用や中国式の羅針盤を利用したタイプとなっていた。表6-1に示されているように，これらの磁石盤の多くは，享保期のころまでに登場してくるが，その後の主流になっていくことはなく，以後は一支を10分割した「小丸」へと収斂していくこととなる。以下では，まず，そうした様々なタイプの方位磁石盤について簡単にみていくことにしたい。

　はじめて「廻り検地」を刊本として記した『磁石算根元記』（No.7）[7] では，そのまま「磁石」と称する方位磁石盤が使用されていた。その測量データは，一支の2等分を10等分した値，つまり1.5°の値を最小の単位とするものであった。また，この『磁石算根元記』を高く評価していた『町見便蒙抄』（No.13）[8] においては，「知方」という磁石盤を使用していたことが確認される。この「知方」は，一支を4等分割する7.5°を最小単位とするほか，同じく同書に掲載されている大型タイプの「知方」も一支を40等分した方位盤となっており，いずれにせよ一支を4で分割することを原則としていたことが明らかである。

　測量や地域という言葉をはじめて記したとされる『秘伝地域図法大全書』（No.14）[9] においては，「玄黄全儀」，「くわとろわん」という方位磁石盤を使用して「廻り検地」が行われていたことが確認された。それは，180°を8分の1，3分の1，16分の1とした値，つまり0.46875°を最小の単位の値とするものであり，基本的には360°を16等分した法則を有する航海用羅盤に通じるものであったことがわかる。これに対して，「くわとろわん」の盤面にはめ込まれていた「杖頭乾針」についてみてみると，360°を24方位で分割しており，中国式の羅針盤を採用していたことが認められる[10]。

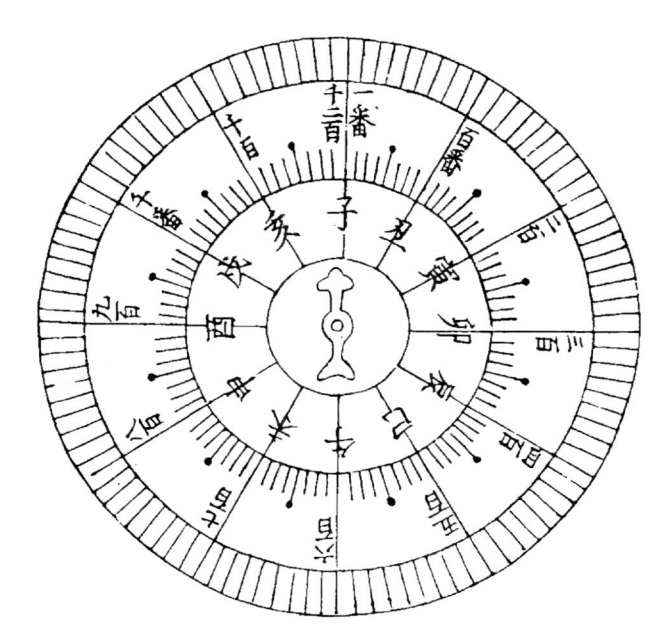

図 6 - 3 「大丸」の図，『量地指南』後編，巻之二，「器用解」より
出典）大矢真一解説『江戸科学古典叢書 9 量地指南』恒和出版，1978，246 頁

　この十干十二支に乾坤巽艮を加えて 24 方位で分割する中国式の羅針盤を利用して，それをさらに加工した事例が，対馬と琉球のみに確認することができ，両地域においては全く別系統の方位分割の法則を有した方位磁石盤が存在していたことを認めることができる。つまり，このことは，逆にいえば「小丸」が中国系の測量器具ではなかったことを示しているとみなせる。元禄年間に対馬藩で国絵図を作製する際に実施された測量では，24 方位での分割を原則として 360°を 384 等分する，つまり 0.9375°を単位として方位角を計測していたという（No. 9）[11]。また，琉球における元文検地（No. 17）[12]においても，これと同じ精度の方位磁石盤が使用されていたことが確認され，それは，一支を 2 分の 1，2 分の 1，2 分の 1，4 分の 1 と段々に分割したものであり，やはり方位角の最小の単位は 0.9375°となるものであった。

　さて，『量地指南』（No. 19）では，新器の方位磁石盤として「小丸」とともに「大丸」（図 6 - 3）という測量器具も紹介している[13]。これは，直径が 1 尺ほどもある大きな方位磁石盤であり，「大国の図」を作るためには必須の道具であったという。それは，中心から十二支による 12 等分，「分線」と表現される一支の 10 等分，「厘線」と表現される一支の 100 等分という具合に方位を分割していた。つまりこの「大丸」は，一支（30°）を 10 分の 1 の 10 分の 1 に分割して，0.3°（18′）単位まで計測できるようにしたコンパスであることがわかる。こうした方位の分割にみる法則は，基本的に一支を 10 分の 1 に割るという「小丸」のものと同じ原則を有していたと評価することができ

る。

　清水流の測量術書である『規矩元法図解　完』(No.12)[14]にみられる「廻り検地」の図（図1-5）は，「邦図」を対象としているが，そこに付記された測量地点間の方位角は厘の単位まで記しており，この「大丸」と呼ばれる方位磁石盤を用いて測量したものであったと判断される。このように清水流の測量術(No.10-12)[15]では，国絵図を作製するうえで，この「大丸」を使用していたことがわかった。つまり，清水流における国絵図の測量では，方位角を計測するうえで「大丸」と「小丸」というふたつのタイプの方位磁石盤が重要な役割を果たしており，それらは一支を10で割る法則で方位角を表示するものであった。

　また，実際に福岡藩においては，元禄の国絵図(No.8)[16]を作製する際，この「大丸」に類する方位磁石盤を用いて測量されていたことが確認できる。それは，地図に書き込まれた測量データから判明したものであるが，その時に使用された方位磁石盤は，「丸規」と称されるものであった。その後，福岡藩やその周辺諸藩については，境界をめぐる争いの際に現地で測量を実施し，地図を作製した事例を2度確認することができるが，いずれもこの「大丸」と同じタイプの精度を有する方位磁石盤を使用していた(No.20, 24)[17]。これらのことから判断して，17世紀後期，特に元禄期以降においては，各藩が国絵図を作製するうえで「大丸」を用いて「廻り検地」を実施していたこと，そして，その使用が18世紀になっても継続していたということがわかってきた。しかし，この「大丸」については，国絵図レベルの地図ではなく，地方支配に関して地図測量が求められる場面で使用されたことを，現在までのところ確認することができない。これまでの具体的な事例の検討を通じて明らかになってきたように「小丸」の場合とは異なっていることを指摘できる。それは，「大丸」が国絵図や国境争論などのレベルの課題を解決する状況で使用される測量器具のひとつであり，逆にいえば，この時期の在地社会の測量においては，0.3°単位で測る精度までを必要とするものではなかったからであろうし，実際，器具が大型であったがゆえに現地での携行には不向きであったためであろう。

　さて，話を「小丸」に戻してみるが，この「小丸」の使用がまとまって確認されるようになるのは，先に触れたように「大丸」と同じく清水流の測量術が登場するようになってからであった。それは，この流派の中心となる測量器具であった「規矩元器」で使用されていたことによるものである。清水流の測量術は，規矩術とも呼ばれていたように，この「規矩元器」を最も基本的な道具と評価するものであったといえるが，測量法が登場してきた17世紀後期の段階においては，国絵図を作製するうえで必要不可欠な器具と認識され，村において実践される地図測量技術と位置付けられているわけではなかった。第3章でも述べたように「規矩元器」は，交差する2本の木組みで構成されており，それを開閉することで方位を指示して計測するものであった。中央のくぼみに配置された「小丸」は，「鎮鍮ヲ以製之図径好ニ従フ也，内ニ穴ニ磁石ヲ入ル，心木のウクル所也是へ磁石納ル」と記されるように，真鍮製であること，中心の台に磁石針を設置することが説明されている[18]。

　このように17世紀後期に登場してくることとなる「小丸」は，当初，国絵図や境界争論絵図な

ど，幕藩体制側の事業としての測量でのみ，しかもその多くは「規矩元器」という測量器具を通じて使用されていたことがわかる。この当時，「小丸」を載せた「規矩元器」を用いて「廻り検地」が実施されていたのであった。こうした「規矩元器」の登場する時期は，争論絵図や国絵図の作製，新田開発や新検地の場面など，これら地図作りの需要が全国的に急増していく時期とほぼ重なっていたことは重要であり，新たな測量技術や道具を導入する契機となっていたことは指摘できるであろう。このことは，17世紀末期から18世紀はじめにかけての「磁石算」，いわゆるコンパスを用いた測量の流派が隆盛していたという先の指摘にも通じる現象であった。

ところで，17世紀の後期において，全国的に急増していった地図作りの舞台の多くが，村落であったことは注目されることである。恐らくこの時にはじめて村落社会は，「廻り検地」といった測量法や，「規矩元器」や方位磁石盤である「小丸」などの測量器具を，当時としては最新の技術として目の当たりにすることになったのではなかろうか。『秘伝地域図法大全』付録の「地域図法口伝切紙三十三條」[19]には，次のような興味深い文章を記している。

　一、弟子或ハ子姪其外送代スヘキモノ連レ行ヘシ、郡方役人山奉行濱奉行ノ類同行セスメ叶ハサルハ、弟子ニスヘシ算者筆者画書紙細工人指モノ細工人等才智アル同心等中間等モ召連、郷村ノ夫人足モ少々皆命ヲ受テ誓詞アルヘシ、其文ニ曰　今度御国御繪図ニ付私共御手傳被　仰付候、此繪被成方見及候而か假令見覚申事御座候共、外ヘ語申間敷候、若於違犯者罰文如此軽ク誓ヲ立サスヘシ、罰文尤軽々タルヘシ見取テ已レ宝トセハ幸也、タトヒ人ニカタリテモ門ヘ入テ熟セサレハ大ナル事成カタシ、モシ叢明ナル人アリテ聞テ知リ國用ニモ直ハ此通ノ大幸ナラシ

これによると，国絵図を作製するための現地での測量作業は，村人も含めた多くの人々を動員するものであったという。そのため地図を作製する技術の秘匿を目的として誓詞を実施していたというが，その技術の有用性のためにその流出をくい止めることは困難であったという。つまり，地方をフィールドとした幕藩体制側の地図測量事業の実施を通じて，公儀の測量法であった「廻り検地」や「小丸」が地域に伝播していったというのである。

こうした地図測量技術にみる流出の経緯は，今のところその真偽について不明であるが，本書の検討から明らかになった事実としては，実際に「小丸」を使った「廻り検地」が，少なくとも畿内では遅くとも18世紀のなかごろの村落共同体において実践できる段階にあったということである。それは，「小丸」を用いた「廻り検地」の簡便さが，村落での地図作製の目的に適うものであったからと判断される。と同時に，このことは，同じ過程で「大丸」が地方の測量の場面で採用されなかったことを示している。このことから，18世紀の段階の日本における地方の地図測量技術として伝播したものは，「小丸」を用いた「廻り検地」がその主流であったことがわかってくる。近世日本の農村社会に「廻り検地」や「小丸」が受容されていったのは，それらの実用性が高いことによるものであった。

さて，本書の検討によって摂津国北部の村々では，論所での立会絵図を作製する際に「廻り検

地」を行った事例が，1740年代より確認されるようになった（No.18, 22)[20]が，加えて注目されるのは，この地域では，この時期に重なる1700年代後半まで幕府側による論所見分（No.23)[21]や地押検地（No.21)[22]においてでさえも，「小丸」を用いた「廻り検地」が実践されていたことである。つまり，この18世紀の段階では，幕藩体制側の地方役人による測量と，村落共同体側の村役人層による測量が，地方を舞台としたものであった場合，使用された測量法や道具が同じものであったということである。もちろん，これらの個々の事例を比較してみると，技術の修練の度合いには明らかな程度の差が存在しており，この時点では幕藩側の地図測量のほうが優れた内容を示すものとなっていたことが指摘される。

　こうしてみてみると17世紀後半に国絵図作りの技術として登場してきた「小丸」による「廻り検地」は，遅くとも18世紀のなかごろには村落共同体，特に村役人層にまで浸透しはじめていたことがわかってきた。この時期は，測量術書の記述によると「磁石算」とも呼ばれるコンパスを用いた測量術が1700年前後に数多く台頭してきたことのみならず，地方書において「廻り検地」が引用される18世紀のなかごろの時期とも一致する。こうして地方の地図測量技術として登場してきた「小丸」による「廻り検地」は，対象となる主題についても，地押検地や開発地の評価などというように土地の管理を目的としたものへと転換していくこととなる。つまり，「廻り検地」の目的が，国絵図などを作製するというものから，地方支配をめぐる土地測量全般にも広く活用されるようになっていくのである。

第3節　そして「小方儀」へ

　これまでみてきたように，18世紀は「小丸」の時代であった。その結果，本書の第3章から第5章までで検討した地方の地図測量技術が，18世紀のなかごろを対象としたものであったことから，必然的に「小丸」を用いた「廻り検地」の測量の事例を扱うことになったと判断される。しかし，この「小丸」が，これ以降も近世の全般にわたって，地方の測量で使用される方位磁石盤として主だった地位を築き続けてきたというわけではない。それは，後述するように一支を30分割して方位角を計測することができる「小方儀」へと移行していくこととなったからである。本書では，この「小方儀」を用いた「廻り検地」について具体的な事例をもって議論したわけではないが，以下では，その移行過程について簡単に触れることで，今後の課題を提示するとともに，本書の議論を終えることとしたい。

　一支を30等分した，つまり1°の単位で方位角を測ることのできる方位磁石盤がはじめて登場したのは，1728（享保13）年に記された『分度余術』からであった。同書では，「小圓」（図6-4，No.15)[23]という方位磁石盤を紹介し，その構造について次のように説明している。それは「小圓分度径リ五寸厚サ五厘以金銅造之^{或用紙}刻三百六十度ヲ，正中有リ小孔用ル之ヲ法置之ヲ界紙上ニ孔中用テ針ヲ定中心，而正シ南北ヲ因テ地之十二支宮度分，^{乃チ用テ大圓ヲ所記}，用テ分寸ヲ約メ為小図ヲ，其

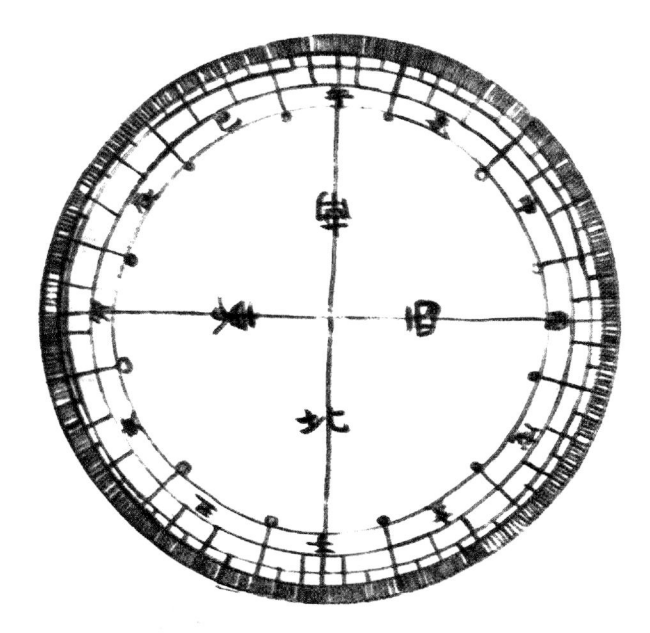

第 6 章　コンパスからみる近世日本の地図史　　　　　　　　　　　　　　　　　　　　　　　157

図 6 - 4　『分度余術』より「小圓」の図，九州大学附属図書館所蔵

詳ナルヲ在口訣ニ，夫レ小圓ハ者対ス大圓ニ，自小至リ大ニ延テ及ス夫天下ニ，大小度分之妙用無キ窮者也」というものであった。これによると「小圓」は，直径が 15 cm 程度の大きさであること，方位を 360 に分割していること，干支である十二支を利用していることなどが記されている。添付された「小圓」の図をみると，一支を 30 等分した磁石盤が示されているように，このコンパスが 1°単位で方位角を計測するものであったことがわかる。また，少し後の 1734（享保 19）年に記された『規矩元法町見弁疑』（No. 16）[24]においても，一支を 30 等分して 1°の単位で方位角を計測できる「大丸盤」もしくは「大圓」と称した方位磁石盤を掲載している。このように享保期である 1720 年から 30 年ころを境として，一支を 30 等分して 1°単位で方位角を計測することのできる方位磁石盤を掲載した測量術書が新しく登場してくることとなる。

　この変化は何に起因するものであったのであろうか。ここでは，その理由のひとつとして三角関数という考え方が導入[25]されたことを挙げておきたい。それは，以後の測量や製図技術の精度を向上させるうえで三角関数の利用が大きな役割を果たすようになっていくからである。日本に西洋流の三角法である三角関数が伝わるのは，清の梅文鼎による 1719（雍正 2）年の『暦算全書』が輸入されたのにはじまるという。こうして中国経由で，まずその概念が 1726（享保 11）年に日本に伝播することとなり，幕府の命を受けて関孝和の弟子であった算学者の建部賢弘，その弟子の中根元圭らが訳述を行ったという。しかし，この時に輸入された『暦算全書』には三角関数表が含まれていなかった。

　そのため，中国の清より三角関数表が，1727（享保 12）年にあらためて輸入されることとなり，

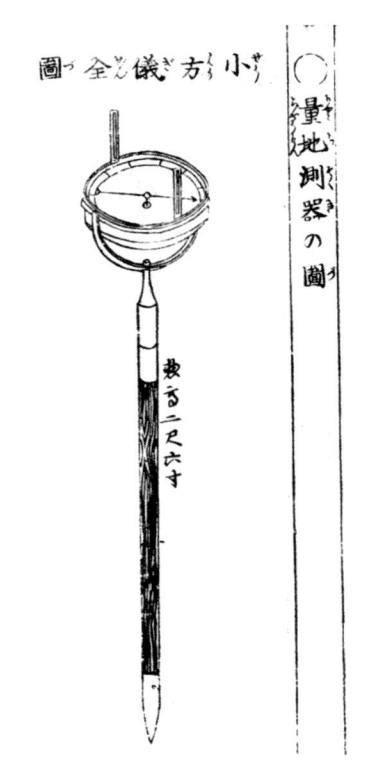

図 6-5 『算法地方大成』より「小方儀」の図

それを経て三角関数が本格的に学ばれるようになったという。この三角関数表は,「割円八線表」と呼ばれるものであるが,それは,明の暦法書であった『崇禎暦書』(徐光啓ら,1631-1634(崇禎4-7)年)から得られたもので,やはり建部らが同様に翻訳することとなった。これらはいずれも西洋の暦法を基礎としてまとめられたものである。このほか1721(享保6)年に輸入された『康熙辞典』(1716(康熙55)年)といったルートも指摘されているが[26],いずれにしてもこの享保の時期に西洋流の三角法が中国経由で日本へと輸入されることとなったことは確実といえる。このような経緯のなかで,建部や中根らがその重要性をはじめて認識した日本人となったことは確かであったし,こうした平面三角法の概念が,測量術に活用すべきものであるということを容易に気付くことになったであろうと推測される。

さて,1°で方位角を測ることのできる磁石盤をはじめて掲載した『分度余術』の序文には,著者である松宮観山が,ここに名前のあがった建部賢弘や中根圭元とも交流のあったことを記している。この『分度余術』の内容をみると,三平方の定理を見出すことはできるが,割円八線表を付して平面三角法を活用したというものではなかった。しかし,タイトルにも示されているように「度を分かつ」術として,方位を360分の1に分割し,それを1°とする概念は,彼らから得たのではないだろうか。この点については今後に検討すべき課題としたいが,いずれにせよ割円八線表の利

用によって，より正確に，そして簡便に測量や製図を行うことが可能となるわけであり，そのためには，方位角の計測が「小丸」の3°であるよりも1°を単位とする方が計算上有利であったことは確かである。少なくとも，西洋流の三角法が1720年代の後半に中国経由で日本に輸入されてすぐに，1°の単位で方位角を計測するコンパスが測量術書の紙上に登場するようになったことは事実として指摘しておきたい。

しかし，この1°の単位で方位角を計測するコンパスを用いて「廻り検地」を実施し，地図を作った事例は実のところその後しばらく登場することがなかったようである。1720年代以降のおよそ80年間は，恐らく「小丸」を用いた「廻り検地」の地図測量法が主流を占め続けることとなった。この点については今後より詳細に検討すべき課題であると考えているが，「小丸」と呼ばれるひとつの磁石盤が100年以上も基本的な測量器具として用いられ続けており，当時の社会におけるその有用性の高さを示している。そうしたなか，ようやく18世紀の末期に伊能図が作製されたころを境として，1°の単位で方位角を計測するコンパスが「小丸」に代わって登場してくることとなる。伊能忠敬らの行った測量（No. 28）[27]において，現場で最も使われた方位磁石盤は，「小方位盤」，「杖サキ羅針」などと称されるものであった（図6-5）。これは，一支を30分割した，つまり1°単位での方位角の計測を基本とするものであった。そして，その磁石盤は，さらに目読で1°の6分の1，つまり10′の値まで測ることができたという。また，この測量器具の開発に伊能忠敬は，江戸の大野弥五郎，弥三郎親子らとともに関わっていたという。

伊能の事例で重要なことは，地図を作製する際に三角関数を導入していたことである。それは，製図の段階において八線表を用いることで正弦と余弦の値を求め，そうすることによって東西南北の直行する座標に測量ポイントを位置付けていくというものであった。つまり，この作業を行うことによって，分度器を用いた製図よりも格段に高い精度で地図を作ることができるようになったということになる。伊能に代表される測量作業そのものも，日本国を対象とした「廻り検地」であったと評価できるが，広大な地域を対象とした「廻り検地」であったため，天体観測や三角関数の導入など，製図した図が可能な限り閉合するように補正するための相当の配慮が求められていたといえる。

さて，このころを境としたおよそ1820年前後の文化文政年間には，藩の事業として，大縮尺の測量地図や統一的な地図の作製が日本各地で実施されるようになっていく。それらの地図作製事業の中心に携わっていた人物達は，その多くが地方役人や村役人層などの階層であり，そして，そのいずれもが伊能の全国測量と接触のあったことが確認される。このことは，各地域で成熟しつつあった地図測量技術が，こうした幕府による日本の測量事業をひとつの契機として加速度的に展開していったことを示唆するものであり，その展開を日本全国の地方役人や村役人層が支えていたことを示している。ここにおいて，「小丸」による盤針術の普及が地域を受け皿にした近世的な地図測量技術の成熟の過程と位置付けることができるならば，「小方儀」の導入により「廻り検地」は，その発展を迎える段階に至ったと評価することができるであろう。

ここでは，こうした事例をいくつか紹介しておきたい。例えば，肥後藩天文方であった池部長十

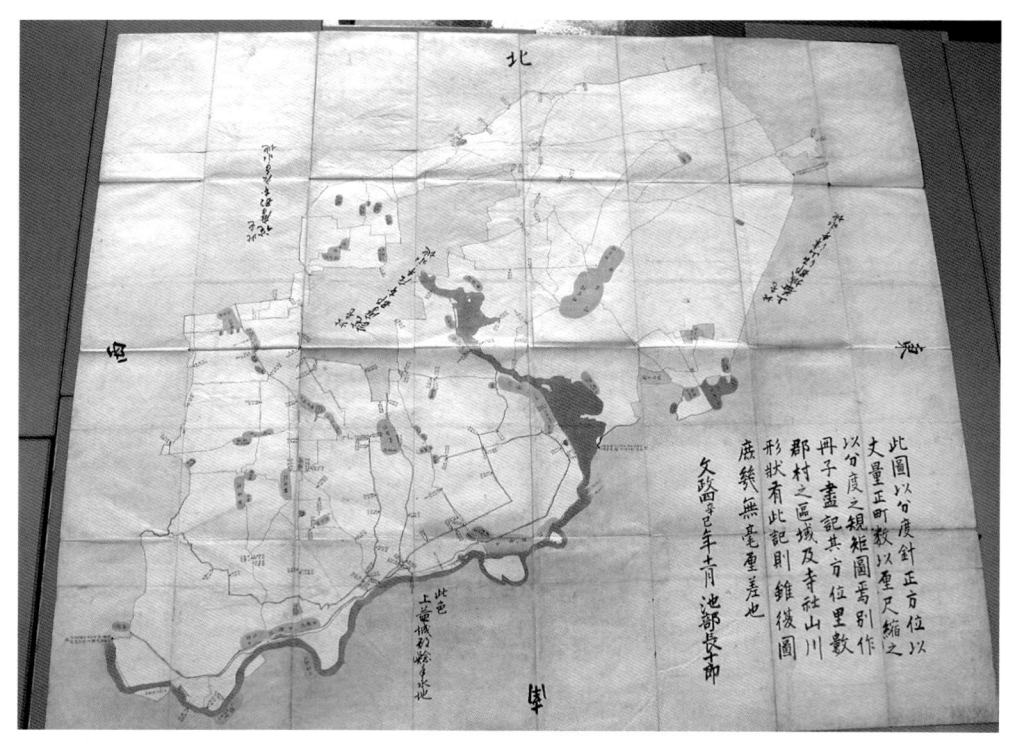

図 6-6　文政 4 年「詫摩郡田迎手永測量分見繪圖」，熊本県立図書館所蔵（絵図番号：322）
注）法量：167.8×146.8 cm（料紙 4 × 5 枚）

郎やその息子の啓太らは，文化文政のころに藩領内で測量を実施し，統一的に国郡図や手永図，河川図などの地図を作製している（No.29)[28]。そのうち図 6-6 は，彼らの手によって 1820（文政 3）年に測量が実施され，翌 1821（文政 4）年に作製された田迎手永の測量地図であった。この時の測量で計測した方位角は，測量帳に記録される測量データから判断すると，一支を 30 等分した 1°，そしてさらに目読で 10′ までが表記されるものとなっており，伊能らの測量と同じ精度であったことが確認される。恐らくは「小方儀」を使用して測量が実施されたと考えられるが，ただし，測量や製図の段階において三角関数を援用していたかどうかについては，今のところ確認できない。しかし，この地図作製プロジェクトが，肥後藩領内における多くの農民身分である中間支配層の参加によって成立するものであったということは重要な問題であり，今後の検討すべき課題であると考えている。

　加賀藩でも，同じように文政のころに国や城下町の測量地図を作製しているが，その時に使用された方位磁石盤をみると，1°，目読で 6′ まで計測できる「軸心磁石盤」や，0.1°つまり 6′ まで計測できる「三千六百方之磁石盤」という器具を使用していたことが確認され，同じく一支の 30 分割を基本としていたことがわかる。特に 1828（文政 11）年に作製された「御次御用金沢十九枚

御絵図」については，測量や製図の段階で三角関数を用いて誤差の補正を行っていることが確認され，その際，三角関数を用いて求められた距離は，間以下，分厘毛の単位まで記しており注目される。勾配も同じ単位で計測している。また，「軸心磁石盤」は，石黒信由が開発した方位磁石盤であったが，これは以前の一支を10分割する系統の磁石盤から，一支を30分割する系統の磁石盤への移行を如実に示すものであり興味深い事例である（No. 26, 30, 32）[29]。このころ，徳島藩でも測量方の岡崎三蔵らが領内の測量を行い，国郡や村の測量地図を作製していた（No. 27）[30]。

　同じくこのころを境として農村における地図測量という場面においても，1°単位で方位角を計測できる「小方儀」が使用されるようになっていくことを確認することができる。こうしたことから判断して，近世日本社会における伊能測量のインパクトは，作製された日本図というよりも，むしろ方位角を1°単位で測ることのできる「小方儀」の普及にあったということが指摘されるであろう。少なくとも，伊能をみることのない村落共同体においては，特にそのように評価するべきであると考えている。次に，以下では農村で「廻り検地」を実施する際に「小方儀」を用いた事例をみていくこととしたい。

　本書で主に対象としてきた畿内において，1°で方位角を計測して「廻り検地」を実施した事例として，現時点では1800年代のはじめのものを確認することができる。それは，和泉国において岡本村（和泉国日根郡幕府領）と嘉祥寺村（同国同郡岸和田藩領）との間の船岡山を巡る山論の際に作製された論所絵図であり，大岡藤二という絵師らが測量を行うとともに1802（享和2）年に「百間壱尺」（1分1間）と縮尺が600分の1の立会絵図を作製している（No. 25）[31]。この地図は，1°の単位で方位角を測量した村の地図として，全国的にみてもかなり早い時期に作製された先駆的な事例であったと評価することができるが，関連する資料を確認するかぎり，これまで本書でみてきたような村役人層や地方役人層が測量した地図ではなかったようである。ここに登場する大岡藤二は第4章で紹介した寛政図の作図者として登場する人物であるが，小丸という3°単位で方位角を計測して作られた寛政図と比べてみて，方位角に加えて距離についても寛政図より細かい値で計測したものとなっていた。また，直行する測点間のズレに対処する方法として「矢」という技法も用いている。この地図を作った大岡藤二は，複数の木版地図の作製者として名前が確認されており[32]，また，大岡姓であることから狩野派系統として大坂画壇で大きな位置を占めた大岡派とゆかりのある画人と推測されるが，現時点で詳細は不明である。ただし，大坂町奉行所付きの御用絵図師として，麻田剛立や間重富らの関係者とともに1805（文化2）年に大坂入りした伊能忠敬と出会ったことが指摘されており[33]，こうした交流関係から判断して天文暦学や測量術を体得した絵師と評価できるのかもしれない。この点からみて特殊な事例であったと評価することもでき，1°の単位で計測するコンパスの導入と麻田剛立や間重富らとの関係などもふくめて今後の検討が必要な課題である。ただし，この事例では三角関数を活用して製図を行っていない。

　ところで細井広沢（知慎）による『秘伝地域図法大全書』付録「地域図法口伝切紙三十三條」[34]には，次のような興味深い文章が記されている。

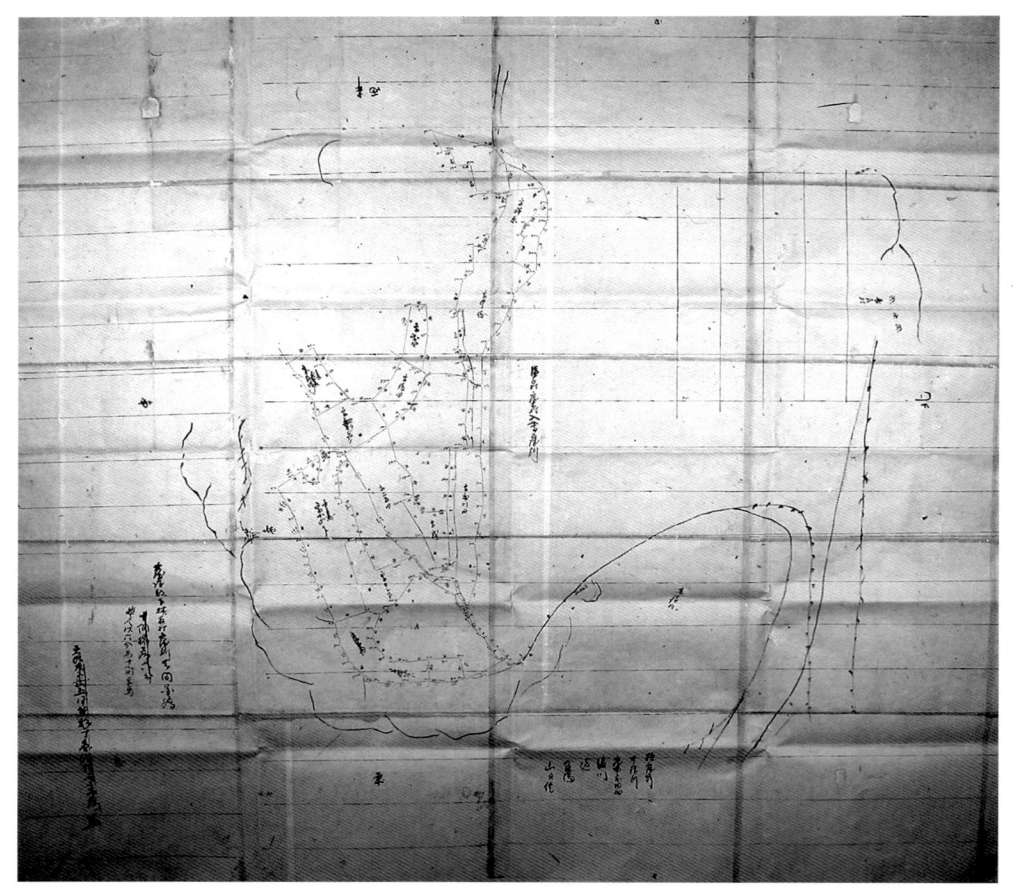

図 6-7　天保 11 年「窪屋郡下林村窪所分間絵図」(下図), 金光教本部所蔵
注) 法量:南北 130.0×東西 118.5 cm (料紙 4 (+1)×5 枚)

一、山アル地ハと凶角ニ傍テ行ハ下ノ村々谷陰ハ測量ニテ明ニナル事多シ、又隠田等見トカムル
　　事モアリ、西国中国ハ早ク巧アリ、東国ハ野村林越ノ中多クシテ見通シ少シ……

これを読むと，こうした測量技術の普及の過程には地域差というものが存在しており，西国や中国地域で早い時期から実施されていたのに比べて，東国では地理的な条件もあって実施が遅れていたと指摘されていることがわかる。このことに符合するかのように，一方で仙台藩領内にて実施された実測村絵図の作製事業 (No.31)[35] では，1820 年代という時期にもかかわらず，古地図に記録された測量データから判断して，3°単位で方位角を示す「小丸」を使用して測量が実施されていたことが判明している。つまり，近世日本において「小丸」や「小方儀」が伝播していく時期やその段階には，地域によって差が生じていた可能性があるということである。

　さて，伊能図以降に出版された測量術書のうち，「廻り検地」のことを掲載したものについてみ

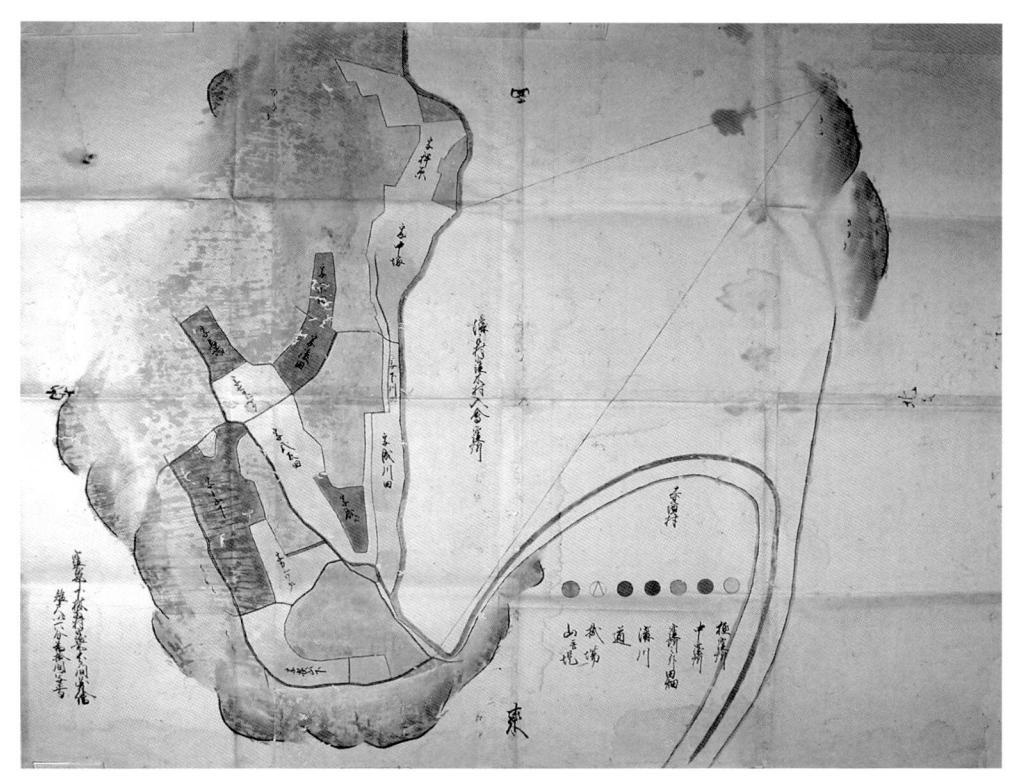

図 6-8　天保 11 年「窪屋郡下林村窪所分間絵図」(正図)，金光教本部所蔵
注) 法量：南北 114.5×東西 90.2 cm (料紙 4×2 枚)

てみると，それらは，やはりいずれも一支の 30 分の 1，1°単位で方位角を計測できる方位磁石盤の使用を基本としていることがわかる。例えば，1836 (天保 7) 年の奥村増貤による『量地弧度算法』(No.33)[36]，1837 (天保 8) 年の秋田十七郎義一による『算法地方大成』(No.34)[37]，1852 (嘉永 5) 年の甲斐駒蔵による『量地図説』(No.36)[38]，1856 (安政 3) 年の福田理軒による『測量集成』(No.37)[39]，1857 (安政 4) 年の五十嵐篤好人による『地方新器測量法』(No.38)[40]などの書名を挙げることができ，そこでは「小方儀」，「全方儀」，「経緯儀」などの名称を確認することができた。

　これらのなかでも特に『量地弧度算法』については，「廻り検地」を実施するうえで三角関数を利用した事例を紹介しており注目される。それは，「廻り検地」によって測量した結果を検証し，その誤差の程度を示す手段として使われていた。この指摘は重要であると考える。それは，地磁気に依存した方位角の計測が，地図を作るうえで誤差を生じるものであるとの認識があったといえるからである。つまり，『量地弧度算法』は，「廻り検地」の地図測量技術としての限界を指摘しているということになる。しかし，製図の段階では，直交する東西南北の長さの計算結果を得ているに

もかかわらず，分度器を用いて角度を測りながら線分を位置付けていたことが認められ，従来の手法を採用していることがわかる。

しかし，この『量地弧度算法』が出版されてすぐ，1840（天保11）年という段階において，備中国窪屋郡下林村（現，岡山県倉敷市林）の湿地の開発を目的として「廻り検地」により作製された地図（No.35，図6-7・図6-8）は，三角関数を用いて製図された村絵図であったことが確認される[41]。この図の作製には，備中国浅口郡大谷村（現，岡山県浅口市金光町大谷）庄屋小野光右衛門[42]が携わっており，村役人層によって作られたと評価できる地図であった。その経緯についての詳細は省くが，実施された測量の記録をみると，一支の30等分で1°，目測で20′までの単位で方位角を計測していたことがわかる[43]。こうしたことから判断して，19世紀なかごろの村絵図のなかには，「廻り検地」を実施する際，1°で方位角を示すコンパスを用いて計測したうえで，さらに三角関数を利用して製図するものも登場してきたということがいえる。その時に作製された埋め立て作業の見積書[44]には，「窪田地歩積リハ，分間度数に従ひ，割図八線表ヲ用ひ，鈎股形を取，正南北ヲ定候而，積リ立申候，其術芸多御座候故，下帳差上不申」という記述を認めることができ，「割図（円）八線表」（カッコ内は筆者による），つまり三角関数表を用いて東西南北に直行する辺の長さを求めて地図化したこと，その実施には多くの技能を必要としたことが述べられている。ちなみにこの小野光右衛門も，1809（文化6）年の25歳の時に伊能忠敬による公儀測量に触れている。

いずれにせよこの段階において，つまり1°の単位で計測できるコンパスを用い，製図の際に三角関数を用いる段階において，近世の「廻り検地」が，村の地図作製技術としてひとつの到達点を迎えたと評価しておきたい。そのことは，土地測量技術をめぐって地方と幕藩体制側との差異がほとんど存在しなくなったことを意味していた。また注目したいのは，こうして下図をもとに作製された正図（図6-8）は，下図に描き込まれていたような測量の痕跡をほとんど残さないように書き換えられており，一般によくみられるようなタイプの村絵図として最終的には仕上げられていることである。これは，これまで測量地図ではないと看過されてきた村絵図のなかにも多くの測量地図が含まれていた可能性を示唆するもので，今後この点を見直していく必要があると考えている。『地方凡例録』の記述にみられる汎用性も考慮して，恐らく相当数の村絵図が，「廻り検地」により「小丸」もしくは「小方儀」を用いて測量し作製されていたと考えるべきであろう[45]。

本章では，方位磁石盤の精度の変遷に注目し，「廻り検地」との兼ね合いをみながら，それが近世日本においてどのような経過を経ていたのかについて検討してきた。それは，「小丸」と「小方儀」に代表される形のコンパスの登場と普及をみていくものであったが，本章でのまとめは省略し，これまでの本章の議論との関わりをみながら終章でその簡単なまとめを行うこととしたい。

注
1) 木全敬蔵「愛媛県松野町に伝わる17世紀作成の地形模型について」『地図』31(1)，1993，27-33頁。
2) 「くわとろわん」について，表6-1の2・3に関しては以下を参照した。①石岡久夫『日本兵法史』上巻，雄山閣，1972，395-397頁。②木全敬蔵「江戸初期の紅毛流測量術」『地図』36(4)，1998，20頁。③松宮俊仍『分度余術』1728（享保13）年，九州大学附属図書館所蔵。

第 6 章 コンパスからみる近世日本の地図史　　　　165

3)「ふりかね」に関して，表 6 - 1 の 4・6 については以下を参照した。① 高木菊三郎『日本に於ける地図測量の発達に関する研究』風間書房，1966，40-41 頁。② 日本学士院編『明治前日本鉱業技術発達史（新訂版）』臨川書店，1982（初版 1958），179-183 頁。③ 永原慶二・山口啓二代表編者『講座・日本技術の社会史　第五巻　採鉱と冶金』日本評論社，1983，154-156 頁。④ 山田叔子「姫路市熊谷家文書「國圖要録　全」—寛文四年上野国絵図作製覚帳—」『双文』7，1990，47-96 頁。
4) 大矢真一解説『江戸科学古典叢書 9　量地指南』恒和出版，1978，223-230 頁。
5) 松崎利雄『江戸時代の測量術』総合科学出版，1979，178-182 頁。
6) 池田好運（与右衛門入道好運）編『元和航海書』写，請求記号 06-07/ケ/01 貴（京都大学電子図書館貴重資料画像を参照，http://ddb.libnet.kulib.kyoto-u.ac.jp/exhibit/i078/image/01/i078s0105.html～i078s0111.html）。
7) 保坂与市右衛門尉因宗『磁石算根元記』1687（貞享 4）年，東北大学附属図書館所蔵（狩野文庫）。
8) 有沢武貞『町見便蒙抄』1711（宝永 8）年，東北大学附属図書館所蔵。
9) 細井広沢（知慎）『秘伝地域図法大全書』1717（享保 2）年，九州大学附属図書館所蔵。
10) 前掲注 5）179 頁。
11) 川村博忠「国絵図と伊能図の測量術比較」（東京地学協会編『伊能図に学ぶ』朝倉書店，1998）128-129 頁。
12) 安里進「近世琉球の地図作製と戦前作製の琉球諸島地形図」（清水靖夫・浅井辰郎・小林茂・安里進著『大正・昭和　琉球諸島地形図集成　解題』柏書房，1999）35-47 頁。
13) 前掲注 4）246 頁。
14) 『規矩元法図解　完』年次不詳，九州大学附属図書館所蔵。
15) ①『国図枢要　完』1797（寛政 9）年 9 月写，九州大学附属図書館所蔵。②『国図要録』年次不詳，九州大学附属図書館所蔵。
16) 小林茂・佐伯弘次・磯望・下山正一「福岡藩の元禄期絵図の作製方法と精度」（小林茂・磯望・佐伯弘次・高倉洋彰編『福岡平野の古環境と遺跡立地―環境としての遺跡との共存のために―』九州大学出版会，1998）267 頁。
17) 川村博忠「河岸低地における境界線設定の一事例—筑前秋月領と筑後久留米領の場合—」『人文地理』24(3)，105-114 頁。前掲注 16）261・267-268 頁。
18) 前掲注 14）。
19) 前掲注 9）。
20) ① 鳴海邦匡「近世山論絵図と廻り検地法」『人文地理』51(6)，1999，19-40 頁（本書，第 3 章）。② 鳴海邦匡「「復元」された測量と近世山論絵図—北摂山地南麓地域を事例として—」『史林』85(5)，2002，35-76 頁（本書，第 4 章）。
21) 前掲注 20）②。
22) 鳴海邦匡「京都代官小堀数馬による明和三年八月『御小物成馬絵図』について」『待兼山論叢』37 日本学編，2003，1-17 頁（本書，第 5 章）。
23) 前掲注 2）③。
24) 大矢真一解説『江戸科学古典叢書 10　町見弁疑/量地図説/量地幼学指南』恒和出版，1978，189-190 頁。
25) ① 加藤平左ヱ門『和算ノ研究　雑論 II』日本学術振興会，1955，106-119 頁。② 小林龍彦「『暦算全書』の三角法と『崇禎暦書』の割円八線之表の伝来について」『科学史研究 II』29，1990，83-92 頁。③ 馮錦栄「中国知識人の西洋測量学研究――明末から清末における」（狭間直樹『京都大学人文科学研究所 70 周年記念シンポジウム論集　西洋近代文明と中華世界』2001，京都大学学術出版会）354-373 頁。④ 小林龍彦「紅葉山文庫に収蔵される梅文鼎の著作について」『科学史研究 II』41，2002，26-34 頁。
26) 前掲注 25）① 108 頁。
27) ① 大谷亮吉編著『伊能忠敬』岩波書店，1917，302-314 頁。② 保柳睦美編著『伊能忠敬の科学的業績　訂正版』古今書院，1980（1974 初版），337-339 頁。
28) ① 荒尾市史編集委員会編『荒尾市史　絵図・地図編』荒尾市，2001，132-133 頁。② 鳴海邦匡『（平成 15 年度河川整備基金助成助成事業報告書）測量技術を通してみる江戸時代の人々と水・河川との関わり方について』2005，62 頁。
29) ① 石黒信由『検地算法記　全』写，1812（文化 9）年，京都大学文学部蔵。② 矢守一彦「『御次御用金沢十九枚御絵図』とその作製過程について」『人文地理』31(1)，1979，77-88 頁。③ 富山県教育委員会編『高樹文

庫資料目録―昭和 52・53 年度 歴史資料緊急調査報告書―』富山県教育委員会，1979，162 頁。④高樹文庫研究会編『トヨタ財団助成研究報告書　石黒信由遺品等高樹文庫資料の総合的研究―江戸時代末期の郷紳の学問と技術の文化的社会的意義―』高樹文庫研究会，1983，128＋17 頁。⑤高樹文庫研究会編『トヨタ財団助成研究報告書　石黒信由遺品等高樹文庫資料の総合的研究―江戸時代末期の郷紳の学問と技術の文化的社会的意義―第二輯』高樹文庫研究会，1984，182 頁。⑥神前進一「石黒信由の測量術」『測量』419，1986，41-44 頁。⑦川村博忠『近世絵図と測量術』古今書院，1992，124-140 頁。⑧渡辺誠「石黒信由考案の磁石盤の特徴とバーニア目盛について」『富山史壇』140，2003，1-19 頁。

30) ①羽山久夫「徳島藩の分間村絵図・郡図について」(徳島地理学会論文集刊行委員会編『徳島地理学会論文集 1993』徳島地理学会，1993) 33-46 頁。②平井松午「阿波の古地図を読む」(徳島建設文化研究会編『阿波の絵図』徳島建設文化研究会，1994) 89-106 頁。③羽山久夫「徳島藩の分間郡図について」『史窓』26，1996，2-25 頁。

31) ①泉佐野市史編さん委員会編『新修泉佐野市史　第 13 巻　絵図地図編（解説）』泉佐野市，1999，160-168 頁。②大阪市立美術館編『近世大坂画壇』同朋舎出版，1983，175-230・273-274 頁。③山下潤一家所蔵文書「山論立会絵図野帳」1800（寛政 12) 年 4 月，泉佐野市史編さん委員会所蔵（複製）。④山下潤一家所蔵文書「山論地改ニ付分間合帳」1806（文化 3) 年 2 月晦日，泉佐野市史編さん委員会所蔵（複製）。

32) 矢守一彦『古地図と風景』筑摩書房，1984，233-234 頁。

33) ①千葉県企画部広報県民課編『千葉縣史史料　近世篇　伊能忠敬測量日記一』千葉県，1988，419-421 頁。②「町史編纂だより　〈30〉 絵師大岡藤二のこと」(田尻町総務部総務課広報・公聴係編『広報たじり』田尻町総務部総務課広報・公聴係，2004) 15 頁。

34) 前掲注 9)。

35) ①金野静一『絵図に見る藩政時代の気仙』熊谷印刷出版部，1981，97 頁。②付録「解説」・付録 1「文政 5 年 6 月名取郡北方根岸村・平岡村入合絵図」・付録 2「文政 6 年 9 月名取郡北方湯本村絵図」・付録 3「文政 7 年 2 月宮城郡国分苦竹村全図」・付録 4「文政年間名取郡北方柳生村絵図」(仙台市史編さん委員会編『仙台市史資料編 14 近世 3 村落』仙台市，2000)。

36) 奥村増贶『量地弧度算法』1836（天保 7) 年，九州大学附属図書館所蔵。

37) 秋田十七郎義一編『算法地方大成』1837（天保 8) 年，九州大学附属図書館所蔵。

38) 甲斐駒蔵『量地図説』(大矢真一解説『江戸科学古典叢書 10　町見弁疑／量地図説／量地幼学指南』恒和出版，1978) 294-302 頁。

39) 大矢真一解説『江戸科学古典叢書 37　測量集成』恒和出版，1982，60-64 頁。

40) 五十嵐篤好大人『地方新器測量法』1856（安政 3) 年，九州大学附属図書館所蔵。

41) 小野家文書「窪屋郡下林村窪所分間絵図」1840（天保 11) 年，金光教本部所蔵。

42) 岡山県立博物館編『平成 10 年度特別展　歴史を彩るひとびと―近世岡山の文化―』岡山県立博物館，1998，80-81 頁。

43) 小野家文書「下林両村窪所分間歩積帳」年欠，金光教本部所蔵。

44) 小野家文書「窪屋郡下林村窪所地上御普請下積帳」1840（天保 11) 年，金光教本部所蔵。

45) 表 6-1 に掲載した史料のうち No.39 についてまだ紹介していないのでここに記した。福田半（治軒）は，福田理軒の長男であり，陸軍省参謀局に出仕して測量課の設立の基礎を築くとともに，私塾を設立して多くの測量技術者を育成した人物である。①福田半『測量新式　第一本』萬青堂，1872，61 丁。②福田半『測量新式　第二本　真数八線表』萬青堂，1872，47 丁。③佐藤侊・石原侑「陸地測量手日和佐良平の経歴調査並びに福田泉・半のこと」『月刊古地図研究』20(10)，1989，2-8 頁。

終章　まとめと課題

　近世日本における地方の地図測量技術の実態と，その普及過程の一端を明らかにすることを目的として，これまで「廻り検地」と呼ばれる測量技術に注目し検討を行ってきた。以下では，本書で検討してきた内容を最後にまとめながら，残された今後の課題についても考えてみたい。

　本書で注目した「廻り検地」とは，コンパスを用いたトラバース測量と評価されるものであり，基本的に測量地点間の方位角と距離を測りすすむ周囲測量として実施された測量法である。それは，測量帳に書き留めたデータをもとに作製した図を対象として，その図を幾何学的に分割して面積を求めることを目的とする三斜法に類した土地測量の技術であった。この測量法の特色は方位角の計測が重要な要素となっていたことである。そして，本書で注目することとなったのは，この「廻り検地」が地図を作ることを前提とする技術であるとともに，地方の経営において重要な役割を果たしていたことが明らかになったからでもあった。

　第1章で検討してきたように地方書で取り上げられた「廻り検地」は，耕地などの地押，論所の検証，新開地の調査，林地の調査に関わる技術として紹介されており，早急に土地を丈量する必要が生じた場合に行使される技術として位置付けられていたことがわかる。つまり，「廻り検地」は，土地利用のあり方が変化するという場面において必要とされる技術であったと評価することができる。それは，こうした場面において，早急に，かつ簡便にできるだけ正確な土地の地図を作ったうえで，それをもとにして土地の形状や面積などといった情報を把握しなければならなかったからであろう。こうしたことから判断して，地方における「廻り検地」は，従来の検地技術であった，いわゆる十字法の技術的な限界を補うべくして登場してきたものといえる。それは，十字法という測量法が経験に裏打ちされた目測によって四角形の四隅を設定して縦と横の長さを測ることで土地区画の面積を求める技術であり，正確な地図を作るための技術ではなかったからである。

　この「廻り検地」は，遅くとも1660年代には日本で実践されていた事例を確認することができるが，これまで述べてきたように，刊本として1687（貞享4）年に刊行された『磁石算根元記』という和算書においてはじめて取り上げられるようになる技術であった。そして，その後1720年代ころまでに稿本ではあったが，複数の測量術書タイプの書物に記述が登場するようになっていく。しかし，それらの書物で記載される「廻り検地」の目的は，地方書に記されていた内容とは異なり，いずれも国や郡レベルといった広い地域の地図を作製する技術であったということ，そして山地など地形的に隔たった場所を測量する技術であったと位置付けていたことは留意しておきたい。また，こうした「廻り検地」が書籍に記述されるようになってきた1700年前後，当時の人々はこ

の測量技術を次のように認識していたことは注目される。それは，「磁石算」などとも呼ばれるこの測量法が，それまでの量盤術などの測量法に比べて，手早く簡便に作業を実施することができる技術であったと評価するものであったというのである。こうした実用性の高さゆえ，方位磁石盤を用いた盤針術による測量の流派がその当時から数多く存在するようになったとともに，「廻り検地」が広く実践されるようになっていったと考えられる。

和算書での扱いに少し遅れて地方支配のテキストである地方書においても，主として1700年代のなかごろから先に触れたような「廻り検地」の記述が登場してくるようになる。それは土地を測る検地技術のひとつとして，国絵図のようなかなり広い地域の地図を作るためではなく，主として比較的狭い範囲の土地区画の地図を作る技術として紹介されるものであった。このように和算書と地方書を比べてみると，「廻り検地」の記述が登場してくる時期に前後の差があること，さらには測量の目的そのものもそれぞれに異なる部分があったということは注目すべき差異である。また，記載される内容も若干異なるものとなっており，当然のことなのかもしれないが，地方書には，測量データや測量器具など，技術に関する情報についてあまり記されることはなかった。そして，近世日本の在地社会においては，地方役人や村役人層などの階層が，これらの測量技術を受容していくこととなっていく。そうした結果，彼らは，「廻り検地」という実践的な技術を行使して，それ以前に比べて正確で，しかも短い期間で土地の地図を作れるようになっていった。これは，地域の開発や領域の確定といった側面において大きな変化を促す技術であったと考えられる。

こうした測量法や測量器具は，恐らく外来のものであったと判断すべきであろう。しかし，現時点では，「廻り検地」と呼ばれる測量技術や360°方位を120分割する「小丸」といった方位磁石盤が，いつ，どこから，どのようにして伝わってきたものであったのかを明らかにすることができていない。今のところ伝来の経緯が不明なのである。これらの技術が登場してくる17世紀の後期の日本には，中国式の測量術，紅毛流や南蛮流などの西洋式の測量技術が存在していたことはすでに指摘されている[1]。例えば，当時の中国式の測量術書である1592（万暦20，文禄元）年の『算法統宗』[2]を見てみても，日本の検地技術にみられる十字法などの土地測量法，三平方の定理（勾股弦の原理）を見出すことはできるが，方位磁石盤を使った測量は確認することができず，中国系ではないことが想定される。このことは，第6章で触れたように中国系の磁石盤の存在が，琉球や対馬などといった関係の強い限られた地域でしか確認することができなかったことにも示唆されるのかもしれない。また，南蛮流の測量術に関しては，航海用の測量技術との関係が深いと指摘されているが，そうした航海用の羅針盤が近世日本の盤針術に用いられるスタンダードな磁石盤として最終的に普及していくことには至らなかったようである。これらのことから判断して「廻り検地」や「小丸」の存在は，残る紅毛流，すなわちオランダ伝来とされる測量技術に由来があると想定することもできるが，現段階では明らかとなっていない。いずれにしても「廻り検地」のような磁石盤を用いた測量法は，ヨーロッパから伝来してきたものと考えてよさそうであるが，どのようなルートを経て日本に導入されるようになったのか，今後検討すべき残された課題であると考えている。

使用された方位磁石盤の精度から「廻り検地」をあらためて見直してみると，以下の点を第6章

終章　まとめと課題

において指摘することができた。17世紀の後半から日本社会で確認されはじめる「廻り検地」においては，当初，方位角を計測するために様々な磁石盤，つまり様々なルールで方位角を分割するコンパスが登場してきたが，それは，「小丸」という干支の一支を10等分して3°単位で方位角を計測するものに収斂していくこととなった。こうした「廻り検地」の登場や「小丸」への収斂といった動向は，17世紀後半から18世紀のはじめという段階で，近世日本の村落をフィールドとした地図作製の需要が格段に増加していく状況と軌を一にするものであった。それは，寛文や延宝期における検地の実施，元禄期における国絵図の作製，この間に増加する新田開発といった場面であったが，本書で主に検討してきた論所絵図もそのひとつであったとみなされる。例えば，第2章で検討した『旧幕（府）裁許絵図目録』にみる裁許絵図件数の経年変化にみられるように，この時期，幕府裁許による論所絵図の作製数が激増していたことも，そうした動向を示していた。この時期に含まれる1670年代前後には，上方八ヶ国における論所裁判の担当が京都町奉行に集約化され，論所をめぐる裁判システムが強化されていった。それは，山論絵図の形式が統一化されていく現象にもうかがい知れる。近世を通じて北摂地域で作製された山論絵図をみてみると，これらの変化に呼応するように，1670年代より地図の山地表現に変化が生じはじめていくことを確認できる。それは，測量を実施したことに由来するものと判断され，その結果，平面図的な投影図法や段彩式的な表現が採用されていくようになっていった。そして，1700年代初期からは，確実に測量が実施されたことを示す言葉による表現も確認されるようになっていく。いずれにしても，近世を通じて畿内の山論絵図をみてみると，17世紀後半から18世紀初頭にかけての時期に地方支配に関わる場面で地図測量技術の導入がはじまっていったようであり，これまでの検討から判断して恐らくそれは「廻り検地」に相当するものであったと考えている。

「廻り検地」に代表されるような盤針術の測量技術は，第3章や第4章での畿内における事例の検討で示したように，遅くとも18世紀のなかごろには，村役人層を受け皿として在地社会に定着する段階にあったということが明らかとなった。検討した事例は，山論をめぐる訴訟過程において，争論の当事者であった村の村役人層らが協議しながら「小丸」などの測量器具を用いて論所の測量を立ち会って行い，そうして得られた測量データや現地見分の結果などをもとに絵師が部分的な実測図として立会絵図を作製するというものであった。訴訟資料であった山論絵図のうち立会絵図は，争論の当事者が，双方で調整しながら作製し裁判機関へ提出する形式の地図であると規定されていたからである。こうしたことは，「小丸」を用いた「廻り検地」が，18世紀における農村の地図測量技術としてスタンダードな地位を築いていたということを示すものであった。つまり，この段階においては，「廻り検地」によって3°単位で方位角を計測して作製した地図が，公に境界領域を確定するという局面においてでさえ，土地区画を管理するための図面としての正確さに対する社会的要求を十分に満たしていたということがわかる。

これに加えてさらに重要なことは，同じころに幕府方が地方の地図を作るうえで行使した測量技術も，第3章と第4章の議論でみてきた村役人らの実行した技術と基本的には同じレベルであったことである。第5章の検討から，京都代官所の一行が，18世紀のなかごろに小物成地の再検地と

いう場面で,「小丸」を用いた「廻り検地」を実行し地図を作製していたことが明らかとなった。つまり,小物成地の再調査という厳密な測量が求められたであろう検地の場面においても,この時期の段階では,幕府方の地方役人が土地を測量する技術として,「小丸」による「廻り検地」という地図測量技術が必要な条件を十分に満たしていたということを示している。もちろんこの「御小物成場絵図」の事例は,第1章で述べたように,既に検地を実施した土地の再調査は十字法による本検地ではなく「廻り検地」によるものだとした取り決めに従った処理であったといえるが,地方支配という局面において,第3章から第5章までの検討で示されたように,地方役人層と村役人層の行使した地図測量技術がいずれも同じレベルにあったということは重要な指摘であると評価したい。ただし,双方の習熟の度合いに差が認められることは興味深い点である。しかし,これらの議論は畿内の事例の分析を中心に成立したものである。他地域における事例の分析を重ねることによっては,本書で説明した展開のプロセスを修正していく必要性が生じる場合も予想され,今後,継続して検討すべき課題であると考えている。

そして,第6章における方位磁石盤の検討でみてきたように,地方の測量技術としての「廻り検地」は,19世紀のはじめころから,一支を30等分して1°で方位角を計測する「小方儀」の使用へと移行しはじめ,次いで作図の作業においては三角関数が用いられるようになっていくこととなる。この1°の単位で計測できるコンパスは,日本における三角関数の概念の導入をひとつの契機として18世紀前期に登場してきたと考えているが,すぐに現場で用いられる測量器具の主流となるわけではなかった。その後も「小丸」が1世紀以上にもわたって方位磁石盤の中心的な地位を占め続ける結果となっている。

さて,この点において興味深いのは,「廻り検地」の導入と「小丸」から「小方儀」への移行というこれらふたつの大きな村絵図と測量にみる変化が,元禄の国絵図と伊能の日本図という,幕藩権力者による大規模な地図作製プロジェクトと呼応するものであったということである。もちろんすべての技術が村々へ伝わっていったというわけではなく,それらのなかでも比較的簡便なものが選ばれて広く普及していくことになったと考えられる。こうした「廻り検地」や関係する測量技術の村落共同体への普及は,これら2回の地図作製事業の影響を強く受けたものであり,さらに実際には多くの人的な交流に支えられて展開していったとみるべきであろう。それは,これまでみてきたように村へ「廻り検地」が伝播しはじめたころに,それを解説する刊本としての充実した測量術書の存在を確認することができなかったことにも示されている。『秘伝地域図法大全』付録の「地域図法口伝切紙三十三條」の表題に示されているように,普及プロセスの実態は口伝もしくは切紙による伝授とされるものであったのかもしれない。こうした在村の実学を支えたネットワークについては,先に触れたようにすでに加賀藩での事例が紹介されているが,より早い段階の時期も含めたさらに多くの事例を蓄積していくことが今後も必要であると考えている。例えば,以下で少し紹介するように,そうした技術交流の人的ネットワークの広がりは,特異な事例でもなかったし,かつ決して一支配地域の単位に限定されるものではなかった。

その例として第6章で触れた事例より紹介してみたい。例えば,天保期に「小方儀」を用いた

「廻り検地」を行ったうえで三角関数を用いて地図を作った事例として紹介した備中国の小野光右衛門は，同国の和算家であった谷東平に師事していた[3]。この谷東平は，大坂の麻田剛立の塾に入って算学を学んだ後，備中国小田郡大江村に塾を開いた人物であった。さらに注目されるのは，この谷東平に師事した1813（文化10）年度の門下生のなかに原甚吉という人物が含まれており，ここで測量，天文，暦学を学んでいたというのである[4]。この原甚吉は肥後国の百姓の出身でありながら，算学者として名高い肥後藩士の牛島宇平太のもとで学んだ後，藩校である時習館で代見したほどの人物である。そして特筆しておきたいのは，彼が肥後藩内の中富手永における数々の測量事業に従事していたことに加え，1817（文化14）年3月には，第6章でみた肥後藩での地図測量事業の一環として中富手永の測量図の作製に参加していたと考えられることである[5]。この肥後藩領内における文化文政年間の地図作製事業を実施するにあたっては，現地での測量作業に多くの手永役人や村役人らが徴集されていたことを，残された測量帳[6]の記録から確認することができる。肥後藩内には，天文方の池部から測量術や天文術の免許皆伝を受けた者が数多く存在していたが，彼らは，この地図作製事業に参加するとともに，それぞれの任用先での地域の開発に携わり，測量技術を必要とする工事や地図作りを主導する立場として活躍することとなった[7]。

　これまで近世における村絵図の歴史を，その地図測量技術というテーマに注目してみてきたが，それは，当然のことながら日本近世の科学史の展開に部分的にであれ影響されるものであった。本書における村絵図の議論を通じ，近世日本の地図史を統一的に理解するキーワードとして測量，特に「廻り検地」や方位角の変遷といった指標が有効であることが明らかとなった。そして，そうした分析において野帳（測量帳）の存在が大きな役割を果たす可能性のあることを指摘することができた。もちろん村絵図はすべてが測量地図である必要はなかったが，土地の開発や管理の状況に応じて測量し地図が作られていくことになった。それは，本書で検討した山論絵図の事例を年代の古い順から眺めてみても，平面図に近い地図と仰見図の地図が混在していたように決して発達史的に展開したというものではなく，必要に応じた選択的な技術であったことにも示されている。ただし，第6章で触れたように測量に基づいて作製された地図でも，領主に提出するための正本として清書された段階では意識的に測量の痕跡をあまり残さないように表現された場合もあり，一見しただけで測量地図の有無を判断することが難しい面もある。このことは逆にこれまで測量されていないと判断された村絵図のなかにも，実際には測量に基づいた地図が相当数存在している可能性があることを示唆するものである。また，「廻り検地」のような地図測量技術の一般化を支えていくためには，「小丸」や「小方儀」といった使用される道具の普及を前提とする必要があったことになるが，この点の議論は今後の課題としたい。

　本書で示してきた，18世紀のなかごろに村役人層主体で論所の測量地図を作製していたという事実や，19世紀前期の大規模な地図測量事業の一端もやはり彼らが支えていたという事実は，村落共同体が地域経営を実践していく過程で，彼らの担う測量技術が成熟していったことを示すものであると考えている。これらのことを踏まえて，在村技術でもあった「廻り検地」が，近代地図の前史の一部を担うものであったと想定しておきたい。在村における地図測量技術の成熟は，次に示

すことがらに端的に現れている。それは，地租改正事業という明治政府による土地改革の場面においてであった。この時，近世から近代に移行してすぐに，村落における土地測量と地図作製の事例が全国的な現象として現れることとなる。そしてその際に，1873（明治6）年から実施された地租改正事業では，現場での測量作業の多くを各地域の有力者達が担ったという[8]。地租改正における土地区画を対象とした測量と地引絵図の作製は，原則としてその土地の所有者が担当すると定められており，地主でもあった村役人層らが，測量を実施し，集積したデータから字図や村図を作製していた。もちろん，事前に府県から官吏が赴き，講習会などを開催して測量法の伝習を行ったり，丈量作業を業者が請け負った場合も確認することができるのも事実である。しかし，これだけの大事業を短期間で全国的に実行することを可能にした背景は，村落で村役人を務めていた人々が，地租改正の実施以前，すなわち近世の段階から土地測量と地図作製の技術をすでに体得し，それを遺憾なく発揮できるレベルに達していたからであろう。つまり，近代初期当初の地租改正事業を支えた地域の土地測量技術は，すでに近世の段階において村落共同体に蓄積されており，こうした蓄積がなければこの地籍測量事業を滞りなく遂行することができなかったといえる。このことは，近世日本の農村社会に土地測量と地図作成技術が蓄積されていた事実を端的に示すものであると考えたい。

とはいえ，この地籍測量の成果から離れてみてみると，「廻り検地」に代表される盤針術には，より広範囲な地域の地図を作る測量技術としての限界が明らかに存在していた。それは，磁石盤を用いるという点で磁針に依存して方位角を計測する測量法である以上，地磁気の偏角とその経年変化の問題や針先のぶれの問題を解決できないからである。磁針による方位角の計測は，こうした問題が存在する以上，正確な角度を得る技術とは成り得なかった。正確で安定したデータが得られないという限界は，再現性の点でも問題を生じさせてしまう。例えば，第6章で触れた寛政年間に争われた筑前国秋月藩と筑後国久留米藩との境界論争をみてみたい。この争論では，およそ70年後に発生した洪水によって境界石が流失してしまい，その復元を試みることになった。しかし，それと先に測量を実施して得られたデータとが一致しなかったため，すべてを測量仕直すこととなってしまっている[9]。この時，両藩ではその原因を特定できなかったようであるが，このズレの原因のひとつは地磁気の経年変化によるものであったと予想される[10]。

さらに，18世紀末以降，三角関数の概念が地図作製の現場に導入されるようになって，測量地点を座標上に位置付けることが可能になってくると，磁針による方位角と数学的な計算により得られた角度との乖離はより大きな問題となったと考えられる。つまり，盤針術で得られた方位角のデータは，三角関数導入後の三角法の計算の精密さに耐え得る技術ではなかった。磁針による方位角の計測は，目読で6′単位までは測ることができたようであるが，それ以下の秒の単位までは到底測れるものではなかったし，得られたデータも不安定なものであった。しかし，三角関数の導入は，計算上，さらに精密な方位角の値の測量を求めている。この点に関して，先述した『量地弧度算法』に記されている三角関数を用いた測量データの補正は，こうした矛盾を埋めるべくして考えられた折衷案であったと評価できる。

しかし，方位角の計測を基本とする盤針術による測量は，近世日本の地図測量技術に角度という概念を定着させ，また成熟させるものであったと評価しておきたい。つまり，本書で検討してきた「廻り検地」に代表される近世の盤針術は，方位角の測量と製図の技術を向上させる役割を担い，近代測量への橋渡しを行ったと位置付けることができると考えている。この地図測量の近代化にむかって起こった技術革新とは，厳密な意味での三角関数の導入であった。具体的に述べるとそれは，磁針による多角測量であったトラバース測量から，磁針に依拠しないで三角網を形成していく三角測量へという変化であり，少なくとも広域図を作るために地域を位置付ける技術としての地位は，盤針術から三角測量へと移行することとなった。こうして近代測量の時代がはじまっていくこととなる。

近代的な測量に先立つと評価したい「廻り検地」に代表される盤針術は，日本では17世紀後半から19世紀前半とほぼ近世を通じ，地図を作る主要な技術としての地位を築いていた。なかでも本書で検討してきた「小丸」による「廻り検地」は，17世紀後期から18世紀にかけての日本で実施された盤針術の代表であったといえ，それは地方レベルにまで広く普及していたものであった。ここで最後に英国の事例を紹介しておきたい。それは，こうした展開がヨーロッパにおいても並行的にみられる動向であったからである。ただし，それは日本よりも1世紀ほど早い段階で展開していくものであった。英国では，三角測量局 Trigonometric Survey（1791年設立）に起源を持つ陸地測量局 Ordnance Survey が，測地学的な三角測量に基づき作製した近代地形図（1インチ1マップ地形図）[11]の存在がよく知られている。それは，カッシニ一族によるフランスの地形図[12]に続くものと評価されている。しかし，日本ではあまり紹介されていないが，さらに先立つ16世紀の後半ころから，ジョン・ノーデン John Norden（1548-1625）に代表される民間の土地測量家たちが，州や郡の地図を作製しはじめる一方で，荘園領主らの依頼によって彼らの所有する土地の正確な地図を大量に作製していた[13]。それは，この時期にみられる農業生産や技術の革命的発展，エンクロージャーの隆盛や土地売買市場の活性化にともなう活動と位置付けられている。つまり，広域の地図を作製していく一方で，地籍測量の一環として土地の境界を正確に示して面積を確定するとともに，土地利用の効率化を図りたいという管理上の目的から正確な地図を作るようになったというのである[14]。この関係は，まさに本書で議論してきた「廻り検地」の担った役割，すなわち国絵図に代表される広域図と村の地図を作る技術であったという点に共通している。

そのうち，こうした私有地地図 estate map や地籍図 cadastral map といった不動産地図 property map についての特徴をみてみると，それは，①境界をラインで描く，②文書記録を付帯する，③大縮尺で手書きの地図である，④民間の土地測量家が作製するといった条件が挙げられている[15]。英国の地図にみられるこれらの特徴は，本書でみてきた「廻り検地」により作られた地図と共通する点が多い。しかし，測量技術を担う階層についてみてみると，英国では荘園領主に雇用された民間の土地測量家[16]が，日本では地方支配の一端を担う地方および村方役人がそれぞれ担っており，双方の社会で異なっている。この時，英国では，測量士らが競って作製した地形図の優劣を評価する技術協会 the Society of Arts による報償制度[17]すらも存在していた。

広域図の作製とともに進んだ16世紀後半からの英国ではじまった測量に基づく私有地地図の隆盛は，その後の近代地形図への技術的な展開の橋渡しとなる現象であったと位置付けられている。この時，英国で初期に実行された土地測量法は，周囲測量 circumferentor を基本としたうえで，面積を得るために三角測量 triangulation を実行するものであった。それらはいずれも近世日本における「廻り検地」の技術と共通するものであったが，登場する時期は日本に比べて早く，すでに16世紀後半の段階で1°の単位で方位角を計測するコンパスが登場し，さらに17世紀のはじめにはコンパスを用いた周囲測量が実施されている[18]。その際に使用された測量器具も当然ながら日本と類似したものとなっており，測量地点間の方位角の測量は，羅針盤 compass，平板 plane table，経緯儀 theodolite などの器具が用いられたほか，距離は測鎖 chain などの器具を用いて測られていたという[19]。ここでみた英国の事例は，そうした地図史の展開を議論していくうえで，村々で具体的に実践された測量と地図の事例を丹念に検討していくことが有効な方法のひとつであるということを示している。しかし，現時点ではこうしたヨーロッパを含んだ世界における地図史の展開と，近世日本の「廻り検地」を結びつける枠組みは構築されていない。近世日本の盤針術の隆盛に先立つ地図と測量の事例を見出しながら，世界の地図史のなかに近世日本の「廻り検地」を位置付けていくことが残された大きな課題となるであろう。

注
1) 木全敬蔵「江戸初期の紅毛流測量術」『地図』36(4)，1998，1-23頁。
2) 程大位『算法統宗』(郭書春主編『中國科學技術典籍通彙 數學卷（第二分冊）』河南教育出版社，1993) 1264-1376頁。
3) 岡山県立博物館編『平成10年度特別展 歴史を彩るひとびと―近世岡山の文化―』岡山県立博物館，1998，80-81頁。
4) 鹿央町史編纂室編『鹿央町史 上巻』鹿央町，1989，587-588頁。
5) ①関家文書「文政十四年諸御達控」長洲町教育委員会所蔵。②鹿央町史編纂室編『鹿央町史 下巻』鹿央町，1990，452-455頁。
6) ①荒尾市史編集委員会編『荒尾市史 絵図・地図編』荒尾市，2001，132-133頁。②鳴海邦匡『(平成15年度河川整備基金助成金助成事業報告書) 測量技術を通してみる江戸時代の人々と水・河川との関わり方について』2005，62頁。
7) ①下田曲水編『砥用町史』下益城郡砥用町役場，1964，366-368・380-391および眼鑑橋篇，5-16頁。②本田彰男『肥後藩農業水利史―肥後藩農業水利施設の歴史的研究―』熊本県土地改良事業団体連合会・熊本県普及事業協議会，1970，87-88頁。前掲6) 136頁。
8) ①佐藤甚次郎『明治期作成の地籍図』古今書院，1986，259-270頁。②木全敬蔵「地租改正地引絵図作成技術とその伝習について」(桑原公徳編著『歴史地理学と地籍図』ナカニシヤ出版，1999) 9-22頁。
9) 川村博忠「河岸低地における境界線設定の一事例―筑前秋月領と筑後久留米領の場合―」『人文地理』24(3)，112-114頁。
10) 小林茂・佐伯弘次・磯望・下山正一「福岡藩の元禄期絵図の作製方法と精度」(小林茂・磯望・佐伯弘次・高倉洋彰編『福岡平野の古環境と遺跡立地―環境としての遺跡との共存のために―』九州大学出版会，1998) 271-272頁。
11) ①織田武雄「第十二章 現代の地図」(織田武雄『地図の歴史』講談社，1973) 183-192頁。②細井将右「英国陸地測量局の地図と国家直角座標系」『創価大学教育学部論集』44，1998，1-9頁。③Tim Owen and Elaine Pilbeam, *Ordnance Survey : map makers to Britain since 1791*, HMSO, p. 196. ④Catherine Delano-Smith and Roger J. P. Kain, 'Mapping Country and County' (Catherine Delano-Smith and Roger J. P. Kain,

English Maps : A History, THE BRITISH LIBRALY, 1999) pp. 49-111.

12) ①織田武雄「第十一章 近代地図の成立」(織田武雄『地図の歴史』講談社, 1973) 169-183 頁。②Josef W. Konvitz, *Cartography in France, 1660-1848 : Science, Engineering, and Statecraft*, The University of Chicago Press, 1987, p.194. ③ジョン・ノーブル・ウィルフォード著, 鈴木主税訳「第8章 フランスの地図をつくった一族」(ジョン・ノーブル・ウィルフォード著, 鈴木主税訳『地図を作った人びと 改訂増補版』河出書房新書, 2001) 181-203 頁。

13) ①H. C. Darby 'The Agrarian Contribution to Surveying in England', *The Geographical Journal 82* (1933), pp. 529-535. ② A. Sarah Bendall, *Maps, land and society : a history, with a carto-bibliography of Cambridgeshire estate maps, c. 1600-1836*, Cambridge University Press, 1992, p. 404. ③ Garrett A. Sullivan, Jr, '"Arden Lay Murdered in That Plot of Ground" : Surveying, Land, and Arden of Faversham', *ELH 61* (1994), pp.231-252. ④David Buisseret, 'Introduction : Defining the Estate Map' (David Buissert ed., *Rural Images : estate maps in the Old and New Worlds,* The University of Chicago Press, 1996) pp. 1-4. ⑤ David Buisseret, 'Conclusion : The Incidence and Significance of Estate Maps' (David Buissert ed., *Rural Images : estate maps in the Old and New Worlds*, The University of Chicago Press, 1996) pp. 165-168. ⑥ David Buisseret, 'The Estate Map in the Old World' (David Buissert ed., *Rural Images : estate maps in the Old and New Worlds*, The University of Chicago Press, 1996) pp. 5-26. ⑦P. D. A. Harvey, 'English Estate Maps : Their Early History and Their Use as Historical Evidence' (David Buissert ed., *Rural Images : estate maps in the Old and New Worlds*, The University of Chicago Press, 1996) pp. 27-61. ⑧A. Sarah Bendall, 'Estate Map of an English County : Cambridgeshire, 1600-1836' (David Buissert ed., *Rural Images : estate maps in the Old and New Worlds*, The University of Chicago Press, 1996) pp. 63-90. ⑨ David Fletcher, 'Map or terrier? The example of Christ Church, Oxford, estate management, 1600-1840', *Tranas Inst Br Geogr NS 23* (1998), pp. 221-237. ⑩ Catherine Delano-Smith and Roger J. P. Kain, 'Mapping Property : Private Land and the State' (Catherine Delano-Smith and Roger J. P. Kain., *English Maps : A History*, THE BRITISH LIBRALY, 1999) pp. 112-141. ⑪ Nicholas Blomley 'Law, and the Geography of Violence : The Frontier, the Survey, and the Grid', *Annals of the Association of American Geographers 93 : 1* (2003), pp. 126-128.

14) ①John Norden, *The Surveiors Dialogue*, Theatrum Orbis Terrarum, 1979 (Photoreprint of the 1618 ed), p. 256. ②A. W. Richeson, *English Land Measuring to 1800 : Instruments and Practices*, The M. I. T. Press, 1966, pp. 92-94.

15) 前掲13) ⑩ pp. 112-113.
16) 前掲13) ⑩ pp. 112-118.
17) 前掲13) ④ pp. 88-97.
18) 前掲14) ② pp. 47-48・93.
19) 前掲14) ② pp. 29-141.

The Summary of This Book:

Indigenous Land Surveying Techniques and Their Diffusion Process in Early Modern Japan

NARUMI Kunitada

The purpose of this study is to clarify the important elements of the indigenous survey technology in connection with map-making in early modern Japan. Furthermore, it verifies the process by which such survey technology diffused through the rural villages of Japan. At that time, survey technology focused particularly on the existence of notes that contained the results of the survey undertaken. This was done because it was believed that restoring a map from the past survey data was effective in helping to understand the cartography. The survey notes were the data that seldom attracted attention in old studies.

This study consists of eight chapters. In the Introduction and Chapter 1, while reviewing research involving the history of cartography, I examine the texts related to agricultural techniques and investigate the role and history of map-making in rural society. In Chapter 2, I critically examine the dispute site maps chosen as the main research materials of this study. In Chapter 3, in order to examine the substance of the survey technology, I present a restored map from the data of a survey book by exemplifying the dispute that took place around the middle of the eighteenth century. In Chapter 4, based on the analysis of the survey and the diary that provide information relevant to the dispute that took place in the eighteenth century, the contents of the survey work, which the peasants actually took charge of, are clarified. In Chapter 5, based on the analysis of the official maps and drafts that were left behind at the site, I attempt to verify the substance of the survey technology that the government official of the Edo shogunate used to conduct a survey on the situation of farm village rule. In Chapter 6 and the Conclusion, by observing the accuracy of the compass, a survey instrument, I clarify the deployment process of the map-making and indigenous land surveying techniques in early modern Japan.

Incidentally, the conventional researches on the early modern history of cartography, especially survey technology, were mainly examined from the viewpoint of a ruler. Previous researches included many reports of national and large-scale examples, such as *Ino Tadataka's* achievement. Moreover, as the main research materials, these studies made considerable use of the technical text available in those studies. However, in many cases, researches were unable to clarify the real manner in which the technology was introduced in the rural village in Japan.

Thus far, few studies have been conducted on the history of cartography in farm villages. The map describing a farm village is generically named "*mura-ezu*." Considerable research has been conducted on the restoration of a landscape using such an illustrated map of a village. However, there are few studies that verify the "*mura-ezu*" itself. Furthermore, no specific research has been conducted on survey technology. This is believed to be the main reason the data set used in such research is limited. Thus, it can be indicated that survey technology and history of the farm village, which is the theme of this research, are important subjects that have not yet been investigated.

The study begins with the examination of a text on rural village rule or management and a "*jikata-sho*." These texts are used to advance the argument put forth in the study. This problem is examined in the Introduction and in Chapter 1. The "*jikata-sho*," includes a description of technology, concrete work, calculation method, and so on, in connection with the rural village. When the technology of a cadastral survey is investigated in the context of the "*jikata-sho*", it appears that it is mainly the surveying method known as "*mawari-kenchi*" or "surroundings land survey" being described. Thus, "*mawari-kenchi*" will be investigated in this research.

"*Mawari-kenchi*" was the technology of a circumference survey. Its function was to measure the angle of direction and the distance of the circumference of land. In this survey method, measurement of an angle of direction played an important role. Hypothetically, if technology similar to "*mawari-kenchi*" emerged in the middle of the 17th century, the transfer of survey technology which is similar to a "*mawari-kenchi*" would be checked in Japan. Although it was common at the time, in its first stage of the introduction of the technology, this survey method was utilized by rulers and was not at the stage where it could be used by peasants in the rural village.

In early modern Japan, peasants were directly concerned with boundary disputes over the fields and mountains with regards to the exploitation of resources. Furthermore, when deciding a boundary, it was proper for the current administrator to play an active role in the dispute. In other words, it can be said that it was an issue that required very high public responsibility. It is speculated that the map produced involving boundary dispute is useful data for understanding the technical capabilities of a peasant and an administrator. This is because Chapter 2 clarifies that the peasant himself participated in the production of dispute site maps.

The mentioned survey technology was introduced from the beginning of the eighteenth century in such situations, as in the case of the western region of Japan. Additionally, it was from the middle of the eighteenth century onward that peasants became involved in conducting a type of traverse survey that employed a compass to make maps related to disputes. Upon further examination of two or more example surveys, it was found that a surveying instrument known as "*komaru*" was used as a compass at the time.

"*Komaru*" was a compass that measured an angle of direction in 3 degree units. This survey technique was the standard map-making method used in the rural village around the middle of the Edo era. Furthermore, it is interesting that the survey and map-making techniques that the government official adopted were at the same level as the technology used by a rural village at that time. This shows that the survey technology of "*mawari-kenchi*" or, literally, "land survey of the boundaries all around the land concerned," which used "*komaru*," had spread extensively. This is examined further in Chapters 3-5.

The spread of survey technology and the process of technical innovation in a rural village were associated with the deployment of a national map production enterprise, although it was common, as shown in Chapter 6 and the Conclusion. It is assumed that one main factor of the diffusion of the "*mawari-kenchi*" technology along with "*komaru*" was the map production enterprise of the Genroku era (1688-1704), "*genroku-no-kuniezu.*" "*Kunie-zu*" is a map of the country unit that the feudal domain produced by the command of the Tokugawa shogunate. The "*shoho-gi*" was nationally introduced as the compass used for "*mawari-kenchi.*" The national survey conducted by *Ino Tadataka* (surveyor, 1745-1818) introduced the "*shoho-gi.*" The "*shoho-gi*" is a compass that measures an angle of direction per 1 degree. As clarified argument put forth in this study, we should estimate the diffusion of the traverse survey using the compass from the Edo period as an event equivalent to the early history of the technology of a modern map survey in Japan. This implication attracts attention as a diffusion process based on the trend of worldwide technical deployment centering on medieval Europe.

あ と が き

　本書は筆者が1999年以降に執筆した論文をもとにしている。それは1999年から2003年までに執筆した論文と，2004年度に学位請求論文として取りまとめた際に新しくおこした稿により構成されている。そのうち前者の論文はそれぞれ独立したものとして発表しているが，本書としてまとめるにあたって，相互の意味が通じるよう加筆修正をほどこした。各章の原論文は以下の通りである。

序章　近世日本の地図と測量をめぐる研究の課題
　　書き下ろし
第1章　農村社会における地図と「廻り検地」―地方書と和算書の検討から―
　　書き下ろし
第2章　山論絵図の成立と展開
　　鳴海邦匡「近世山論絵図の定義と分類試論」『歴史地理学』44(3)，2002，1-21頁。
第3章　山論絵図と「廻り検地」
　　鳴海邦匡「近世山論絵図と廻り検地法―北摂山地南麓における事例を中心に―」『人文地理』51(6)，1999，19-40頁。
第4章　村における「廻り検地」の実践
　　鳴海邦匡「「復元」された測量と近世山論絵図―北摂山地南麓地域を事例として―」『史林』85(5)，2002，35-75頁。
第5章　幕府権力による村の「廻り検地」―京都代官による「御小物成場絵図」を事例に―
　　鳴海邦匡「京都代官小堀数馬による明和三年八月『御小物成場絵図』について」『待兼山論叢』37（日本学編），2003，1-17頁。
第6章　コンパスからみる近世日本の地図史
　　書き下ろし
終章　まとめと課題
　　書き下ろし
The Summary of This Book : Indigenous Land Surveying Techniques and Their Diffusion Process in Early Modern Japan
　　NARUMI Kunitada, 'The Indigenous Land Surveying Techniques and Its Diffusion Process

in Early Modern Japan', 『地理学評論』79(5), 2006, 291-293頁。

　期せずして本書を刊行することとなった。今の正直な気持ちである。本書は未成熟ながらも一応の体裁を整えることとなったが，はじめからねらいをもって進められたわけではない。多くの方々や資料との出会いを通じて，少しずつ形になったものである。本来ならこのあとがきにさらに研究を展開させていくうえでの有益な話を記すべきであるが，筆者の今の力量ではそれはかなわない。読者の多くにとってはとりとめもない話ではあるが，これまで筆者が学んできた過程を絡ませながら，本書が形作られていく経緯を記すことで，このあとがきとしたい。

　私は，高校時代，大学時代とあまりまじめに勉強する学生ではなかったが，ただ漠然と社会学っぽい研究をしてみたいと思っていた。父の影響だと思う。そうしたなかで大学院の進学を考え甲南大学の久武哲也先生（文化地理学）に相談した。久武先生のゼミ生ではなかったが，先生の研究室でお酒を飲みながらお話をうかがった。1993年の秋であったと思う。そこで久武先生は「鳴海くん。地理学はおもしろい学問だよ。例えば村に調査に行ったとするでしょ。民俗学者は人から調べるけど，地理学者は路傍の石仏の石はどういった石でどこから運ばれてきたというところからはじめるんだ」といった話をされた。そうした話を聞きながらこの先生のもとで地理学を勉強したいと思うようになった。

　そして地理学を知らない私が1年遅れの1995年に大学院に進学し，久武先生のもとで勉強をすることとなった。変な学生が来て先生は指導に困られたと思う。何の研究をするのか，そこからのスタートだった。先生の紹介された2冊の本が指針を与えてくれた。有岡利幸（1986）『森と人間の生活—箕面山野の歴史—』と千葉徳爾（1956）『はげ山の研究』である。そして，それが環境史という学問であることも教わった。子どもの頃に遊んでいた身近な地域の自然の歴史すらよくわからない，その事実を新鮮に思い，北摂地域の山々の歴史を調べはじめた。現地での聴き取り調査と資料調査を行った。その過程で箕面（大阪府）の山々を描いた山論絵図に出合い，近世の地図に興味を抱くようになった。この時から近世の地図をテーマとするようになる。本書で議論した地図のいくつかは，こうして1996年の秋に実施したはじめての資料調査で出合っている。第3章で議論した山論絵図はこの時に知るが，当時の関心は過去の植生景観にあった。この時，測量というテーマは思い浮かばなかった。きちんと歴史学を学んでいない無謀な私の調査を箕面市の市史編さん所（当時）の方々は快く迎えて下さった。特にすべてを好意的に解釈して下さった楠本公子氏には感謝しつくせない。やみくもに見たこの時の資料すべてが私を育ててくれたと思っている。そうして1996年度に論文「近世期における山地の植生景観の特性とその荒廃化過程—近世絵図の分析を中心に—」をまとめ，修士課程を終えた。

　かつての山野の資源利用についてさらに勉強したいと思い，九州大学の小林茂先生（文化地理学）のもとに進学した。小林先生も大変な学生が来たと感じられていたと思う。当時の私は研究者としての基礎体力が全くなかったからである。人間と環境の関わりをめぐる基礎的な文献を読みなが

ら，1997年の夏頃から資料調査をしまくった。主に北摂地域をフィールドに資料所蔵者や所蔵機関を訪ねては，山論絵図に限らず大量の地図や古文書をみてまわった。小林先生から地図を素材に研究をするならば，まずその資料の批判的な検証を行う必要があると指導されたからである。この時，大量にみてまわった資料のなかに第3章で分析した測量帳も含まれていた。そうしたなかで山論絵図を分類することを考えはじめ，近世の法制関係や農政関係の資料を読み漁った。素材とする地図が作られる背景はどうなっているのか，という視点で地図の制度的な側面に注目するようになっていった。それがその後結実し，第2章の論文となった（2001年7月投稿，2002年2月受理）。この論文については2005年に歴史地理学会賞（第3回）を頂いている。そのようにして様々な資料に触れながら研究者としての基礎体力を少しずつ身につけていったと思う。また，この頃から自治体史編纂（柳川市，荒尾市など）の仕事に携われるようになったのも大きい。もちろん生活の糧にもなったが，資料調査に関わる手法や考え方の多くをこの場で学ぶことができたからである。

　1998年度より小林茂先生が大阪大学へ転任されることになった。前任の小林健太郎先生が急逝されたことによる。そこで大阪大学の特別研究生として小林先生の指導を仰ぎながら，在籍する九州大学では中野等先生（日本史）を主たる指導教官とする体制となった。歴史地理学を学ぶのであれば，歴史学のゼミに入るべきだという判断に基づいていた。中野先生も唐突に面倒な学生が来てしまったと感じられていたと思う。そこで最初に学んだのが安良城盛昭の「太閤検地論争」であった。その過程で歴史学のエッセンスを学び，実のところよくわかっていない「検地」というテーマのおもしろさに惹かれるようになった。特に技術を位置付ける議論が皆無であることを知る。その後も歴史学をめぐる様々なテーマを学ぶ機会を得た。この頃は近世地図の資料論的な解釈という問題を考え，色々なアプローチを模索していた。測量もそのひとつとして浮かびあがってきた。地図の資料批判的分析の一環である。素材とする地図はどのようにして作られているのか，という地図の技術的な側面に関心が自然と向くようになった。そして小林先生の提案もあって先に調査した測量帳のデータから実際に地図を作ってみた。そうして完成した地図が当時の山論絵図や実際の地形と合致することに素直に驚き，成果をこの年の人文地理学会大会で報告した。それがはじめての全国的な学会での報告であり，その内容が第3章の論文（1999年5月投稿，1999年11月受理）となった。はじめて学会誌に書いた論文である。こうして私は4年の間に3人の恩師と出会った。

　第4章の資料に辿り着くには少し時間がかかってしまった。先に箕面市有文書を調査した際，目録にない1冊の測量帳と出合った。ただし，その時は全く位置付けられずに置いておいた。1999年の秋ころから，箕面市と隣り合う池田市（大阪府）で準備調査をはじめた。当初の関心は近世の林野資源の利用にあった。学会報告，自治体史（柳川市，荒尾市）の執筆などで時間を費やしながら，ようやく2000年の秋に池田市の畑地区にしぼって資料調査を開始した。その過程で，第4章の素材となる資料群と出合うこととなる。箕面でみた測量帳につながる測量帳と，測量の経緯を記した日記を前に，すごいものをみつけたと思った。ただし日記を扱うのははじめてであったし，何より手控えの類も含めて関連資料が大量にあり途方に暮れた。2001年の春になんとかまとめて学会（人文地理学会）の研究部会（地理思想部会）で報告した。その成果が第4章の論文（2002年2月

投稿，2002年5月受理）となったが，この頃は何故か学会発表に固執し過ぎて年に3回の報告を行い，そのあおりを受けて投稿が遅れてしまった。

　ようやく論説が3本揃った2002年の段階で，中野先生より博士論文としてまとめるようにとの指示を受けた。計画書を提出するに際して内容と章構成を考え，タイトルを「日本近世の林野利用に関する歴史地理学的研究―主に近世山論絵図を素材として―」とした。この時はまだ地図を素材とした環境史研究の構築を目指していた。そうしたなか，この年の秋から大阪大学大学院文学研究科の人文地理学教室に助手として赴任することになり，小林先生のもとで働くことになった。博士論文の仕上げは大阪での作業となったが，実際，私にはまだ環境史は難しく，枠組みを構築できなかった。この時期，先の学会報告を土台に近世の林野利用に関する論文を2本書くが納得できず投稿していない。

　2003年度に入ると，博士論文のテーマを悩みはじめ，測量への転向も意識するようになった。このころからしばらく，それまであまり指示されなかった小林先生はしびれを切らして「鳴海くん。環境史は難しい。測量にしぼったら」とよく話をされていた。この年の4月に第6章で触れた金光町（浅口市）の事例を調査したことも転機のひとつとなった。近世の村における「廻り検地」の到達点のひとつを知ることになったからである。そして，文学部の紀要を書く機会を頂き，そこで第4章の論文で疑問となった幕府方の測量事業について検討した。8月に実施した調査で測量データを記した下図に出合い，その技術の位置付けが可能となった。そして第5章の論文（2003年9月提出）を書いた。ここで議論した地図の一部は1997年前後の調査で閲覧していたが，当時はそのすごさに気付かず見過ごしていた。この頃になってやっと近世地図の見方として測量という枠組みを構築できるようになってきた。

　2004年度に入り，博士論文の課題を測量に変更することを決め，論文のまとめに取りかかりはじめた。近世の「廻り検地」を理解する枠組みを考えるため，これまでみてきた近世の地図と測量の事例の年表を作成した。その過程で使用されるコンパスの精度に系統のあることがわかり，その枠組みを用いて近世日本の地図と測量を展望できるようになった。そして，本書の中心となる「小丸」を用いた「廻り検地」の位置付けが可能となり，それをまとめたのが序章，第1章，第6章，終章に相当する。この部分は学会誌に報告していないが，科研研究会で報告する機会を得た。平成16年度科学研究費補助金（基盤：研究［A］［1］）「東アジアとその周辺地域における伝統的地理思考の近代地理学の導入による変容過程」〔代表：千田稔教授（国際日本文化研究センター）〕の第2回研究会（9月）でその概要を報告し，多くの批判と評価を頂いた。そして，博士論文のタイトルを「近世日本における地図測量技術とその伝播」とあらためて計画書も書き直し，12月に学位請求論文を提出した。そして翌2005年2月，中野等先生を主査に，それまで指導教員としてご教示頂いてきた服部英雄先生（九州大学），高野信治先生（九州大学），佐藤廉也先生（九州大学）と，川村博忠先生（東亜大学）を副査として，学位請求論文公開審査会が実施された。当日の審査会は4時間以上にも及び，先生方より多くの意見をうかがったが，本書にそのすべてを生かしきることは出来なかった。この間に近世の地図と測量を課題とした2件の民間助成（平成15年度河川整備基金助成

金，平成15年度国土地理協会助成金）を頂き，第6章や終章でも触れた熊本や岡山の事例を中心に多くを調べることができたのも大きな糧となっている。

　本書は多くの方々の御支援のもとに成立している。すべての方々の御名前をあげるべきであるが，ここでは研究をすすめていくうえで調査を行い，本書に引用させていただいた資料を所蔵する方や機関のみを挙げさせていただき，そのほかは省略させていただいた。末尾になるが御世話になった皆様にあらためて御礼を申し上げたい。

　公共の所蔵機関（五十音順）
　　　芦屋市立美術博物館
　　　荒尾市企画管理部企画調整課市史編纂係
　　　池田市教育委員会生涯学習部社会教育課
　　　池田市立歴史民俗資料館
　　　泉佐野市教育委員会文化財保護課
　　　伊丹市立博物館
　　　猪名川町教育委員会社会教育課
　　　川西市教育委員会社会教育課
　　　亀岡市企画管理部広報国際課市史編さん室
　　　関西学院大学文学部史学科
　　　九州大学附属図書館
　　　京都大学文学部
　　　熊本県立図書館
　　　熊本大学附属図書館
　　　金光教教学研究所
　　　金光教図書館
　　　金光教本部
　　　三田市総務部市史編纂課
　　　不知火町教育委員会社会教育課
　　　仙台市博物館
　　　宝塚市立中央図書館
　　　東北大学附属図書館
　　　豊中市総務部情報公開課
　　　豊中市立岡町図書館
　　　西宮市立郷土資料館
　　　姫路市教育委員会市史編纂室
　　　能勢町史編纂委員会
　　　箕面市総務部情報文書課（行政史料・市史担当）
　　　明治大学博物館

　個人や自治会などの所蔵文書（五十音順）
　　　稲治家文書（大阪府箕面市）
　　　江口家文書（兵庫県川西市）
　　　大仁家文書（兵庫県芦屋市）
　　　柏原自治会文書（兵庫県川辺郡猪名川町）

勝尾寺文書（大阪府）
上止々呂美地区共有文書（大阪府箕面市）
岸本家文書（大阪府池田市）
小北仁右衛門文書（兵庫県川辺郡猪名川町）
小山康夫家文書（大阪府池田市）
笹川家文書（大阪府箕面市）
下止々呂美地区共有文書（大阪府箕面市）
浄橋寺文書（兵庫県西宮市）
谷家（黒川自治会文書）文書（兵庫県川西市）
中井家文書（大阪府箕面市）
西畑町内会管理文書（大阪府池田市）
波豆自治会文書（兵庫県宝塚市）
肥爪家文書（兵庫県川辺郡猪名川町）
南田原自治会文書（兵庫県川辺郡猪名川町）
山内区有文書（大阪府豊能郡能勢町）
山口町徳風会（船坂部落有文書）（兵庫県西宮市）
吉田家文書（大阪府箕面市）
吉野地区共有文書（大阪府豊能郡能勢町）
四大字水利組合文書（大阪府箕面市）

索　引

あ行

相手方　32, 42, 46, 96, 102, 106
青山大膳亮　137, 138
秋田十七郎義一　24, 27, 163
秋月嘉一郎　96
秋月藩　172
朝尾直弘　38
浅口郡　164
麻田剛立　161, 171
麻田藩　77, 98, 106, 123, 131
麻田藩主　105, 107
宛山　96, 102, 127
尼崎藩　66, 96
アメリカ　9
改出　137, 139, 140
有沢武貞　25
有沢永貞　25
有馬（郡）　38, 44
「安房国図付安房地名考」　61
飯野藩　134
五十嵐篤好大人　24
池田市　95
池部長十郎（啓太）　159, 171
石黒信由　4, 8, 90, 161
石澄（住）川　77, 79, 109, 111, 113
和泉（国）　33, 35, 40, 161
板磁石　19, 20
1インチ1マップ地形図　173
1°の単位　156, 157, 159, 161, 164, 170, 174
市橋吉政　40
一支の（を）30等分（分割）　150, 156, 157, 159-161, 164, 170
一支の（を）10等分（分割）　28, 70, 77, 86, 99, 117, 125, 144, 151-153, 161, 169
一支の2等分　85, 152
一支の100等分　153
一支を4（40）等分　152
一村限りの村絵図　56
一般図　1
一筆毎　8, 90, 134
井出十三郎　47

稲村　141
伊能図　4, 159, 161, 162
伊能測量のインパクト　161
伊能忠敬　4, 88, 159, 161, 164
伊予国　28, 151
入会（権・慣行・利用）　4, 67, 82, 95
入会山　35, 66, 141
色分凡例　46, 55, 58
岩田清庸　120
上野国　6
上本町　84
伺書　47
牛島宇平太　171
打（初・出）　15, 116
内検地　8
内林　96, 102
写し　42, 43, 49, 50
兎原（郡）　38
裏書　44, 47, 49, 53, 55, 58, 60, 68, 74, 76, 96, 102, 132, 136, 138, 141
宇和島藩　28
英国　7, 173
絵小屋　84
絵師　4, 43, 44, 46, 83, 84, 97, 105, 107, 116, 119, 122, 161, 169
絵図　2
絵図紙　19, 20
絵図切日　106
絵図師　120
蝦夷地図　4
干支　28, 77, 150
江戸城　48
江戸図　4
江戸の大火事　50
江戸町奉行　32, 47
絵料　105, 107
エンクロージャー　173
延宝検地　56, 59, 66, 90, 96, 133, 145
近江国　35
大石久敬　6, 13

大江村　171
大岡藤二　123, 161
大型化　44, 54, 55, 58
大かね　19
大国正美　31
大坂　161, 171
大坂画壇　84, 161
大坂城代　47, 53, 58, 96
大坂代官　55, 56, 58
大坂町奉行　39, 40, 47, 53, 56, 57, 58, 60, 67, 68, 76, 84, 96, 102, 105, 127, 132, 161
大谷村　164
大縄（反別）　16, 17, 107, 139, 143
大野弥五郎，弥三郎　159
大番　46, 55, 58
大丸　87, 152, 153, 154
大圓　156, 157
大丸盤　157
岡崎三蔵　4, 161
岡田藩　84
岡部藩　106
岡本村　161
奥村増地　24, 89, 163
忍藩　84, 106, 141
小田郡　171
遠近道印　4
落村　66, 136, 137
小野光右衛門　164, 171
小浜（周防守）隆品　68, 76
御改　123, 132, 134, 137, 139, 142, 145
御伺書御取調詰絵図　47
遠国奉行　33
「御小物成場絵図」　131, 135, 136, 145, 170
「御」の表現　141

か行

甲斐駒蔵　163
甲斐国　6, 33
開発　2, 16
加賀藩　4, 7, 8, 25, 160

角筆　77
河川図　160
片桐且元　39, 53
カッシニ一族　173
かぶせ絵図　45, 104, 106
鎌倉幕府　31
上方郡奉行　40
上方八ヶ国　34, 38-40, 46, 169
上方八ヶ国（の）「国分け」（令）　40, 56
上方八ヶ国の公事訴訟　39, 40
上方八ヶ国の裁許絵図　34
上止々呂美村　84
河内（国）　34, 35, 40
川辺（郡）　38, 84
寛永巡見使　47
官庫之絵図　43
勘定（奉行）　32, 47
寛政図　96, 123, 126, 161
関東大震災　32
関東八州　33, 35
簡便な測量法（地図作製技術）　14, 65, 90
刊本として　17, 167
漢訳洋書　24
幾何学的に分割　14, 21, 89, 167
規矩元器　22, 24, 87, 151, 154, 155
「規矩元法」　22
「規矩元法図解」　22, 154
「規矩元法町見弁疑」　157
規矩術　22, 154
菊池駿助　32
起源　5
技術力の（優劣の）差　123, 126
技術の伝播　3, 8, 84
起請文　43, 105
岸和田藩　161
北野村　134
畿内（近国）　33, 35, 38-40, 51, 56, 59, 65, 83, 90, 128, 131, 133, 145, 155, 161, 169
木部（村）　109
木村兼葭堂　84
木村東一郎　3
木村正辞　32
木村礎　3
旧器　152
求積　15, 19, 21, 26, 83, 119

「旧幕（府）裁許絵図目録」　32, 169
境界　2, 28, 31, 50, 173
境界杭　97, 116
境界石　172
境界設定村絵図　3, 4
仰見図　56, 59, 61, 74, 141, 171
京都所司代　39, 40, 55
京都代官（所）　96, 106, 107, 121, 122, 132, 134, 136, 138, 142, 143, 169
京都町奉行　39, 40, 54, 55-61, 169
享保（期）の改革　40, 135
教本（の類）　4-6
行列配列　69, 71, 85, 86, 98, 144
距離の精度（単位）　27, 98
近世の村　1, 2
近代以前の地図に関する分類　31
近代測量　173
近代地形図　173, 174
杭　15, 19, 20, 70, 74, 77, 85, 99, 102, 124, 142
勾股弦の原理　168
草山　35, 142
公事訴訟（出入）　32, 39, 40, 60
区長（戸長）　119
口伝　61, 170
国絵図　2, 4, 18, 19, 43, 87, 89, 151, 153-156, 169, 170, 173
国絵図（の）作製（技術）　19, 22, 24, 27, 90, 155
国郡村境　32, 42
国境（争論）　35, 41, 154
邦（国）図　22, 24, 154
国奉行　38
窪屋郡　164
久留米藩　172
鍬下年季　15, 138, 143
クワトロワン（くわとろわん）　26, 152
郡境争論　41
郡代　38-40
経緯儀　163, 174
景観（を）復元　3
傾斜角度　81, 89
傾斜への配慮　80

経年変化　34, 169, 172
玄黄儀　26
元器術　22, 87
間竿　67, 117, 119
検使　40, 43, 46, 47, 53, 55, 58, 97, 123
間数改　116
検地　7, 8, 18, 67, 85, 90, 131, 133, 169
検地技術　7, 17, 90, 167, 168
検地条目　67, 88, 145
検地帳　42, 43, 66-68, 96, 133
検地村絵図　3
「元和航海書」　152
間縄　27, 70, 87, 88, 89, 117, 119, 144
間盤　15, 16
検盤　16
量盤術　5, 6, 23, 24
見分　16, 43, 46, 83, 106, 122, 142, 143
見分絵図　46
見分帳　46
元文検地　153
弦矢　26
元禄（の）国絵図　59, 154, 170
小出伊貞　40
小出吉親　40, 53
広域（の地図）　151, 173
広域図　8, 173, 174
航海術　7
航海用　168
航海用羅盤　152
「耕稼春秋」　8, 13
「康熙辞典」　158
公儀の関与　31, 42, 43, 56, 61, 105
鉱山開発　152
耕地絵図　1
耕地の地押　14, 131
郷帳　43
高低（差）　56, 61, 75, 87
勾配　18, 28, 51, 80, 81, 87, 89, 161
勾配板　89
広範な地域を描く地図　4
甲府藩　6
稿本　21, 22, 24, 167
紅毛流　5, 168

索　引

公用図　2
小絵図　46
個人の業績　4, 5
「国図枢要」　22, 23
「国図要法」　22
「国図要録」　22
誤差　20, 26, 91, 161, 163
古地図　1
小堀数馬　96, 122, 132-137, 139, 142, 143
小堀政一　39
小丸　77, 86, 87, 90, 99, 117, 122, 125, 144, 150, 151-156, 159, 162, 164, 168-170
小圓　156, 157
五味豊直　39, 40
小物成（年貢）
小物成所（地）　66, 67, 96, 122, 127, 133, 138-141, 145, 170
小物成地巡見　96, 121
小物成山　68, 132, 134, 135, 141
昆陽村　84
御用絵（図）師　142, 161
近藤重蔵　4
コンパス　7, 27, 86, 150, 159, 161, 164, 169, 174
コンパスの精度　26, 84
コンパスを用いた測量（術）　19, 155, 156

さ行

西海道　33
裁許　32, 40, 43, 47-49, 53, 55, 58, 68, 169
裁許絵図　4, 28, 32-35, 38, 47-50, 53-59, 76
在郷町池田　105
再検地　140, 144
彩色図　45, 53, 55
採草地（権）　67, 68, 98
在村（の）実学　5, 8, 170
才田（村）　96, 102, 105-108, 111, 131
裁判機構（機関）　40, 43, 49, 69, 169
裁判機構の変遷　38, 50
裁判制度　4, 28, 32, 46
在町絵師　127, 128, 132
竿　14, 19, 23

竿取　46
境木　102, 111
堺（奉行）　39, 40
境論　32, 35
作図（法・技術）　15, 27, 77, 82, 83, 117, 119, 120, 123, 170
錯綜　33, 38, 51, 81, 82
桜井谷六ヶ村　106, 133, 140, 141
桜村　134, 136, 138, 139, 143, 144
指出　67, 145
五月山　95
山陰　33
三角関数　117, 157, 158-161, 163, 164, 170-173
三角関数表　157, 158, 164
三角測量　173, 174
三角測量局　173
三角法　157
算学（者）　157, 171
算額の奉納　120
算出角度　80, 81
三千六百方之磁石盤　160
山地（の地形）表現　51, 56, 61, 169
3°（の）単位　28, 86, 117, 125, 151, 169
360°を384等分　153
360°を16等分　152
360°を24方位で分割　152
三奉行　47
三平方の定理　158, 168
「算法地方大成」　24, 27, 163
「算法統宗」　168
山野　14, 19, 31, 35, 38, 67, 133, 141, 145
山野（の）資源　31, 95, 96
山野（境・争）論　32, 42, 51, 59, 60, 127
山陽　33
山林　17, 133, 138, 140, 141
山論　31-33, 35, 38, 60, 65-67, 77, 84, 89, 96, 131, 161
山論絵図　4, 15, 28, 31, 38, 40, 50, 59, 65, 74, 95, 102, 121, 169, 171
山論絵図の分類（定義・形式）　32, 38, 40, 41, 59, 169
山論の解決（方法）　38, 42, 43

地押（検地）　13, 14, 131, 156, 167
GIS　9
J. B. ハーリー　9
「地方落穂集」　13
地方御役所　105
地方経営（支配）　1, 17, 28, 89, 131, 156, 169, 170
地方書　6, 8, 13, 86, 156, 167, 168
「地方新器測量法」　24, 163
地方ニ付候公事訴訟　32, 40
地方の公事訴訟　39, 40, 54
地方の地図測量技術　155, 156, 167, 170
「地方凡例録」　6, 7, 13, 15, 17, 19, 77, 135, 139, 164
地方への伝播　4
地方役人　2, 6, 8, 107, 156, 159, 168, 170, 173
軸心磁石盤　160, 161
資源管理（利用）　31, 127
磁石　16, 18, 19, 23, 87, 154
磁石算　18, 19, 25, 27, 147, 155, 156, 168
「磁石算根元記」　7, 15, 17, 18, 21, 22, 23, 25, 27, 77, 85, 89, 152, 167
羅経杖　148
磁石盤　18, 19, 23, 24, 25, 85, 90, 152, 161, 168, 172
寺社（奉行）　32, 47, 50
時習館　171
磁針　87, 172, 173
下草　96
下図　47, 143, 144, 164
地詰　14
信濃国　33, 35
忍磁石　87
紙背　49, 60, 136
支配の錯綜する地域　38, 51
芝（柴）草（場）　95, 96, 134, 138, 139, 143
芝山　66, 67, 96, 97
自分絵図　42, 57
司法省　32
磁北　77, 78, 99
島上（郡）　38
嶋下（郡）　38

清水貞徳　22
清水流　22, 86, 87, 89, 151, 154
下野国　17
下止々呂美村　84
下林村　164
斜度　80, 117
朱印状　46
私有地地図　173
周囲測量　23, 90, 117, 124, 167, 174
周囲の状況　70, 78, 86, 114
十字法（縄）　7, 13, 14, 17, 18, 67, 167, 168
十二支　15, 16, 87, 150, 153, 156
縮尺（値）　20, 56, 59, 71, 74, 78, 99, 117, 132, 138, 139, 161
儒者　47
樹木　33, 45
巡見　56, 96
巡検（見）使　40, 96
順礼道　102, 109, 113, 116-118
荘園絵図　3
荘園絵図の分類　31
荘園領主　173
定規　21, 118
証拠絵図　42
証拠資料　31, 42, 43, 49, 67, 68, 107
詳細化　54, 60
焼失　32, 49, 50
小方位盤　88, 159
小方儀　88, 156-164, 170, 171
小方儀の普及　161
照方尺　89
職業絵師　84, 121
徐光啓　158
ジョン・ノーデン　173
白川部達夫　38
資料批判　31
史料論　4
知方　26, 152
事例研究の乏しさ　28
清　157
新開（地）　13, 16, 90, 96, 135, 139, 167
新器　152, 153
人的ネットワーク　170

新田　15, 134, 139
新田絵図　1
新田開発　16, 17, 60, 135, 155, 169
「新田検地条目」　88
新田中野村　84
神保文夫　38
神文　44, 105
陣屋　107, 108
水害に関する村絵図　4
隨川器　87
水夫　46
水平　90
水平距離　80, 81, 89, 117
水論　32, 34, 42
数学史　5, 7
「崇禎暦書」　158
管縄　89
鈴木九太夫　56, 58
墨線　45, 49, 50, 53, 60
墨引加印　56, 58
ズレ　82, 89, 161, 172
正確な土地の地図　1, 2, 17, 167
誓詞（案文）　43, 44, 105, 155
製図　2, 26, 90, 157, 159, 160, 163, 164, 173
正図　164
精度　4, 14, 26, 27, 89, 90, 125, 147, 150, 154, 157, 159
西洋の暦法　158
西洋流の三角法　157-159
西洋流（式）の測量　5, 168
瀬川村　66, 67, 106, 136, 137
関孝和　6, 157
摂津国　33-41, 50, 65, 95, 131, 155
狭い範囲の土地の地図　24
世話人　105-107
前近代の地図への関心　4
先駆的な事例　28, 161
仙台藩　162
全方儀　89, 163
象限儀　89
惣高廻り検地　8, 13, 24
双方一枚絵図　43
総回り（廻り）　15, 16, 139
争論（の）当事者　32, 42-46, 49, 58, 83, 105, 116, 119, 169
測鎖　174

測量　1-4, 7
測量器具（道具）　5, 7, 84, 121, 128, 155, 168, 174
測量技術（法）　2, 4, 8, 18, 28, 65, 84, 113, 155, 162, 172
測量（の）作業　19, 83, 90, 107, 119, 155, 171, 172
「測量集成」　24, 27, 120, 163
測量術家　5, 6
測量地図　2, 3, 5, 121, 159, 164
測量地点間の距離　85, 117
測量帳　19, 59, 65, 69, 77, 85, 95, 97, 104, 143, 147, 171
測量データ　7, 65, 69, 77, 85, 98, 99, 113, 143, 172
測量に基づいた地図　2, 171
測量の痕跡　53, 164, 171
測量の実施　51, 56, 61, 116
測量の速さ　118
測量ルート　79, 82
訴訟（過程）　31, 58, 97
訴訟方　32, 42, 46, 96, 102
訴訟方相手方認候絵図　43
訴訟制度（システム）　32
訴状　31, 42, 105
訴状の（を）提出　32, 42
曽根勇二　38
尊鉢村　96, 97, 102, 106, 131
村落共同体の研究　4

た行

代官　16, 40, 46, 47
代官手代　46, 123, 142
代官奉行　39, 40
大規模なプロジェクト　4
大検使　46
太閤検地　67, 145
大縮尺（の地図）　5, 159, 173
大名領　32, 40, 43, 58
高外地　60, 96
高木昭作　38
高崎藩　6, 13
田上繁　8
高山道　75, 108, 109
竪帳　86
立会絵図　42, 43-46, 51, 53, 55, 58, 59, 74, 102, 105, 169
立会絵図の多さ　58
立縄　99, 111, 113

索　引

建部賢弘　157, 158
谷東平　171
田迎手永　160
段彩式　56, 61, 169
丹波国　34, 35
地域史研究　3
筑前国　172
地形表現　51, 56, 61, 74
地磁気　78, 163, 172
地磁気の経年変化　172
地磁気の偏角　172
地図　1-5
地図作製事業　159, 170, 171
地図史　1, 3-6, 8, 9, 147, 171, 174
地図測量技術　1, 2, 5, 9, 31, 60, 155, 159
地図作りの需要　155
地図と権力　9
地図（測量）の近代化　1, 173
地籍図　173
地租改正　119, 172
地引絵図　172
地名　45, 70, 99
中国経由　157-159
中国式の羅針盤　152, 153
中国流（式）の測量　5, 168
中丸　87
町見　19, 25, 58
「町見便蒙抄」　25, 152
町見分間絵図師　84, 121, 128
長興寺村　134
帳簿　66, 69, 71, 85, 97, 134
地理学　3, 5, 31
「地理細論集」　13
塵之論　24
杖石　87, 88
杖サキ羅針　88, 159
杖頭乾針　152
都賀郡　17
付紙（札）　46, 108
対馬　153, 168
繋　19, 20, 124-126
詰絵図　47
定形化されていない　53
豊島郡　65, 95, 131
手代　46, 123, 127
手代検使　46, 67, 77, 83

手永図　160
手永役人　171
手早く地図を作る　17, 24
伝播　3, 7-9, 17, 84, 155, 162
天明図　96, 102, 113, 121
天文（術）　161, 171
天文家（方）　6, 159
徳井町　123
徳島藩　4, 161
時計廻り　116, 124
都市（部）　1, 84, 121
都市図　4
土地区画の面積　21, 167
土地の周囲　16, 19
土地の総回り　15
十村　8
トラバース測量　5, 147, 167, 173
取扱人　58, 60

な行

内済　42, 60, 96
内済証文　43, 45, 58, 96
中河原村　112
長崎半左衛門　47
中富手永　171
中根元圭　157
中村和助（多助）　84
捺印　44, 47, 48, 50
「難波丸綱目」　84
縄引（入）　46, 58, 84, 107, 111, 116, 141
南海　33
南蛮流　168
新稲村　67, 68
西小路村　66, 136
西成郡　134
西日本　33
西畑村　97
二条城　46
日記　95, 97, 104, 109
日本図　4, 161, 170
ネットワーク　8, 9, 170
眠谷池　109, 112
年貢　66, 96, 131, 134
年貢増徴（増米）　60, 83, 96, 135
野　33, 35
農村　1
農繁期　116
能勢（郡）　38

野帳　15, 19, 20, 23, 26, 69, 85, 86, 97, 119, 171
野分間　23

は行

梅文鼎　157
幕藩権力（の）レベルでの測量技術　22, 28
幕府裁許絵図　34, 38, 59
幕府司法法典関係資料　60
幕府評定所　28, 32, 33, 53
幕府領　32, 33, 40, 41, 51
間重富　161
端書　44, 45
秦檍丸（村上島之允）　61
畑村　77, 95, 131
旗本青木氏　96
旗本渡辺（氏）　96, 131
八人衆体制　39
発祥　3, 147
八線表　159
発達史的　4, 171
罰文　105, 155
林の改方　17
原甚吉　171
針　118, 156
針穴　77
針先のぶれ　172
播磨国　33-35, 40
半方　89
番方　46
判決文　49, 50
半間　98
盤針術　5, 6, 17, 22, 24, 25, 28, 87, 119, 159, 172, 173
半町（村）　67, 136, 137
藩の役人　56, 58
控（扣）　43, 69, 71, 86, 136, 137, 139
非科学的　4
東市場村　106
東山村　106, 109
肥後藩　159, 160, 171
久松（筑後守）定郷　68, 76
常陸国　13
備中国　164, 171
「秘伝地域図法大全書」　25, 26, 27, 61, 89, 152, 161
樋上町（天満）　84

日根郡　161
百姓　1，9，84，171
百姓公事　39
兵庫県　38
評定所一座　32，34，40，47，48
平尾村　66，136，137
肥料　134
非領国　38
美麗化　54，60
フィリップ・C. ブラウン　7
俯瞰図　102，121，127
普及過程　1，28，147，167
奉行所　14，49
福岡藩　154
復元研究　3
復元図　78，113
福田金塘　120
福田理軒　24，27，120，163
藤井譲治　38
藤田恒春　38
伏見奉行　40
藤村新吾　84
普請絵図　1
不正行為　43，105
付箋　46，50，69，71，134
扶持米　46
仏絵師　84
歩詰　14-16，139
不動産地図　173
武陽隠士泰路　13
フランス　173
ふりかね　152
古キ絵図　42
触　50
分業　26，121，125
分間絵図　15，16，46，84，90，121，139
分検絵図　97，133，137，139
分度器　20，118，159，164
「分度余術」　25-27，89，156，158
平板　5，23，65，174
平板測量　5，6
平面三角法　158
平面図　56，61，74，122，141，169，171
返答書　31，42，105
方位角の変遷　171
方位角の目盛　27
方位磁石盤　26，27，87，119，150-164，168
方位磁石盤の精度　27，147，150，168
方位を分割　150
法恩寺松尾山　66，68，137
方尺　89
北条氏如　26
北条氏長　4，26
法制史　4
宝暦図　96，107，121
北摂山地（南麓）　38，41，50，95
北陸　33
保坂与市右衛門尉因宗　17
細井広沢（知慎）　26，27，61，161
堀田仁助　4
本公事　42
本検地　14，90，170
本紙　49，50，136
本庄裏山　77，95，102，131
本庄前山　77，95，131
本庄山　95
梵天竹　15，119

ま行

眞壁用秀　13
牧之庄六ヶ村（四ヶ村）　67，68，99，134
松宮観山（俊仍）　26，158
町絵師　127，128
町年寄　47
マツ型（の）樹木　45，75，102
松木（山）　95，96，102，131
松村吉左衛門　47
間宮林蔵　4
廻り検地　6，13-29，46，65，83，85，95，131，147，155，159，164，171，174
丸規　154
見及（込，取）　2，84，116，155
水縄　117，119
見取（及）図　121
箕面川　79，82
箕面市　66，67，84，95
宮崎重成　40
明　158
民間の土地測量家　173
武庫（郡）　38
矛盾　80，81，116，123，172
ムラ　1

村井昌弘　24，86，152
村絵図　1-4，28，164，170，171
村方　14，86，137，139，141
村上孫左衛門　39
村境　35，46
村田路人　38
村役人（層）　2，8，83，119，156，159
明治政府　32，172
明和図　96，107，121
目黒山　28
目安　42
免許皆伝　171
木版地図の作製者　161
目録　32，68，69
盛岡藩　90

や行

矢　161
櫓　87，89
安岡重明　38
八部郡　38
柳之間　48
藪　138，141
藪田貫　38
山形の模型　28
山境論　35
山城国　33-35
山田五郎兵衛　47
大和国　33-35
山本英二　32
右筆（所）　47，48
歪み　117
用益　60，96，97，106，127
用水論　35
横帳　69，71，86，97，99
横縄　99，114，117
吉田藩　28
ヨーロッパ　7，168，173

ら行

羅針盤　174
蘭画家　84
ランドマーク　28，144
陸地測量局　173
立覧器　87
琉球　8，153，168
料紙継ぎ目　44，47
領地替の村絵図　3

「量地弧度算法」 89, 163, 172
「量地指南」 24, 86, 152, 153
「量地図説」 89, 163
林地 67, 68, 99, 112
林地化 96, 102
林地の調査 13, 17, 167
「暦算全書」 157
暦法書 158
類焼場村絵図 4
老中 32, 34, 47, 48, 53

六甲山（地）38, 124
論所 13, 14, 15, 28, 31, 32, 53, 95
論所絵図 1, 4, 15, 31, 65, 169
論所見分伺書絵図 46, 47
論所地改め 14
論所詰絵図 47
論所の検証 13, 17, 167
論所（地）の見分 43, 46

わ行

和算 5, 120
和算家 6, 171
和算書 13, 17, 18, 167, 168
和紙 44, 49
和談 42, 45-47, 55, 58, 60, 97, 123, 142
割円八線表 158
割地 7, 8
割判 98

Contents

Preface ·· i
List of Figures and Tables ·· viii

Introduction ·· 1
Chapter 1 An Examination of a Text on Rural Village Rule or Management ·············· 13
Chapter 2 Dispute Site Map in Early Modern Japan ·· 31
Chapter 3 The Indigenous Survey Method Verified from the Date of a Survey Book ··· 65
Chapter 4 The Survey Technology of Peasants in the Eighteenth Century ················ 95
Chapter 5 Cadastral Map of a Village which the Edo Shogunate Made ···················· 131
Chapter 6 The History of Cartography by Observing the Accuracy of Compass ········ 147
Conclusion ·· 167

The Summary of This Book ·· 177
Author's Note ·· 181
Index ·· 187

著者紹介

鳴 海 邦 匡（なるみ・くにただ）

1971年生まれ。甲南大学文学部社会学科卒。甲南大学大学院人文科学研究科修士課程修了。九州大学大学院比較社会文化研究科博士後期課程単位取得退学。博士（比較社会文化）。現在、大阪大学総合学術博物館助手。

著書

『地図のなかの柳川　柳川市史地図編』（共著，柳川市，1999年）
『柳川市史　資料編Ⅰ　地誌』（共著，柳川市，2001年）
『荒尾市史　絵図・地図編』（共著，荒尾市，2001年）
『新修豊中市史　第8巻　社会経済編』（共著，豊中市，2005年）
『地図からの発想』（共著，古今書院，2005年）

近世日本の地図と測量
──村と「廻り検地」──

2007年2月7日　初版発行

著　者　鳴　海　邦　匡
発行者　谷　　隆一郎
発行所　（財）九州大学出版会
〒812-0053 福岡市東区箱崎7-1-146
九州大学構内
電話　092-641-0515（直通）
振替　01710-6-3677

印刷／九州電算㈱・大同印刷㈱　製本／篠原製本㈱

© 2007 Printed in Japan　　ISBN 978-4-87378-932-3